Peter Fleischli

Bildatlas Schnittblumen

Schnittgrün, Fruchtzweige und Trockenmaterialien

Beschreibung, Verwendung, Pflege

7., aktualisierte Auflage
764 Farbfotos
103 Zeichnungen

AF826126

Ulmer

Peter Fleischli

Gärtnerlehre, Floristenausbildung und Weiterbildung in Deutschland. Seit 1981 Fachlehrer und Prüfungsexperte in der Floristenausbildung, Organisator von fachbezogenen Weiterbildungsveranstaltungen und Wettbewerben, zudem seit mehr als 40 Jahren Inhaber von Blumen Fleischli Wangen bei Olten.

Umschlagfotos: Wolf Fotografie AG, Olten (CH)

Die in diesem Buch enthaltenen Empfehlungen und Angaben sind vom Autor mit größter Sorgfalt zusammengestellt und geprüft worden. Eine Garantie für die Richtigkeit der Angaben kann aber nicht gegeben werden. Autor und Verlag übernehmen keine Haftung für Schäden und Unfälle. Bitte setzen Sie bei der Anwendung der in diesem Buch enthaltenen Empfehlungen Ihr persönliches Urteilsvermögen ein. Der Verlag Eugen Ulmer ist nicht verantwortlich für die Inhalte der im Buch genannten Websites.

Bibliografische Information der Deutschen Nationalbibliothek
Die Deutsche Nationalbibliothek verzeichnet diese Publikation in der Deutschen Nationalbibliografie; detaillierte bibliografische Daten sind im Internet über http://dnb.d-nb.de abrufbar.

Das Werk einschließlich aller seiner Teile ist urheberrechtlich geschützt. Jede Verwertung außerhalb der engen Grenzen des Urheberrechtsgesetzes ist ohne Zustimmung des Verlages unzulässig und strafbar. Das gilt insbesondere für Vervielfältigungen, Übersetzungen, Mikroverfilmungen und die Einspeicherung und Verarbeitung in elektronischen Systemen.

© 2017 Eugen Ulmer KG
Wollgrasweg 41, 70599 Stuttgart (Hohenheim)
E-Mail: info@ulmer.de
Internet: www.ulmer-verlag.de
Lektorat: Dr. Angelika Jansen, Birgit Schüller
Herstellung: Thomas Eisele
Umschlagentwurf: Atelier Reichert, Stuttgart
Satz: r&p digitale medien, Echterdingen
Druck und Bindung: Neografia, Martin
Printed in Slovakia

ISBN 978-3-8186-0114-0

△ 3a Floristik: Verspielte Werkstoffe – natürliche Wirkung
▽ 3b Floristik: Edel elegant – Komposition mit Orchideen

Vorwort zur 7. Auflage

Ein kleines Jubiläum – 20 Jahre „Bildatlas für Schnittblumen, Schnittgrün und Fruchtzweige“
Vor mehr als 20 Jahren hat Moritz Bürki mit seinem großen Wissen und Können das Bedürfnis der Floristen, ein brauchbares Lehrmittel für Schnittblumen, Schnittgrün und Fruchtzweige mit Peter Fleischli zu realisieren, umgesetzt. Mit viel Einsatz und Freude war er die treibende Kraft, damit dieses Fachbuch so schnell als möglich für die Grundausbildung und für die Weiterbildung der Floristen und Floristinnen sowie Gärtner und Gärtnerinnen zur Verfügung stand.
Dafür gebührt Moritz Bürki ein großes Dankeschön.
Auch heute, 20 Jahre nach Erscheinen der 1. Auflage, hat sich dieses Buch in seiner Form und Gestalt sehr bewährt und wird nach wie vor an den Fachschulen als Lehrmittel eingesetzt. Jede Neuauflage wurde aktualisiert, basierend auf neuen Bildern und aktuellen Informationen.

Botanik
Als Erstes haben wir die botanischen Begriffe als Grundlage für ein kompetentes Fachwissen ergänzt und erweitert. Die Darstellung von Fachbegriffen mit Kurztext, Zeichnung und einem praxisnahen Farbbild hat sich bestens bewährt. Es erleichtert jedermann auf einfache Weise, Unterschiede und Eigenheiten rasch aufzunehmen und sich einzuprägen.

Gestaltungsfaktoren
Die Werkstoffe und ihre Faktoren, welche Floristen beim Gestalten berücksichtigen, sind in der 7. Auflage angepasst worden. Fünf Faktoren werden im Bildatlas kurz erwähnt und zum Teil mit Bildern ergänzt. Die Lernenden können so immer wieder bewusst die einzelnen Gestaltungsfaktoren wahrnehmen und so ihre Kompetenz im Gestalten fördern.

Nomenklatur
In der 7. Auflage wurden nach dem „Zander“ Ergänzungen vorgenommen und, wo nötig, die botanischen Namen angepasst. Gleiches gilt für deutsche und Handelsnamen.

Pflanzensortiment
Das Sortiment Schnittblumen, Schnittgrün und Fruchtzweige basiert auf der Basis des Bildungsplanes der Floristen und der Richtziele der Werkstoffkenntnisse.

Fragen und Antworten
Bewährtes soll bekanntlich nicht geändert werden – Fragen zur Straußbinderei und die entsprechenden Antwortmöglichkeiten finden Sie ebenfalls weiterhin in diesem Buch.
Dieses Frage-Antwort-Spiel ist auf drei Bereiche aufgeteilt: Arbeitsweise (Technik), Gestaltung und Farbgebung lassen Sie Ihr Fachwissen durch Kompetenzen in Bezug zur Straußbinderei vertiefen.

Ich freue mich mit Ihnen, dass Sie die aktualisierte 7. Auflage kennen lernen. Ich wünsche Ihnen viel Spaß beim Gebrauch des Buches haben und gleichzeitig viel Freude beim Lernen der Werkstoffe!

Wangen im Sommer 2017
Peter Fleischli

Inhaltsverzeichnis

Blütensträucher und Zierzweige

Schnittgrüne

Schnittgrün / Farne

Schnittgrün/Palmenarten

Schnittgrün/Nadelgehölze

Früchte und Fruchtzweige

△ 12a Chrysanthemenanbau im Gewächshaus

▽ 12b Tulpen in Folienbeuteln

▽ 12c Schnittblumen im Kühlraum

△ 13a Gerbera in Versandkartons
▽ 13b Schnittgrün im Kühlraum

△ 13c Schnittchrysanthemen im Kühlraum

Behandlung geschnittener Werkstoffe

1. Mit der nötigen Sorgfalt auspacken.

2. Kontrolle bezüglich

- Stückzahl
- Qualität
- Preis.

Die Begleitpapiere (Lieferscheine/Rechnungen) sind mit den nötigen Vermerken zu versehen. Allfällige Reklamationen sind sofort anzubringen.

3. Wichtig: die Erholungsphase

Schnittblumen und Schnittgrün haben, vor allem wenn sie importiert werden, eine oft lange Reise hinter sich. Sie haben dabei eine echte „Stresssituation" erlebt. Unsere Aufgabe ist es nun, für die nötige Erholungsphase zu sorgen! Wir müssen unbedingt Maßnahmen ergreifen, welche die Wasserzufuhr erleichtern.
Grundsätzlich gilt:

- werkstoffgerechter Anschnitt
- in Wasser einstellen
- möglichen Durchzug vermeiden
- eher einen kühleren Ort zur Erholungsphase wählen
- eventuell vorher bereits etwas Verdunstungsflächen entfernen
- die Erholungsphase dauert, je nach Werkstoff, zwischen 2 bis 8 Stunden.

All diese Punkte bringen Erfolg, wenn die richtige Schnittreife und die Schnittzeit beachtet wurden, z. B. am frühen Morgen oder abends, niemals aber bei großer Hitze und bei praller Sonne.

Schnittblumen im Kühlraum

Viele Schnittblumenarten werden oft über längere Zeit im Kühlraum aufbewahrt. Der Verblühungsprozess kann dadurch wesentlich verlangsamt werden. Dabei gelten die folgenden Optimalwerte:
Tagestemperatur 6 bis 10 °C
Nachttemperatur 4 bis 6 °C
relative Luftfeuchtigkeit 80 bis 90 %.

- Vorsicht! Nicht alle Blumenarten gehören in den Kühlraum, z. B. Orchideen, Wicken, Herzenskelch (Eucharis) u. a. Man beachte die Angaben im Steckbrief zu den Pflanzen!
- Der Übergang vom Kühlraum zur Normaltemperatur soll relativ langsam vor sich gehen, 1 bis 2 Stunden sind vorzusehen.

△ 14a Vor dem Anschnitt
▽ 14b Nach dem Anschnitt

Anschneiden, ein absolutes Muss?

Der richtige Anschnitt ist und bleibt eine der wichtigsten Voraussetzungen, um die Haltbarkeit unserer geschnittenen Hauptwerkstoffe zu verlängern.
Wenn Qualität und Anschnitt stimmen, sind die Voraussetzungen für eine optimale Haltbarkeit gegeben:
Je nach Beschaffenheit des Sprosses achten wir auf unterschiedliche Anschnittmethoden:

Verholzte Stängel = langer, schräger Schnitt; Schnittstelle aufschlitzen oder anklopfen; Stiele anbrechen, z. B. Flieder, Schneeball, Forsythien, Zaubernuss, Schönfrucht u. a.

Harter, krautiger Stängel = langer, schräger Anschnitt, z. B. Rosen, Nelken, Lilien, Eustoma u. a.

Weicher, krautiger Stängel = ein beinahe gerader Schnitt, z. B. Calla, Amaryllis, Hyazinthen, Tulpen, Gerbera u. a.

Werkstoffe mit Milchsaft (z. B. Euphorbiaceen) = Anschnittstellen anbrennen oder etwa 5 bis 10 cm tief und 1/2 bis 2 Minuten lang in heißes, fast kochendes Wasser eintauchen. Dabei gerinnt das Plasma und die abgetöteten Zellen wirken wie ein Schwamm. Nach dieser Behandlung empfiehlt es sich, die floristischen Werkstoffe in zirka 36 °C warmes Wasser einzustellen.

Orchideen und Cyclamen = unter fließendem Wasser oder im Wasser anschneiden. Die Stiele sind zusätzlich kurz über der Schnittstelle einzuritzen!

Schnittblumen mit Schleimabsonderung:
Nach dem Anschnitt in zirka 50 °C warmes Wasser einstellen, damit die Schleimabsonderung gestoppt wird, ohne dass die Stiele dabei weich werden. Mit dem richtig gewählten Anschnitt legen wir genügend Leitungsbahnen frei, damit ausreichend Wasser aufgenommen und zu den Blättern und Blüten transportiert werden kann.

Merke:
- Der Anschnitt erfolgt mit scharfem Messer.
- Möglichst nicht mit einer Schere anschneiden, da durch das Schneiden oft die Leitungsbahnen zerquetscht werden, wodurch die Wasserzufuhr beeinträchtigt wird. (Bei kompakt gebundenen Sträußen können die holzigen Stiele mit einer geschliffenen Baumschere angeschnitten, die Schnittstellen mit einem Messer aufgeschlitzt werden.)

15a Weicher krautiger Schaft der Zantedeschia verlangt einen beinahe geraden Schnitt.

15b Bei verholzten Stängeln, z. B. bei Flieder, macht man einen möglichst langen, schrägen Schnitt.

15c Die Schnittstelle des Flieders wird mit einem Messer aufgeschlitzt.

Die Werkstoffe mit Milchsaft werden an der Anschnittstelle angebrannt. Wir stoppen damit den Ausfluss des Saftes. Das Plasma gerinnt, und die abgetöteten Zellen wirken wie ein Schwamm = Kapillarität.

Orchideen sind sehr heikle Blumen in Bezug auf die Wasseraufnahme. Bei Orchideen und Cyclamenblüten empfiehlt es sich, den Anschnitt unter Wasser vorzunehmen.

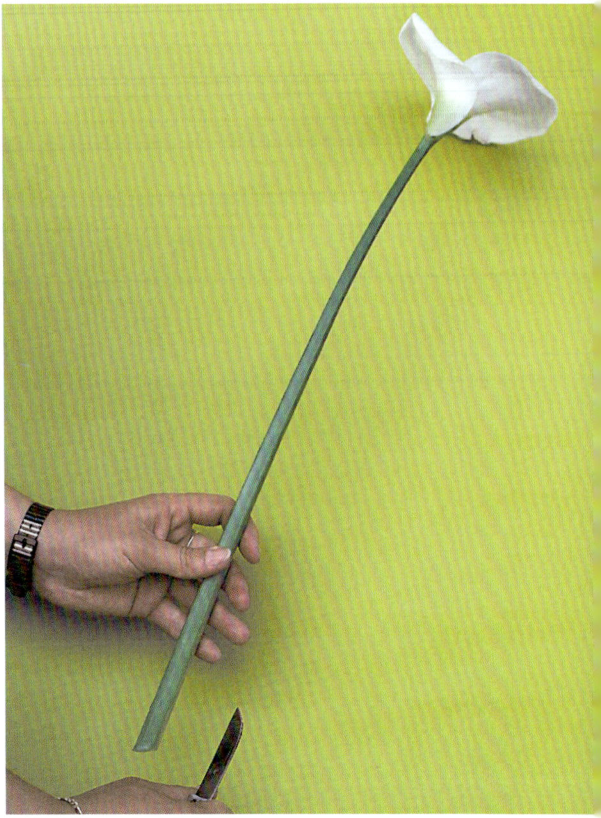

△ 15a

▽ 15b

▽ 15c

△ 16a Anbrennen
▽ 16b Unter Wasser anschneiden

Sind Frischhaltemittel nötig?

Auf dem Markt finden wir heute verschiedene Frischhalte- bzw. Nährmittel für geschnittene Werkstoffe:
- für verholzte Stängel (Schneeball, Flieder, Chrysanthemen usw.)
- für krautige Stängel (Anemonen, Gerbera, Zinnien, Astern, Sonnenblumen usw.)
- für Rosen
- für krautige, weiche Stängel mit Schleimabsonderung, wie z. B. Narzissen
- für geschnittene Werkstoffe ganz allgemein.

Diese Frischhalte- oder Nährmittel nützen jedoch nichts ...
... bei schlechter Qualität der Werkstoffe
... beim Nichtbeachten der jeweiligen Schnittreife
... bei falschem Standort der Werkstoffe
... bei zu wenig Wasser in der Vase (z. B. bei Rosen)
... bei zu viel Wasser (z. B. bei Gerbera).

Wann nützt ein Frischhalte- oder Nährmittel bei geschnittenen Werkstoffen?
Nur wenn die vorgängig erwähnten, werkstoffgerechten Maßnahmen getroffen worden sind, ist eine mögliche Verlängerung der Haltbarkeit gewährleistet.

Wichtig: Gebrauchsanweisungen unbedingt beachten!

Was bewirken Frischhalte- oder Nährmittel?
Durch die Nährmittelzufuhr (z. B. Zucker) verläuft der Verblühungsprozess normal.
Das Wasser kann über längere Zeit ohne zu faulen in Gefäßen gelassen werden, denn die Produkte wirken bakterienhemmend. Man muss nur periodisch ergänzen, was durch die Verdunstung verbraucht wurde.
Die Wirksamkeit dieser Mittel ist ebenfalls von der örtlichen Wasserqualität abhängig.
Durch eigene Beobachtungen können wir erfahren, welches empfohlene Mittel bei welchen Blumenarten etwas bringt. Auch die persönlichen „Hausmittel“ wie Zucker, Kupfermünzen u. a. können Erfolge verbuchen.

Umweltverträglichkeit der Produkte
Achten wir auf umweltverträgliche Frischhaltemittel! Lassen wir uns beraten! Lesen und kennen wir die Zusammensetzung der oft chemischen Produkte?

△ 17a Chrysanthemen und
▽ 17b Rosen: die Haltbarkeit kann verlängert werden

△ 18a
▽ 18b

△ 18c
▽ 18d

Stützen von Werkstoffen

Grundsätzlich benützen wir Draht als technisches Hilfsmittel um ...
... zu schwache Werkstoffe (Stiele) zu stützen
... Werkstoffe in eine gewünschte Lage zu bringen.

Merke:
- richtige Stütztechnik wählen (werkstoffgerecht)
- richtige Drahtstärke wählen
- richtige Drahtart wählen (Länge, grünlackiert, blaugeglüht)
- sowenig wie möglich und soviel wie nötig stützen.

Wir fragen uns dabei immer:
- Muss ich diesen Werkstoff für diese Arbeit stützen?
- Warum muss ich stützen?
- Welche Vorteile sehe ich darin?
- Wie will ich stützen?
- Gibt es andere Möglichkeiten?

Zum Beispiel mit den Fingern durch „Massieren“ den Stängel in die gewünschte Lage biegen.

Wichtig: Die Werkstoffe sollten beim Stützen mit technischen Hilfsmitteln möglichst nicht verletzt werden!

Beispiele (siehe Abbildungen):
- Schiene
- allgemeine Stütze
- hohler Stiel oder Schaft
- Blätter
- Werkstoffe, welche sich nach dem Schnitt noch strecken (z. B. Gerbera, Tulpen, Ranunkeln usw.).

Sichtbare Stütztechnik kann, wenn sie bewusst eingesetzt wird, als gestalterisches Element benützt werden, um eine Aussage zu verstärken oder zu verändern, z. B. mit farbigem Draht stützen!

Oben 18a + 18b
Allgemeine Stütze bei z. B. schwachen Rosen.
Wir achten, dass der Einstich an der Hinterseite des Fruchtknotens erfolgt. Der Draht wird möglichst langgezogen um den Stängel gewunden.

Unten 18c + 18d
Gerbera strecken sich in der Vase. Hier wird ein „Ring“ um den Blütenschaft angelegt.

19a + 19b Stützen außen mit feinem Silber- oder Myrtendraht.

19c Stützen bei hohlem Stiel oder Schaft. Ein feiner, grüner Draht wird in den hohlen Stiel eingeschoben. Wichtig ist die richtige Drahtstärke!

20a, 20b, 20c Blätter stützen am Beispiel Bergenia. Eine Drahtschlaufe wird an den Blattstiel angelehnt und mit Floratape umwickelt. Die Blätter werden dadurch nicht verletzt. (Seite 20)

20d + 20e Andrahten eines Gaultheriablattes, das dadurch auch in die richtige Lage gebracht werden kann. (Seite 20)

20f + 20g Drahtschiene bei Gaultheriazweig. Der Zweig wird mittels einer Drahtschiene in die gewünschte Lage gebracht. (Seite 20)

△ 19a

▽ 19b

▽ 19c

△ 20a
▽ 20b

△ 20c
▽ 20d

△ 20e
▽ 20f

▽ 20g

Pflegetipps für den Kunden

Verblühen, Welken:

- Vorzeitiges Welken ist oft die Folge einer falschen Vorbehandlung oder schlechter Umweltbedingungen, wie z. B.
  - zu hohe Temperaturen
  - zu geringe Luftfeuchtigkeit
  - falsche Erntezeit
  - mit Stickstoff überdüngte Pflanzen
  - unterbrochene Wasserzufuhr
  - Durchzug oder andere Faktoren.
- Das Verblühen ist ein natürlicher Vorgang, weil sich die Baustoffe in der Pflanze langsam abbauen (verbrennen).

Blütenstiele mit einem vielblütigen Blütenstand (z. B. Flieder) und solche mit vielen Staubblättern und starker Pollenentwicklung (Mohn) haben eine kürzere Lebensdauer.

- Floristische Arbeiten mit geschnittenen Werkstoffen nicht zu warm stellen. (Nie der prallen Sonne aussetzen!)
- Unbedingt vor Durchzug schützen!
- Genügend Wasser geben, lieber etwas zuviel als zuwenig (Ausnahmen beachten)!
- Täglich Wasser wechseln.

- **Warmes Wasser** bewirkt eine raschere Wasseraufnahme, weil Wärme die Stoffwechselvorgänge in der Pflanze aktiviert. Warmes Wasser enthält auch weniger gelöste Gase.

- **Bei kaltem Wasser** verengen sich die Leitungsbahnen und die Wasseraufnahme ist in der Folge träge.
- Dem Wasser Frischhalte- oder Nährmittel beigeben!
- Für Blumen in der Vase täglich *neuer Anschnitt*!
- In genügendem Abstand zu Obstschalen aufstellen. Den Früchten (Äpfel, Birnen usw.) entweicht **Äthylengas**, das den Verblühungsprozess fördert und somit die Haltbarkeit beträchtlich reduziert.
- Auch voll erblühte und verblühte Blumen scheiden dieses Gas aus, deshalb sind letztere auszuschneiden, z. B. in Sträußen oder Gestecken.

- Blumen nachts möglichst in die Kühle stellen!
- Blumen im Kühlschrank? Wenn der Kühlschrank auf die geringste Stufe gestellt wird, dann ja, z. B. als „Nachtquartier" für kleine Sträuße. Die Blumen sind aber in Seidenpapier einzurollen!

- Bei Sträußen dazu passende Gefäße wählen! Schlechtstehende Vasen können mit Sand oder Kies beschwert werden; je nach Vasenform und Größe genügen 5 bis 10 cm.

- Kupfergefäße eignen sich für Schnittblumen ideal.
- Die Gefäße sind immer sauber zu halten und nach der Verwendung gründlich zu reinigen.
- Blumen können nachts mit einer leichten Folie überdeckt werden. Die erhöhte Luftfeuchtigkeit und das dadurch entstandene Mikroklima bringen ideale Voraussetzungen für den Wasserhaushalt.

▽ 21a Lilium lancifolium

△ 22a Freesien = glasige Erscheinung
▽ 22b Ilex aquifolium = metallische Erscheinung

△ 22c Heliconia = großer Geltungsanspruch
▽ 22d Ranunkeln = mittlerer Geltungsanspruch

Die Gestaltungsfaktoren der Werkstoffe

Es sind dies:
- die Geltung
- die Formen
- die Bewegungen
- die Farben
- die Beschaffenheiten und Oberflächen der Werkstoffe.

Die Wirkung, der Charakter, die Persönlichkeit eines Werkstoffes wird durch verschiedene Faktoren beeinflusst und es ist unsere Aufgabe, die entsprechenden Faktoren der Werkstoffe zu erkennen und bei floristischen Arbeiten zu berücksichtigen, um so die optimalen Werte der Werkstoffe zu steigern.

a) Geltung

Man unterscheidet bei den Werkstoffen zwischen folgenden drei Geltungen:

1. Große Geltung

Werkstoffe mit großem Geltungsanspruch sind dominierend und führend
- eigenwillig
- kostbar
- kraftvoll
- starke Persönlichkeit.

Sie benötigen entsprechend viel Freiraum.

2. Mittlere Geltung

Werkstoffe mit mittlerem Geltungsanspruch lieben die Geselligkeit und ordnen sich unter
- anpassungsfähig
- neutral.

3. Kleine Geltung

Werkstoffe mit kleinem Geltungsanspruch brauchen die Gemeinschaft. Einzeln wirken sie verloren
- bescheiden
- zurückhaltend
- ruhig.

b) Formen

Bei Blüten und den Blätter der Werkstoffe sind verschiedene Formen zu erkennen. Man unterscheidet grundsätzlich zwischen aktiven und passiven Formen.

1. Aktive Formen

Blätter oder Blüten mit einer aktiven Form zeigen sich dadurch, dass über die Endpunkte eine optisch weiterlaufende Wahrnehmung spürbar wird. Diese Formen benötigen Freiraum, um die aktive Wirkung zu nutzen.

2. Passive Formen

Blätter, Blüten und Früchte weisen oft eine in sich geschlossene Außenform auf, wie rund oder oval. Sie können als Fläche oder als Körper wahrgenommen werden.

c) Bewegungen

Der Platzanspruch eines Werkstoffes in einer floristischen Arbeit wird auch durch die Bewegung des Werkstoffes erkennbar. Man unterscheidet zwischen aktiver und passiver Bewegung.

1. Aktive Bewegung

Die aktive Bewegung führt grundsätzlich optisch über den Endpunkt weiter
- aufstrebend
- aufstrebend-begrenzt
- aufstrebend-ausschwingend
- aufstrebend-hängend
- aufstrebend-wechselnde Richtung
- aufstrebend-entfaltend.

2. Passive Bewegung

Optisch wird eine geschlossene ruhige, lagernde oder sammelnde Wirkung erkennbar sein.

d) Farben

Die Farbe, den Faktor, der die stärkste Wahrnehmung und Aufmerksamkeit auslöst, planen wir und erstellen bei jeder Gestaltung
- ein Farbkonzept, z. B.
  - in den Pastellfarben
  - in trüben matten Farben
  - in aktiven Farben
  - in passiven Farben
  - in kalten Farben
  - in warmen Farben;
- einen Kontrastbereich, z. B.
  - kalt – warm
  - hell – dunkel
  - Komplementär Kontrast
  - Farbe-an-sich-Kontrast
  - Qualitätskontrast
  - Quantitätskontrast.

Zusätzlich stehen uns verschiedene Farbklänge zur Verfügung, z. B.
- Zweiklänge
- Dreiklänge
- Vierklänge
- Fünfklänge.

e) Beschaffenheit und Oberfläche

Die Beschaffenheit der Werkstoffe hat viele Ausprägungen. Je nach Pflanzenart erkennen wir harte-glatte, weiche-zarte oder raue Beschaffenheiten und Texturen.

1. Harte-glatte Beschaffenheit

Textur:
- metallisch
- ledrig
- glasartig
- porzellanartig.

2. Weiche-zarte Beschaffenheit

Textur:
- wollig
- seidig
- samtig
- filzig.

3. Raue Beschaffenheit

Textur:
- rustikal
- borkig.

△ 24a Pfahl- oder Hauptwurzeln
▽ 24b Büschelwurzeln

Botanische Fachbegriffe,

richtig interpretieren

In der Botanik bedient man sich aufgrund des Pflanzenaufbaues (Habitus, Form und Anordnung der Blätter und Blüten u. a. m.) mit ganz klaren Fachbegriffen. Im Volksmund und selbst in gärtnerischen und floristischen Fachkreisen haben sich in den letzten Jahren und Jahrzehnten aber Begriffe eingeschlichen, die mit einer seriösen Botanik nicht vereinbar sind. Nennen wir als Illustration einige Beispiele:
„Keine Rosen ohne Dornen!“ Botanisch haben Rosen Stacheln, keine Dornen!
„Cymbidiumrispen“. Aus botanischer Sicht besitzen Cymbidien Trauben, keine Rispen!
„Trachelium-Blütendolden“. Botanisch sind es keine eigentlichen Dolden, sondern *Trug*dolden oder Dolden*rispen*.
„Gladiolenzwiebeln“. Botanisch sind es Knollen, keine Zwiebeln. Andere Beispiele gibt es noch viele.
Wir wollen anbei die wichtigsten botanischen Begriffe kurz erläutern und anhand eines zeichnerischen Grundschemas und eines Bildes aus der Praxis die typischen Merkmale festhalten.

Die Wurzel

Was unter der Bodenoberfläche verborgen ist, scheint dem Floristen oft nicht so wichtig. Trotzdem halten wir als Basis für solide Grundkenntnisse die wichtigsten Begriffe fest.
Aufgabe: Die Wurzeln haben folgende Aufgaben zu erfüllen: 1. Verankerung im Boden, 2. Wasser und Nährstoffe aufzunehmen und weiterzuleiten und 3. Baustoffe zu speichern.

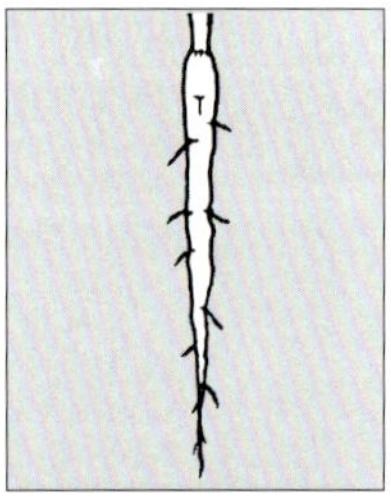

Pfahlwurzeln
Die Hauptwurzel entwickelt sich deutlich stärker als die Seitenwurzeln.
Beispiele: Ammi majus, Matthiola incana u. a.

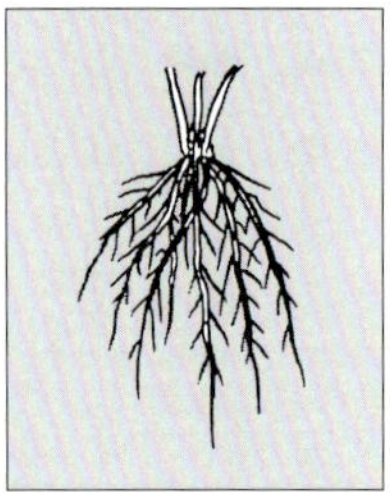

Büschelwurzeln
Alle Wurzeln sind ungefähr gleich stark und eher fein ausgebildet. Meist sind es Flachwurzler.
Beispiele: Achillea, Bellis, Chrysanthemum, Myosotis, Narcissus, Tulipa u. a.

Wurzelknollen
Verdickte Einzelwurzeln.
Nur im Übergang zum Spross bilden sie Knospen aus.
Beispiele: Alstroemeria, Dahlia, Gloriosa, Paeonia u. a.

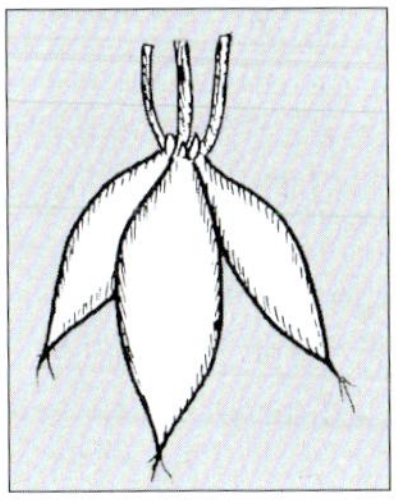

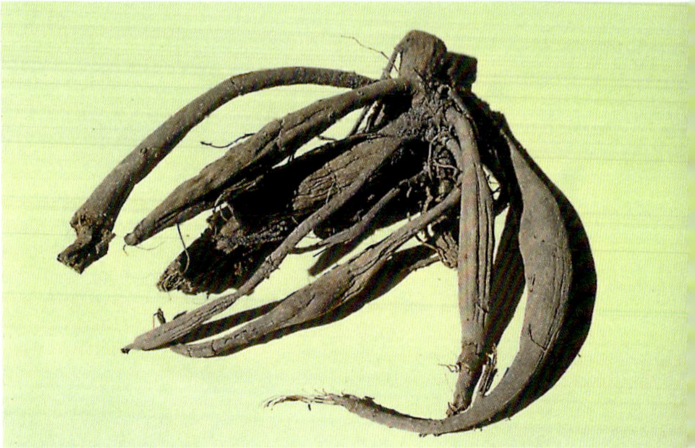

△ 25a Dahlienwurzelknollen
▽ 25b Luftwurzeln

Luftwurzeln
Besonders bei Kletterpflanzen, wie Philodendron, Epipremnum, Hedera, und auch bei epiphytischen Pflanzenarten wie Orchideen und Bromelien, die auf Bäumen wachsen, bilden sich Luftwurzeln aus, die meist der Festhaltung und auch der Nährstoffaufnahme dienen.

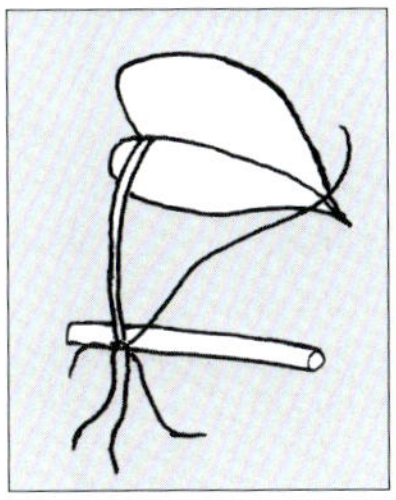

Stelzwurzeln
Bei Pandanusarten, die in der Natur meist in sumpfigen Böden wachsen, bilden sich schräg gestellte Stelzwurzeln aus, die der Pflanze den nötigen Halt geben.

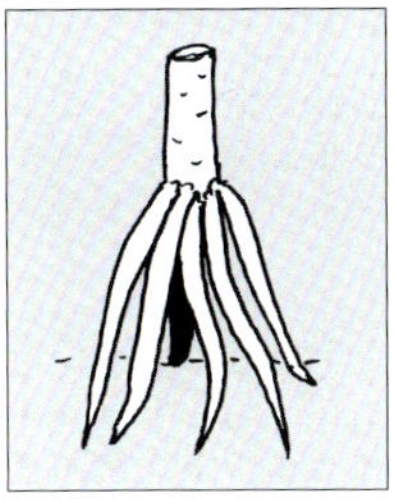

△ 25c Stelzwurzeln
▽ 25d Atemwurzeln

Atemwurzeln
In stark sumpfigen, meist tropischen Gegenden bilden die Mangroven senkrecht aufsteigende Atemwurzeln aus, um die Pflanzen mit dem nötigen Sauerstoff zu versorgen.

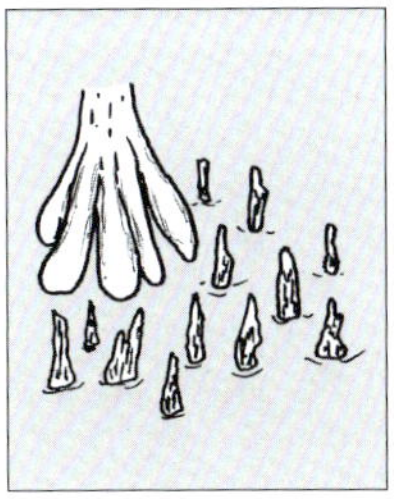

△ 26a Hedera helix panaschiert
▽ 26b Crocus-Cultivars

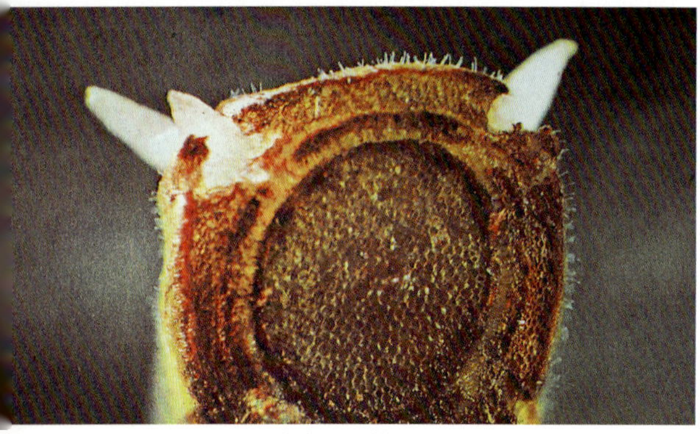

△ 26c Adventivwurzeln bei Stecklingen
▽ 26d Wurzelspitzen

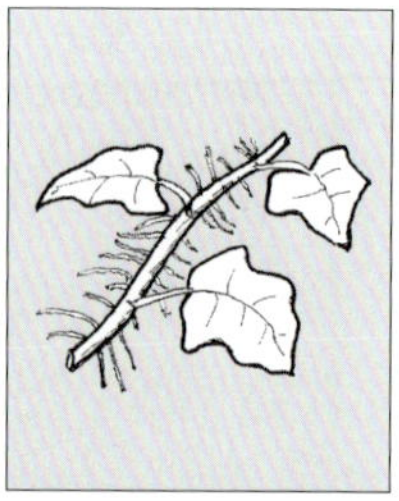

Haftwurzeln
Viele Kletterpflanzenarten entwickeln am Neutrieb viele kleine Haftwurzeln aus, um sich an Bäumen, Mauern und dergleichen festzuhalten und dadurch emporklettern zu können. Beispiele: Hedera-Arten, Ficus pumila u. a.

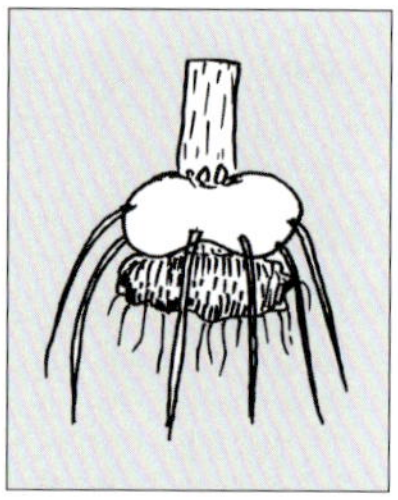

Zugwurzeln
Bei Krokus bildet sich jedes Jahr auf der vorjährigen Knolle eine neue. Damit diese nicht aus dem Boden hochwachsen, werden sie durch seitliche starke Wurzeln in die Tiefe gezogen.

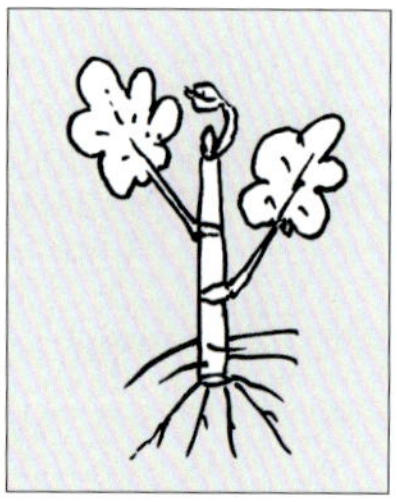

Adventivwurzeln
Sie werden auch als „neu hinzukommende Wurzeln“ bezeichnet. Bei Stecklingen bildet sich an der Schnittfläche zuerst das Kambium (Wundgewebe) und in der Folge die stängelbürtigen Beiwurzeln.

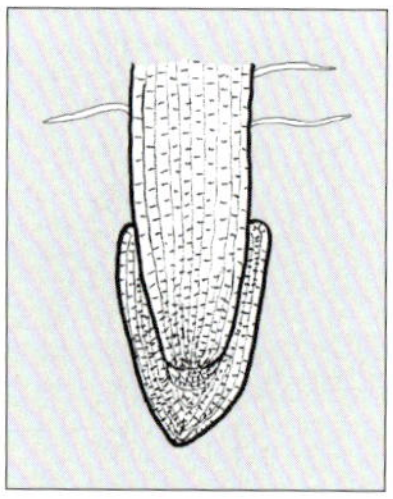

Die Wurzelhaube (Kalyptra)
Um die in den Boden vordringenden Wurzelspitzen vor Verletzungen zu schützen, sind sie durch eine Wurzelhaube, bestehend aus Schleimzellen, geschützt. Darin eingebettet ist auch die Zellteilungszone.

Der Spross (Stängel)

Der Spross bildet das Gerüst der Pflanze. Er gibt ihr Form und Gestalt. Aufgabe: Die von den Wurzeln aufgenommenen, in Wasser gelösten Nährstoffe zu den Blättern zu leiten, wo sie in Baustoffe umgewandelt werden. Von hier gelangen die Baustoffe zu den Stätten des Wachstums (Zellteilung), also in Triebspitzen, Wurzelspitzen und Kambium oder zur Einlagerung in Speicherorgane (Knollen, sukkulente Sprosse und Blätter u. a.).

Aufrechter Spross
Oft auch als Trieb oder Stängel oder bei Gräsern als Halm bezeichnet. Ein Spross ist gegliedert in Nodien (Knoten) und Internodien (Zwischenknotenstücke) und besitzt Blätter bis zum Blütenstand hinauf.
Beispiele: Achillea, Callistephus, Chrysanthemum, Dianthus u. a.

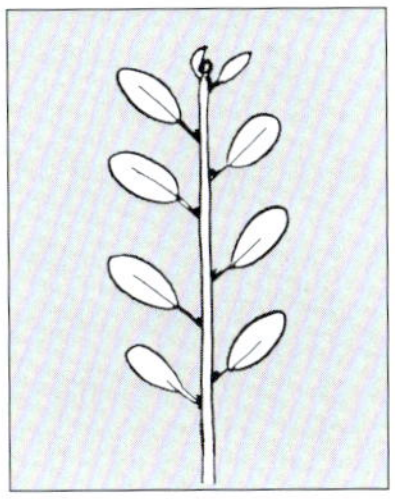

△ 27a Sonnenblumen = aufrechter Spross

Verzweigter Spross
Pflanzen mit einem eher breiten Wachstum bilden schon früh Seitentriebe aus, die sie buschig erscheinen lassen.
Beispiele: Ammi, Eryngium, Aster, Cosmos u. a.

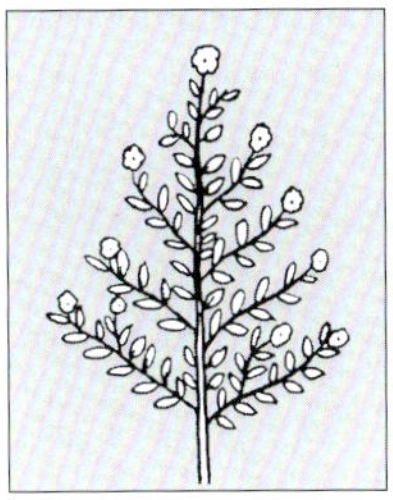

△ 27b Gypsophila = verzweigter Spross

Gestauchter Spross
Pflanze mit stark verkürztem Spross, aus dem die Blätter in meist reicher Anzahl aufstreben und oft eine Rosette bilden. Aus ihnen steigen die blattlosen Blütenschäfte auf und tragen die Blütenstände oder Einzelblüten.
Beispiele: Agapanthus, Bellis, Gerbera, Hosta, Nerine, Tritonia u. a.

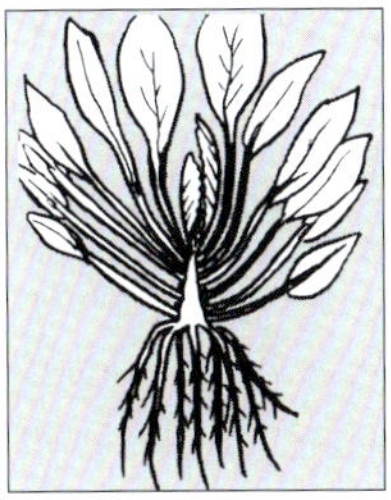

▽ 27c Hosta = gestauchter Spross

△ 28a Getreidearten haben Halme
▽ 28b Eucharis amazonica = Blütenschaft

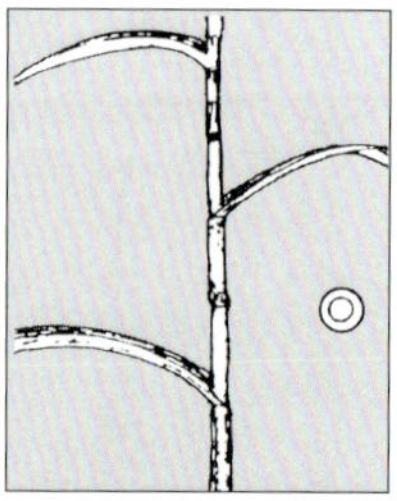

Der Halm
Der Halm ist dünn, straff aufwärtsstrebend und innen hohl. Er ist durch Knoten leicht verdickt. Aus den Knoten entspringt je ein lanzettliches Blatt. Endständig sitzt der ährige bis rispige Blüten- oder Fruchtstand.

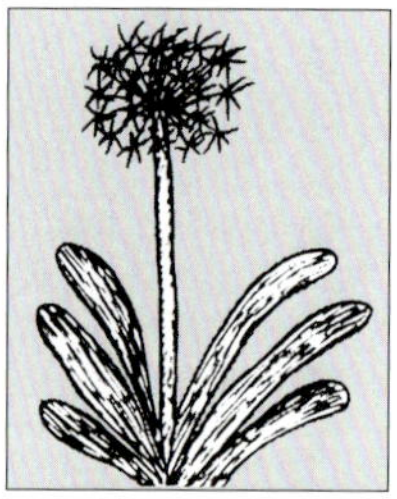

Der Schaft
Aus einer grundständigen Pflanze (Rosette, Blattschopf) entwickelt sich eine blattlose und unverzweigte Sprossachse, die an ihrem Ende Einzelblüten, Blütenstände und oft auch Hochblätter trägt.
Beispiele: Agapanthus, Allium, Anemone, Anthurium, Narcissus, Tulipa, Zantedeschia u. a.

△ 28c Thunbergia alata = windend
▽ 28d Hedera-Arten = haftend

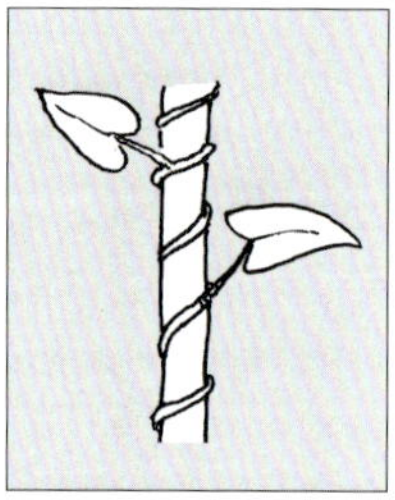

Windender Spross
Um den Kletterpflanzen einen guten Halt und ein Emporwachsen zu ermöglichen, haben viele die Eigenschaft entwickelt, sich durch Windungen nach oben zu bewegen.
Beispiele: Bohnen, Thunbergia alata u. a.

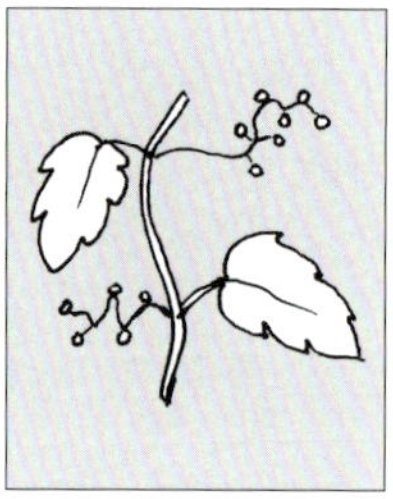

Sprossranke mit Haftscheiben
Einige Pflanzenarten entwickeln zur besseren Verankerung und Haftung an Mauern, Stämmen und Zweigen Sprossranken aus, mit denen sie in die Höhe klettern.
Beispiele: Vitis vinifera (Wein), Parthenocissus quinquefolia und Parthenocissus tricuspidata.

Stammsukkulenten
Wasserspeichernde Pflanzen bilden stark verdickte Sprosse aus, zum Teil auch Blätter. Bei Kakteenarten fehlen die Blätter ganz. Der grüne Spross ist in der Lage, den Assimilationsprozess zu übernehmen. Beispiele: Kakteen, gewisse Euphorbiaarten u. a.

△ 29a Kakteen – Stammsukkulenten
▽ 29b Hemalocladium = Phyllocladien

Phyllokladien
Bei sogenannten Gliederpflanzen sind die Sprosse als ganz flache Scheinblätter ausgebildet. Beim Weihnachtskaktus (Schlumbergera) sind die Glieder etwas verdickt, man spricht hier von Kladodien oder von blattähnlichen Langtrieben.

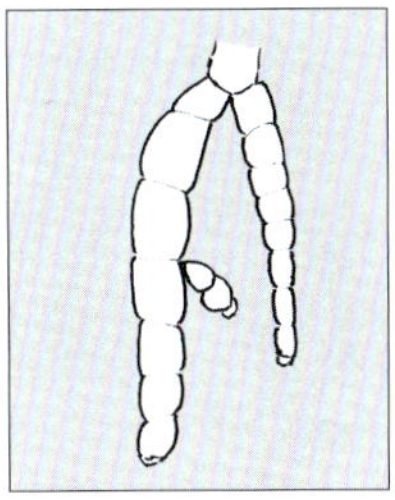

Ausläufertriebe
Bei einigen, meist grundständigen Pflanzenarten bilden sich oft lange, dünne Seitensprosse, sogenannte Stolonen. In bestimmten Abständen bilden sie neue kleine Pflanzen aus, die bei Bodenberührung Wurzeln bilden und für die vegetative Vermehrung sorgen: Chlorophytum, Saxifraga stolonifera u. a.

△ 29c Chlorophytum = Ausläufertriebe
▽ 29d Eichhornia mit Schwimmorganen

Schwimmende Pflanzen
In tropischen Gewächshäusern der botanischen Gärten finden wir oft seltsame Pflanzenarten, die eigenständig auf der Wasseroberfläche leben und sich hier durch Teilung vermehren. Beispiele: Eichhornia (Wasserhyazinthe), Pistia (Wassersalat) u. a.

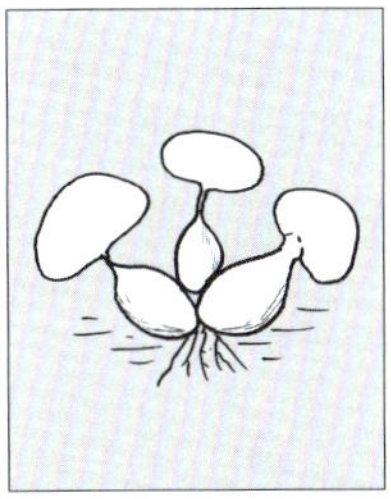

Der umgewandelte Spross

△ 30a Tulpenzwiebeln
▽ 30b Gladiolenknolle

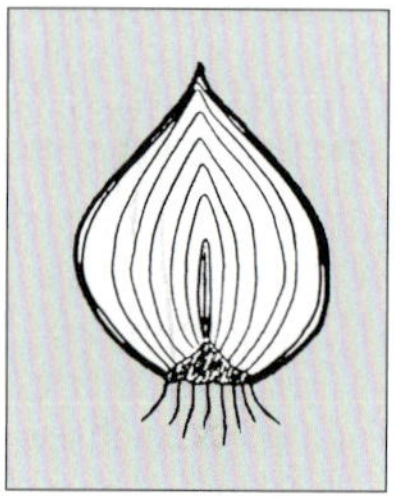

Zwiebeln
Gestauchter Grundspross (Zwiebelboden) mit fleischigen Niederblättern zur Reservespeicherung.
Beispiele: Hippeastrum, Hyacinthus, Leucojum, Muscari, Tulipa u. a.
Schuppenzwiebeln = Lilium-Arten

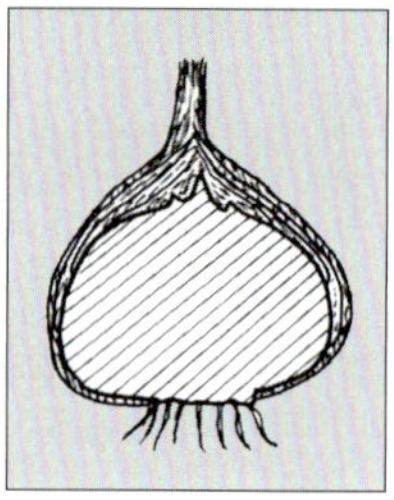

Knollen
Verdickter fleischiger Grundspross mit Knospen versehen.
Beispiele: Anemone, Crocus, Freesia, Gladiolus, Ranunculus, Zantedeschia u. a.

△ 30c Achillea = Staude
▽ 30d Crassula = Blattsukkulenten

Rhizome
Unterirdische, meist blattlose Sprossachse mit Knospen und Wurzeln. Viele Stauden vermehren sich durch Rhizome.
Beispiele: Achillea, Convallaria, Iris × germanica, Solidago, × Solidaster u. a.

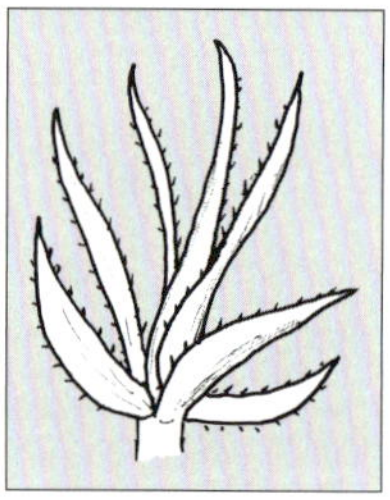

Sukkulenter Blattspross
Als Sukkulenten bezeichnet man Pflanzenarten, die während längeren Trockenphasen ohne Zufuhr von Wasser überleben können. Sie sind oft blattlos und speichern in ihrem stark verdickten Spross viel Wasser und Nährstoffe. Beispiele: Kakteenarten, Euphorbia-Arten und andere.

Das Blatt

Das Blatt hat die wichtige Aufgabe, mit Hilfe von Licht, Wärme und CO_2 (Kohlensäuregas) von den Wurzeln aufgenommene Nährstoffe in organische Baustoffe umzuwandeln, die die Pflanzen zu ihrem Wachstum und zur Ausbildung von Blüten und Früchten benötigen. Wichtig ist das Chlorophyll, die winzigen grünen Farbstoffkörperchen, die diesen Assimilationsvorgang erst ermöglichen. Daher sind die meisten Blätter grün. Bei farbigen Blättern sind meist andere Farbstoffkörperchen über dem Chlorophyll (Blattgrün) gelagert. Bei weiß panaschierten Blättern fehlt das Chlorophyll teilweise ganz, deshalb wachsen diese Pflanzen auch langsamer.
Bei Kurz- und Langtagpflanzen werden im Blatt als Reaktion auf die effektive Tageslänge Wuchs- oder Blühhormone ausgebildet, die in den Triebspitzen den Befehl zum vegetativen Blattwachstum oder zur generativen Blütenentwicklung auslösen.
Für den Floristen sind die Blätter in der Verarbeitung sehr wichtige Werkstoffe, sei es als verbindende hängende Blattzweige, als sehr feines Grün zusammen mit blattlosen Blütenschäften wie Gerbera, in Biedermeiersträußen und anderen. Die schön gefärbten und gezeichneten, zum Teil großflächigen Blätter sowie die feingefiederten Blätter und Blatttriebe verschiedener Schnittgrünarten werden in der modernen Floristik oft zum dominierenden Werkstoff überhaupt. Ein bewusstes Einsetzen macht den Floristen zum Meister!

△ 31a Aglaonermablätter

Das Keimblatt

Dieses ist im Samen schon vorgebildet. Es versorgt während und nach der Keimung die junge Pflanze mit den ersten Nährstoffen, bis die nachfolgenden Laubblätter durch Assimilation dies selbst können. Wir kennen Einkeimblatt-, Zweikeimblatt- oder bei Koniferen Mehrkeimblattpflanzen.

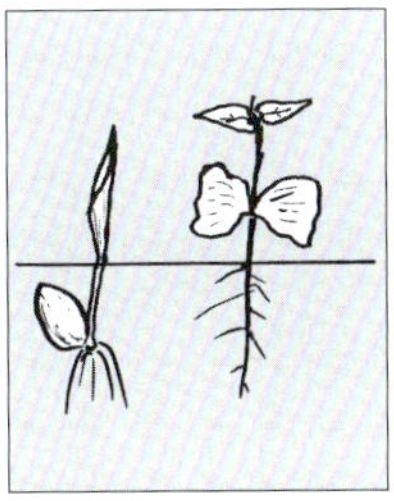

△ 31b Keimling Buche
▽ 31c Lilium = Schuppenzwiebeln

Fleischige Niederblätter

Die fleischigen, schalenförmigen Niederblätter stehen auf einem flachen, kurzen Grundspross und bilden eine Zwiebel.
Beispiele: Lilium, Narcissus, Tulipa u. a.

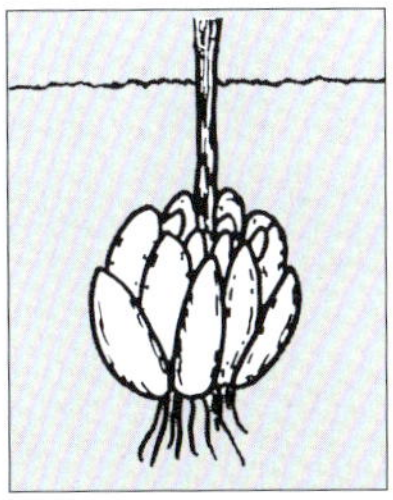

△ 32a Gerbera = grundständige Pflanze
▽ 32b Chrysanthemum = wechselständige Blätter

△ 32c Syringia = gegenständige Blätter
▽ 32d Equisetum = quirlständige Blätter

Grundständige Blätter
Die grünen Blätter entwickeln sich aus einem stark verkürzten Spross und bilden meist eine Blattrosette. Aus der Sprossspitze steigt ein Schaft empor.
Beispiele: Agapanthus, Allium, Bellis, Gerbera, Zantedeschia u. a.

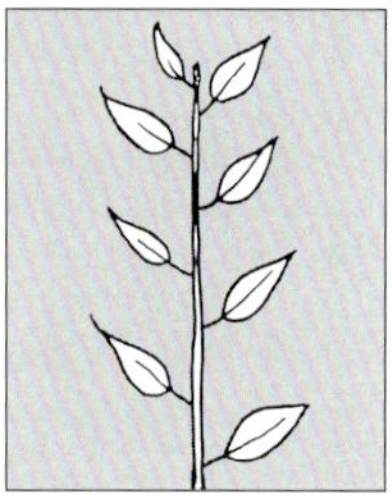

Wechselständige Blätter
An mehr oder weniger gestreckten Sprossen stehen die einzelnen Blätter in wechselnder Anordnung. Sie verteilen sich meist rund um den Spross, können aber auch nur zweizeilig (in zwei entgegengesetzten Richtungen) angeordnet sein.
Beispiele: Achillea, Chrysanthemum, Tulipa u. a.

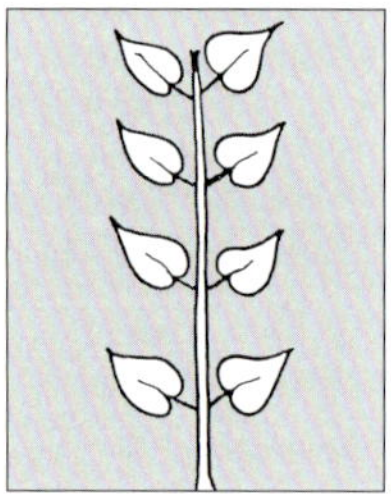

Gegenständige Blätter
Die Blätter sind paarweise am Spross angewachsen. Meist sind sie kreuzweise gegenständig angeordnet.
Beispiele: Ageratum, Dianthus, Forsythia, Hydrangea, Syringa u. a.

Quirlständige Blätter
Die Blätter stehen in einer Vielzahl kreisförmig um den Knoten herum angeordnet und sind meist flach ausgebreitet.
Beispiele: Galium odoratum (Waldmeister), Equisetum (Zinnkraut), Paris quadrifolia (Einbeere) u. a.

Hochblätter (Spatha)
Pflanzenarten mit unscheinbaren Blüten haben zur Selbsthilfe gegriffen. Sie bilden farbige Hochblätter oder Hüllblätter aus. Sie haben die Aufgabe, Insekten anzulocken und eine Befruchtung zu ermöglichen. Beispiele: Anthurium, Spathiphyllum. Bei Linden dient das Hochblatt zur Fruchtverbreitung als Flugorgan.

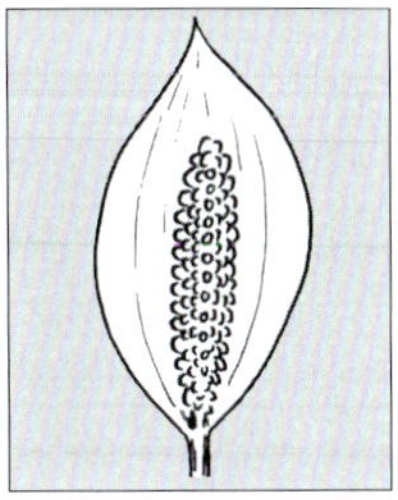

△ 33a Schmal- bis breitlanzettliche Blätter
▽ 33b Euphorbia pulcherrima = Brakteen

Brakteen
Sind mehrere Hochblätter zusammen an der Insektenanlockung beteiligt, spricht man von farbigen Brakteen. Typische Beispiele sind der Weihnachtsstern (Euphorbia pulcherrima), Bougainvillea und Bromelien.

Blütenblattarten
Die Blüte ist im Prinzip ein umgewandelter Blattspross und aus 4 Blattarten aufgebaut.
1. Das Kelchblatt schützt die Blütenknospe vor dem Aufblühen. 2. Das Blütenblatt lockt die Insekten an. Das Staubblatt bildet Pollen für die Befruchtung aus, und das Fruchtblatt mit klebriger Narbe dient zur Befruchtung und Samenbildung.

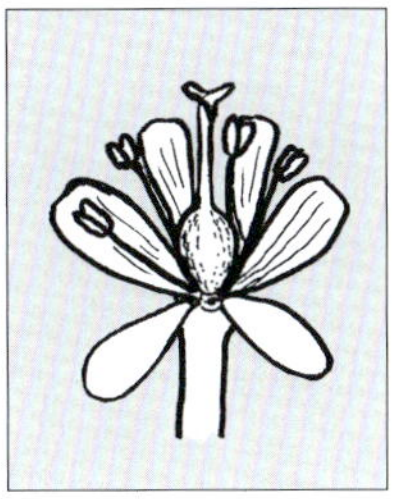

△ 33c Rosablüten = 4 Blattarten
▽ 33d Tulipa = Perigon

Das Perigon
Beim Perigon sind Kelch- und Blütenblätter meist gleich gestaltet und gefärbt. Wir finden sie bei Lilien, Tulpen, Hippeastrum, Narcissus, Irisarten u. a.

Die Blattformen

Wir unterscheiden zwischen einfachen und zusammengesetzten Blättern.
Das einfache Blatt besitzt nur eine einzige Blattfläche. Das Blatt kann sehr unterschiedlich geformt und gestaltet sein.

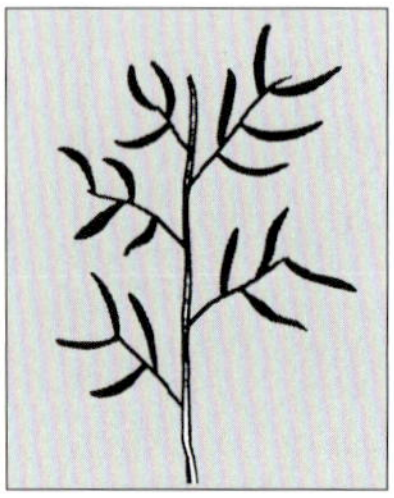

Das einfache Blatt

Nadeliges Blatt

Das Blatt ist schmal, relativ kurz und oft hart.
Bei den Asparagusarten übernehmen laubblattähnliche Seitenachsen (Phyllokladien) die Aufgabe der Blätter. Die eigentlichen Blätter sind verkümmert und eingetrocknet.
Beispiele: Asparagus densiflorus, Asparagus setaceus, Chamelaucium, Leptospermum u. a.

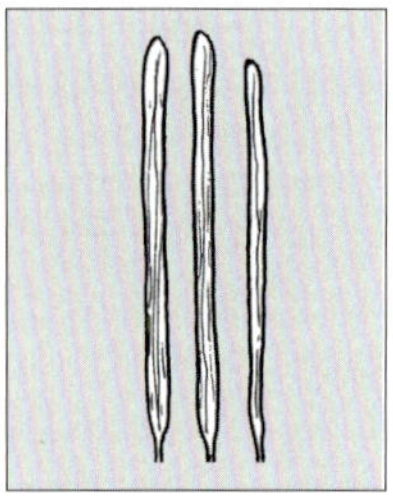

Linealisch

Das Blatt ist auf der ganzen Länge gleich breit.
Beispiele: Galanthus, Leucojum, Hippeastrum, Nerine, Narcissus, Ophiopogon, Typha u. a.

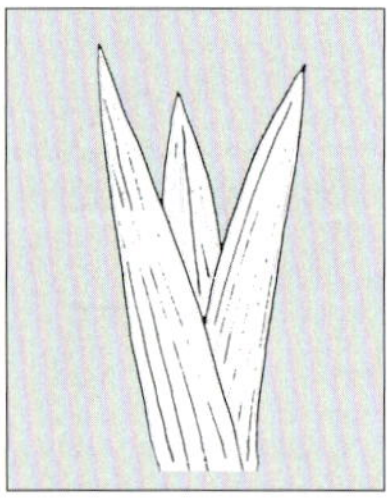

Schwertförmig

Das Blatt ist an der Stielbasis am breitesten und verschmälert sich zur Spitze hin zusehends.
Beispiele: Freesia, Gladiolus, Iris u. a.

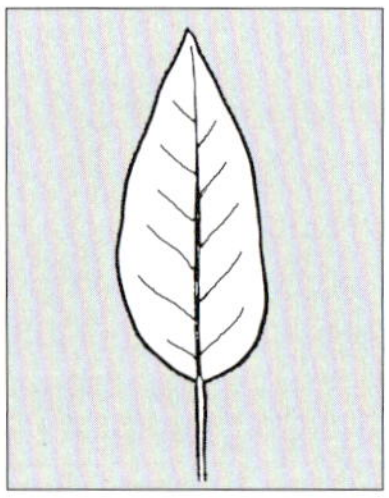

Lanzettenförmig

Das Blatt verbreitert sich vom Blattstiel her und wird gegen die Spitze hin wieder schmäler. Es gibt schmal- bis breitlanzettliche Blattformen.
Beispiele: Alstroemeria, Convallaria, Dianthus, Lilium, Salvia, Tulipa u. a.

△ 34a Asparagus = nadelige Scheinblätter
▽ 34b Narcissus = linealische Blätter

△ 34c Iris-Arten = schwertförmige Blätter
▽ 34d Schmal- bis breitlanzettliche Blätter

Oval oder elliptisch
Von dieser Form ausgehend gibt es viele Übergangsformen, wie eiförmig, spatelig und kreisrund.
Beispiele: Bellis, Bergenia, Calendula, Leucadendron, Protea-Arten, Sedum, Stephanotis u. a.

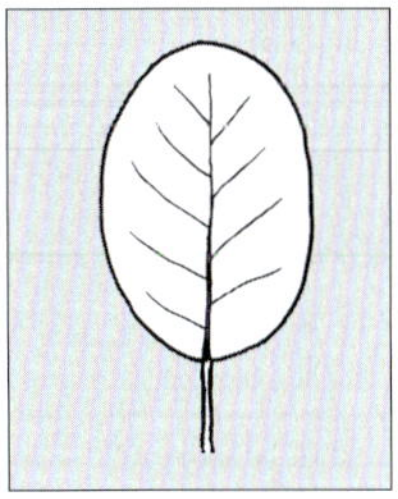

△ 35a Bergenia = ovale Blätter
▽ 35b Philodendron = herzförmige Blätter

Herzförmig
Auch hier unterscheiden wir in langherz- bis breitherzförmige Blätter.
Beispiele: Syringa, Viola u. a.

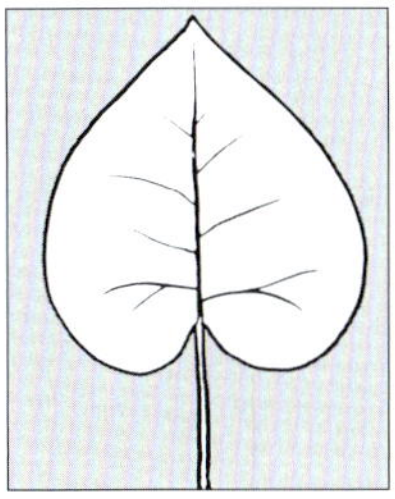

Nierenförmig
Das Blatt ist am Ende abgerundet und an der Blattbasis rundlich eingebuchtet.
Beispiele: Asarum europaeum, Nymphaea u. a.

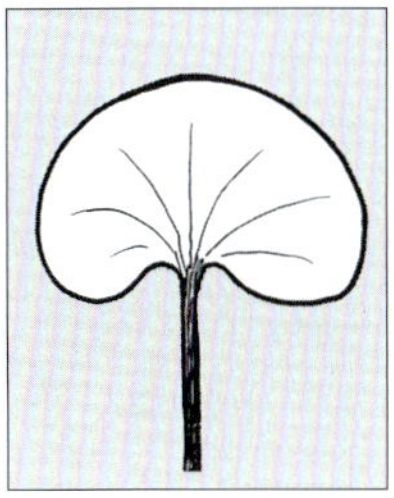

△ 35c Asarum (Haselwurz) = nierenförmige Blätter
▽ 35d Hedera, Philodendron = pfeilblättrig

Pfeilförmig
Das zur Spitze hin stark zugespitzte Blatt weist an der Blattbasis noch zwei nach hinten verlaufende spitze Anhängsel auf.
Beispiele: Arum, Hedera-Sorten, Syngonium, Zantedeschia-Arten u. a.

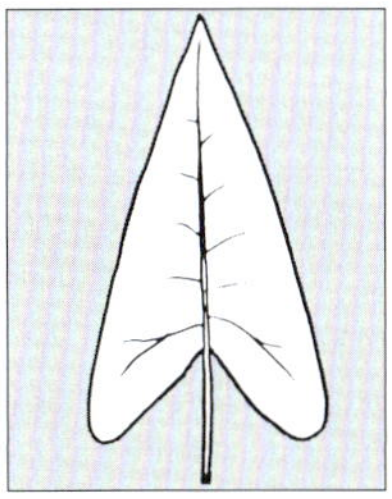

△ 36a Lotos = schildförmige Blätter
▽ 36b Delphinium = gelappte Blätter

Schildförmig
Das meist kreisrunde Blatt sitzt in der Mitte an einem Stiel, der Rand ist nicht oder wenig eingeschnitten oder eingebuchtet.
Beispiele: Lotosblume, Tropaeolum.

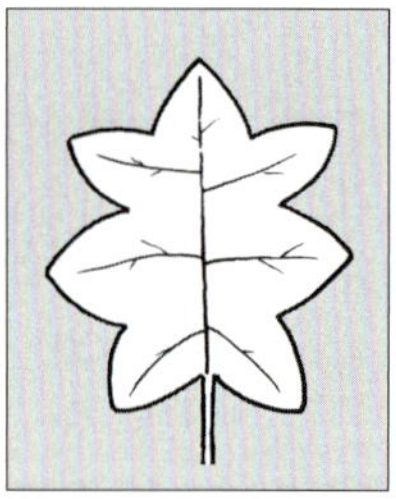

Gelappt
Die Blätter sind rundlich eingeschnitten. Der Blattrand ist dadurch oft stark gewellt.
Beispiele: Delphinium, Chrysanthemum, Gerbera u. a.

△ 36c Chrysanthemum = gebuchtete Blätter
▽ 36d Philodendron selloum = fiederteilig

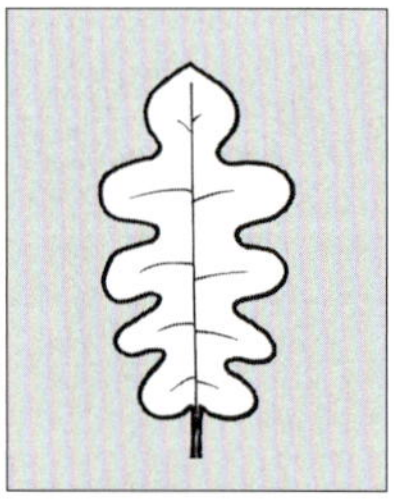

Gebuchtet
Das Blatt ist zwischen den Hauptnerven mehr oder weniger tief eingeschnitten.
Beispiele: Chrysanthemum, Fatsia, Viburnum opulus u. a.

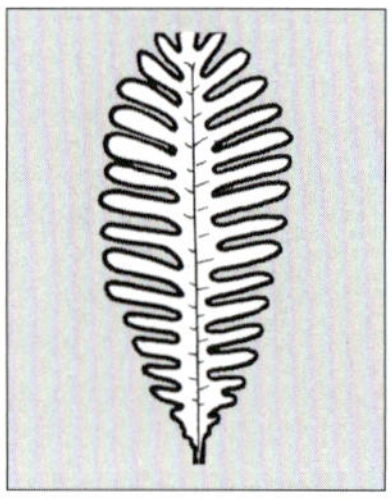

Fiederteilig
Je nach der Tiefe der seitlichen Einschnitte unterteilt man in fiederspaltig, in fiederteilig und in fiederschnittig.
Beispiele: Crataegus monogyna, Papaver, Philodendron selloum u. a.

Geteilte oder zusammengesetzte Blätter

Fingerförmig geteilt

Geteilte oder zusammengesetzte Blätter weisen mehrere Einzelblättchen auf.
Klee hat drei, Aesculus (Rosskastanie), Lupinus und andere weisen fünf bis zehn und mehr Einzelblättchen auf.

△ 37a Lupinus und Helleborus = fingerförmig geteilt
▽ 37b Papaver und Achillea = einfach gefiedert

Einfach gefiedert

Nennen wir als Beispiel das Rosenblatt. Der Blattstiel weist am Ende ein einzelnes Blatt auf, seitlich sind paarig angeordnet noch weitere vier, sechs oder mehr Blätter. Das Rosenblatt ist unpaarig gefiedert (ungerade Zahl). Fehlt das Endblatt, so sprechen wir von paarig gefiederten Blättern. Beispiel: Senna-Arten.

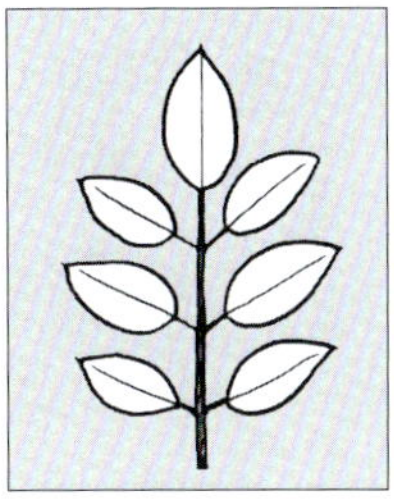

Doppelt gefiedert

Hier sind die seitlichen Fiederblätter noch ein zweites Mal unterteilt.
Typische Beispiele sind: Caryota rumphiana, Cosmos bipinnatus, Nephrolepis exaltata = doppelt gefiedert.

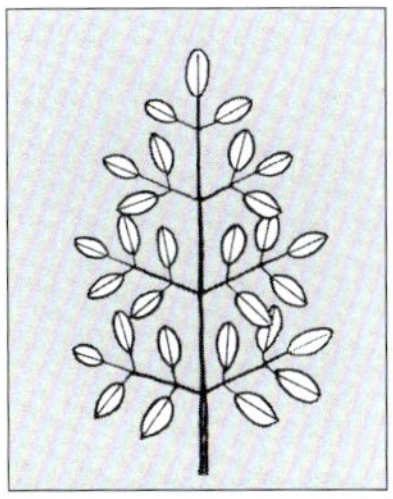

△ 37c Dryopteris = doppelt gefiedert
▽ 37d Polystichum = mehrfach gefiedert

Mehrfach gefiedert

Besonders bei verschiedenen Farnarten ist das Blatt als solches mehrfach unterteilt und in sehr viele, aber kleine Teilblättchen aufgegliedert. Beispiele: Polystichum-Arten, Dicksonia australis u. a.

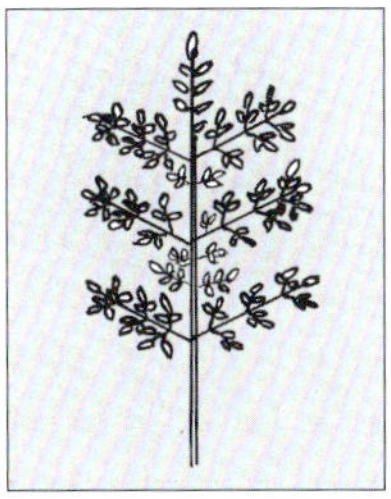

△ 38a Aquilegia = dreifach dreigeteilt
▽ 38b Rosen = unpaarig gefiedert

Dreifach dreigeteilt
Das Blatt ist in je drei Teilblätter gegliedert, die ihrerseits wieder je drei Blättchen aufweisen.
Beispiel: Dicentra spectabilis u. a.

Unpaarig gefiedert
Das in mehrere Teilblättchen aufgeteilte Blatt hat immer ein endständiges Einzelblatt.
Beispiele: Rosen, Dahlien, Himbeeren, Brombeeren u. a.

△ 38c Senna = paarig gefiedert
▽ 38d Nepenthes mit Fangorganen

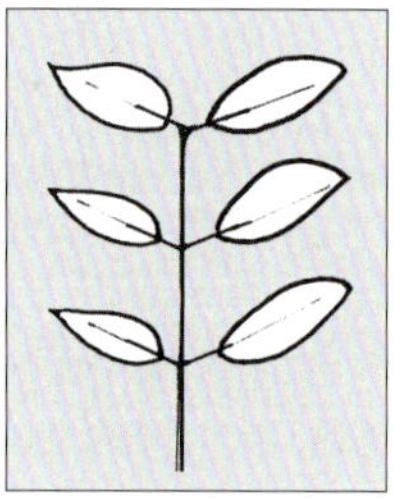

Paarig gefiedertes Blatt
Hier stehen die Teilblättchen immer paarweise am Stiel, das Endblättchen fehlt.
Beispiele: Senna-Arten.

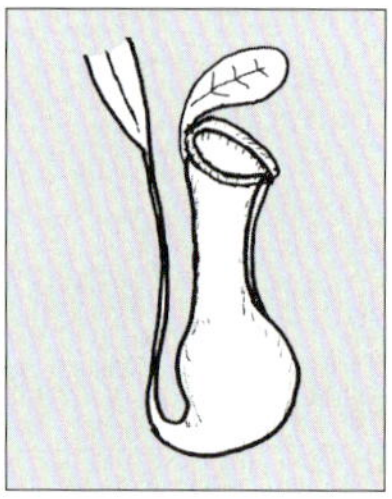

Fangorgane an den Blättern
Bei Karnivoren (fleischfressende Pflanzen) sind die Blätter zusätzlich mit raffinierten Fangorganen ausgerüstet, die Insekten anlocken, festhalten oder fangen können, um sie in der Folge „zu verdauen“ und damit den in nährstoffarmen Böden wachsenden Pflanzen zusätzlich Nährstoffe zuführen können. Nepenthes, Drosera, Sarracenia u. a. sind Bewohner von Mooren.

Die Blüte

Für den Floristen sind Blüten (Blumen) vorwiegend als Werkstoff interessant. Man verwendet sie als Zierde, wegen der Farbe, der Form oder auch wegen des feinen Duftes. Botanisch sind Blüten jedoch für die Pflanze lebensnotwendige Einrichtungen, damit sich die Pflanzen erhalten und weiter vermehren können. Die farbigen Blütenblätter locken Insekten an, um das zentrale Fruchtblatt mit den Pollen der Staubblätter zu versehen. Aus der Bestäubung vollzieht sich die Befruchtung und in der Folge auch die Samenentwicklung.

△ 39a Blütendiagramm einer Tulpe – Blütenformel: K 3, B 3, St. 3+3, G (3)

Die zwittrige Blüte

Die zwittrige oder zweigeschlechtliche Blüte besteht in der Regel aus vier verschiedenen Blattarten: grüne Kelchblätter, farbige Blütenblätter, männliche Staubblätter und das weibliche Fruchtblatt. Die meisten Blüten sind zwittrig. Beispiele: Allium, Cattleya, Gladiolus, Lilium, Orchideen, Rosa, Tulipa u. a.

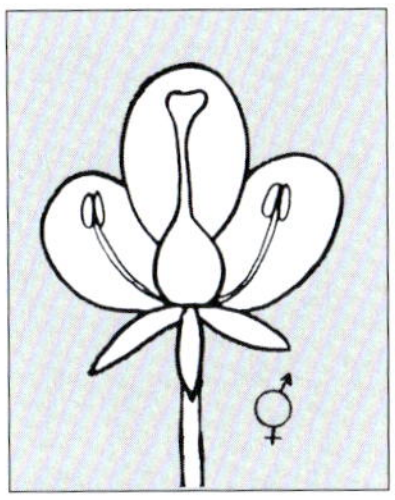

Die weibliche Blüte

Bei einhäusigen und bei zweihäusigen Pflanzen finden wir die Blüten nach Geschlechtern getrennt. Die weibliche Blüte enthält nur das Fruchtblatt, keine Staubblätter. Beispiele: Zea (Maiskolben) und Hippophaë (Sanddorn), Ilex (Stechpalme) als Fruchtzweige.

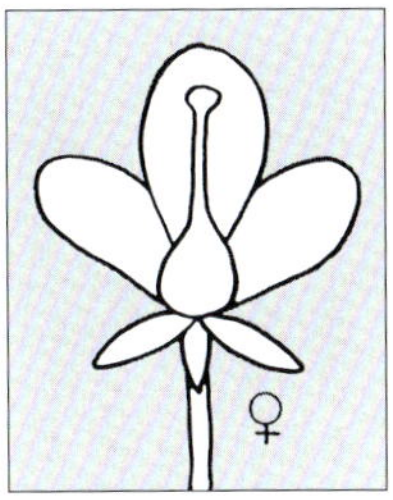

△ 39b Larix (Lärche) = weibliche Blüten

▽ 39c Salix (Weide) = Kätzchen = männliche Blüten

Die männliche Blüte

Wir kennen sie als floristischen Werkstoff im Winter bis Frühjahr, die Kätzchen von Corylus (Hasel) und Salix (Weiden). Begonien bringen neben den weiblichen auch männliche Blüten mit Staubblättern hervor.

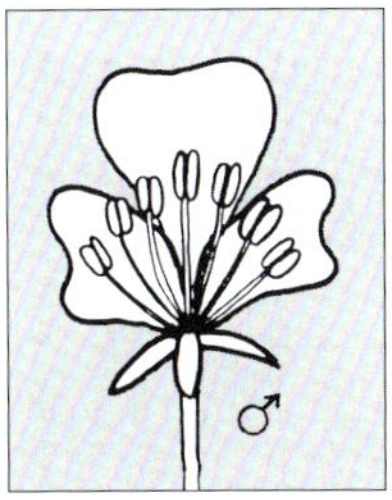

△ 40a Begonia = einhäusig
▽ 40b Salix = zweihäusig

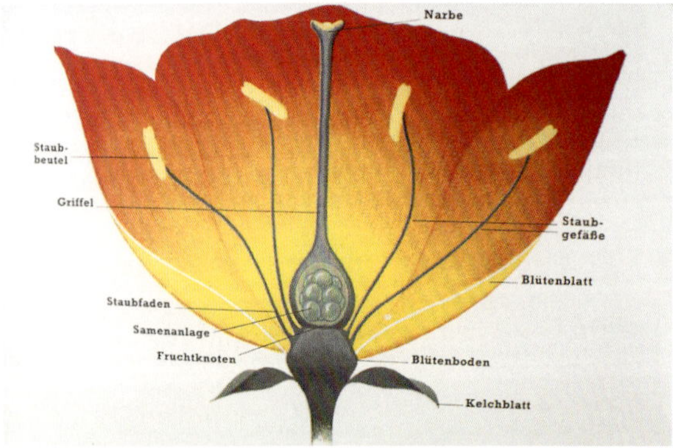

△ 40c Tulipa = oberständig
▽ 40d langgriffelig
▽ 40e kurzgriffelig

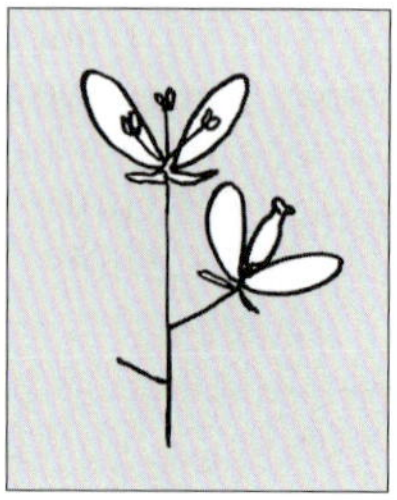

Einhäusige Pflanzen
Wenn eine Pflanze getrennt sowohl männliche wie weibliche Blüten ausbildet, nennt man sie in der Fachsprache einhäusig.
Beispiele: Hasel, Gurke, Eiche, Koniferen und auch Begonien (= monözische Pflanzen), ebenso Zea (Mais).

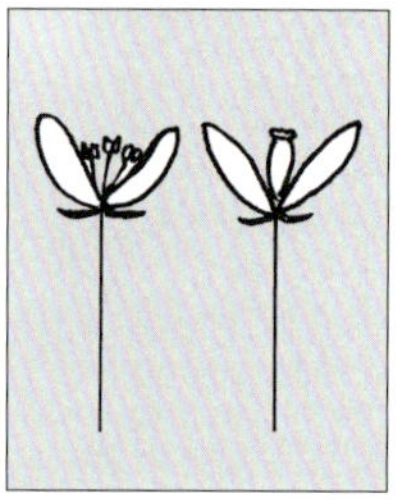

Zweihäusige Pflanzen
Diese Pflanzenarten bilden entweder nur männliche oder nur weibliche Blüten aus. Es sind dies diözische Pflanzen.
Beispiele: Sanddorn, Ilex, Actinidia (Kiwi), Salix (Weide), Taxus (Eibe) u. a.

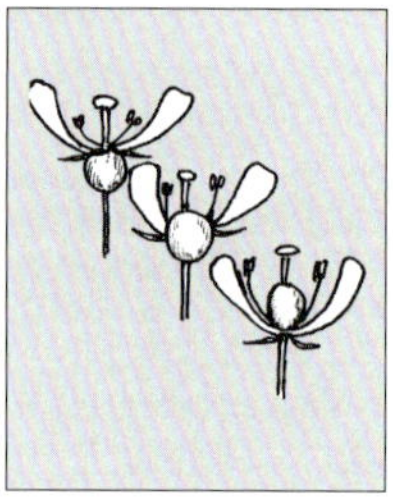

Oberständige, mittelständige und unterständige Blüten
Maßgebend ist der Stand des Fruchtknotens. Ist er über dem Kronblattkreis angeordnet, ist die Blüte oberständig (Lilien, Tulpen), ist er unter dem Kronblattkreis angebracht, ist die Blüte unterständig (Narzissen, Galanthus, Hippeastrum u. a.), liegt er in der Mitte ist die Blüte mittelständig.

Langgrifflige Blüten
Um eine Selbstbestäubung einer Pflanze zu verhindern, bilden Primula-Arten differenzierte Blüten aus. Auf einer Pflanze sind alle Blüten langgrifflig, d. h. das Fruchtblatt mit Griffel ragt aus der Blüte heraus. So kann sie sich selbst nicht bestäuben, der Pollen ist versteckt.

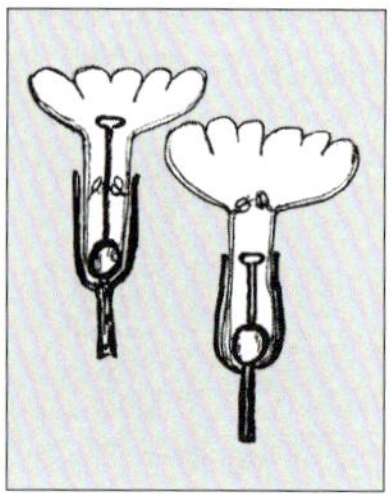

Kurzgrifflige Blüten
Bei dieser Gruppe ist der Griffel sehr kurz ausgebildet und bleibt in der Blütenröhre. Die Staubblätter stehen über dem Blütenblattkranz = Staubspender.

Der Blütenstand

Unter einem Blütenstand versteht man die mehr oder weniger systematische Anordnung von mehreren Blüten auf einer Pflanze nach einem bestimmten Schema. Um keine Unsicherheiten aufkommen zu lassen, sind die Baupläne der typischen Blütenstandformen aufgezeichnet. Nicht alle „Dolden" sind dabei wirkliche Dolden, meist sind es bei genauem Betrachten der Verzweigungen sogenannte Trugdolden (trügerische Dolden) oder Doldenrispen (doldenähnliche Rispen).

△ 41a Orchideentraube, keine Rispe!

Die Traube
Der verlängerte Spross oder Schaft ist seitlich mit einzelnen kürzeren oder längeren Blütenstielen versehen. Die Blüten können einseitig gewendet (Convallaria) oder auch rundherum angeordnet sein: Cymbidium, Eremurus, Kniphofia, Veronica u. a. Abgewandelte Trauben sind Wickel und Schraubel.

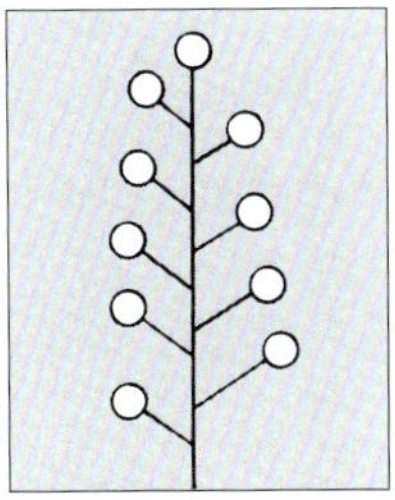

Die Dolde
Auf einem meist blattlosen Blütenschaft entspringen mehrere, meist gleich lange Blütenstiele, die in der Folge vorwiegend kugelige Blütendolden bilden.
Beispiele: Agapanthus, Allium-Arten, Brodiaea, Nerine, Pelargonium u. a.

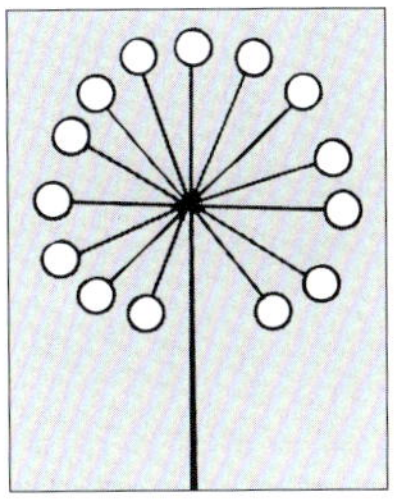

△ 41b Allium = Dolde
▽ 41c Ammi = Doppeldolde

Die zusammengesetzte Dolde (Doppeldolde)
Die Dolde ist an ihren Enden nochmals in kleine Dolden aufgegliedert. Der Blütenstand ist meist flach bis leicht hochgewölbt.
Beispiele: Ammi majus, Anthriscus cerefolium, Trachymene caerulea (Apiaceae) u. a.

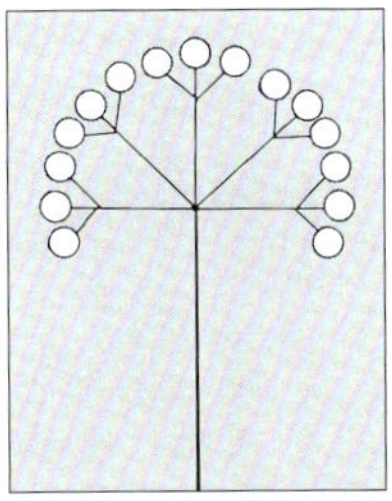

△ 42a Dianthus caryophyllus = Rispe
▽ 42b Trachelium = Doldenrispe

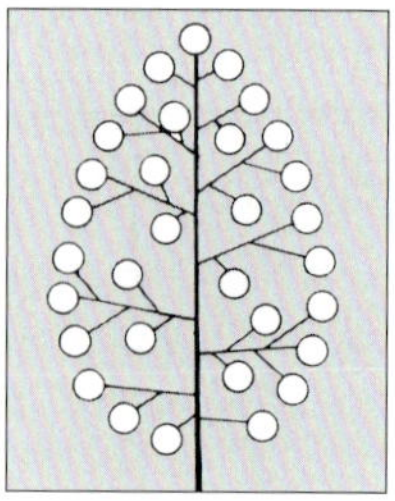

Die Rispe
Der endständige Spross ist mehrfach verästelt oder verzweigt. Die Blüten bilden in der Folge meist einen pyramidalen bis kugeligen Blütenstand.
Beispiele: Gypsophila, Phlox, Syringa, Viburnum u. a.

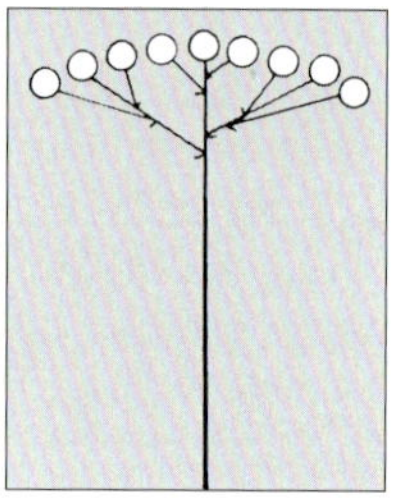

Die Doldenrispe
Die Rispe ist zu einem flachen Teller umgeformt. Meist werden diese in der Folge als Dolden bezeichnet, was jedoch falsch ist. Nur der innere Aufbau (schematische Zeichnung) entscheidet und nicht die äußere Form!
Beispiele: Achillea, Sedum, Trachelium u. a.

△ 42c Salix caprea = Blütenstand Ähre
▽ 42d Larix – Lärche = Zapfen

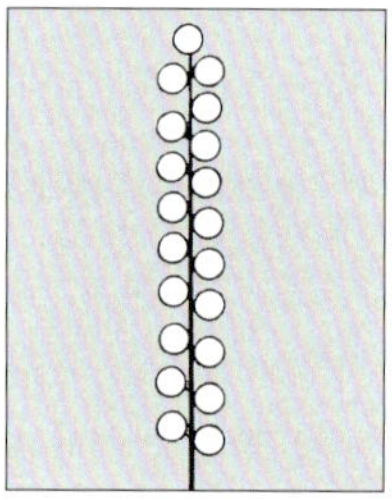

Die Ähre
Bei der Ähre sitzen die meist zahlreichen Blüten der Früchte (Getreide) ohne Stiel direkt am Schaft. Doch, wo beginnt die Ähre, wo die Traube? Bei den sehr kurzen Blütenstielen herrscht oft Unsicherheit.
Beispiele für Ähren: Hordeum, Liatris u. a.

Der Zapfen
Ein Zapfen ist botanisch gesehen eine Ähre, wobei die Rundachse und die Tragblätter verholzen.
Beispiele: Picea, Pinus u. a. = Koniferengewächse.

Der Kolben
Auf einem verdickten Schaftende sitzen die einzelnen Blüten und später auch Beerenfrüchte und bilden in der Folge einen oft ansehnlichen runden Blütenstand.
Beispiele: Anthurium, Arum, Dracunculus, Zantedeschia sowie auch Zea (Mais).

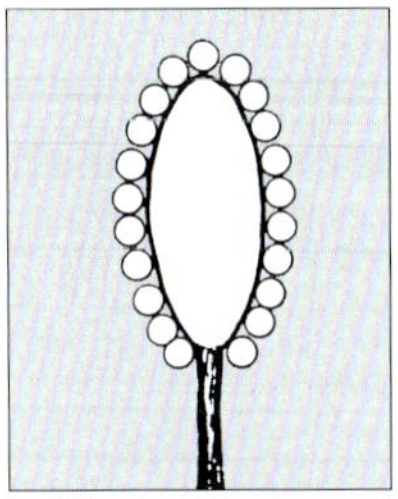

△ 43a Spathiphyllum = Kolben mit Spatha
▽ 43b Scabiosa stellata = Köpfchen

Das Köpfchen
Ist der Blütenstand endständig zu einer kugeligen Form verkürzt, so sprechen wir von einem Köpfchen. Die einzelnen Blüten sind meist locker angeordnet und auch mit Kelchblättchen versehen.
Beispiele: Scabiosa, Rotklee, Weißklee.

Das Körbchen
Der am meisten verbreitete Blütenstand ist das Körbchen. Der Blütenstand ist eine flache Scheibe. Die Kelchblätter sind schuppenartig angeordnet. Auf der Scheibe sitzen zwittrige Einzelblüten und weibliche Randblüten.
Beispiele: Aster, Bellis, Cosmos, Chrysanthemum, Dahlia, Gerbera u. a.

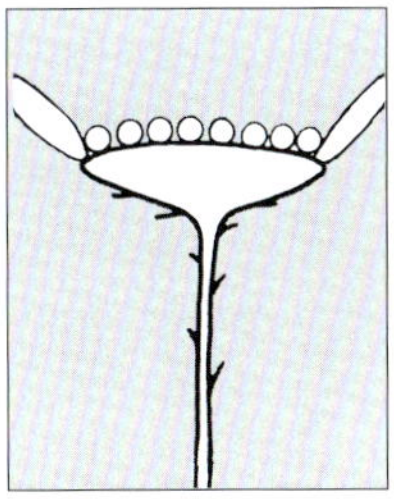

△ 43c Gerbera = Körbchen
▽ 43d Corylus (Hasel) = Kätzchen

Das Kätzchen
Kätzchen sind männliche Blütenstände, die meist als Ähren ausgebildet sind und nur Staubblätter enthalten. Sie dienen der Windbestäubung bei Corylus (Hasel), Erlen, Pappeln oder Salix (Weiden).

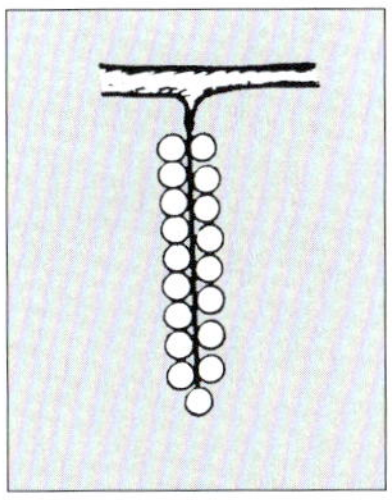

△ 44a Rebentraube = Rispe

△ 44b Tomate = Beere
▽ 44c Pfirsich – Steinfrucht

Die Frucht

Nach der Befruchtung der weiblichen Eizelle durch den Pollen der männlichen Staubblätter bildet sich zwecks Erhaltung und Verbreitung der Art der Samen. Der Samen ist zum Teil einzeln, teils auch zu mehreren zusammen in eine Frucht eingebettet. Besonders im Herbst werden die Früchte mit schönen Formen und Farben gerne zu floristischen Arbeiten verwendet. Doch um welche Fruchtart handelt es sich nun, wenn wir z. B. an Zierkürbisse, Äpfel, Weintrauben u. a. m. denken? Eine kurze Übersicht soll darüber Klarheit verschaffen:

Wir unterscheiden bei den echten Früchten in Schließ- und Spring- oder Streufrüchte. Bei den Schließfrüchten sind die Samen in der Frucht eingebettet, bei den Streufrüchten werden die Samen nach der Reife durch Öffnen der Fruchtwände herausgeschleudert oder fallen heraus. Zudem wird in echte und unechte oder Scheinfrüchte aufgeteilt. Die echten Früchte bilden sich nur aus dem Fruchtknoten heraus, während die unechten Früchte aus dem Fruchtknoten und der fleischigen Blütenachse gebildet werden.

Echte Früchte

a) Schließfrüchte

Die Beere
Das Fruchtgewebe ist fleischig und die Samen sind oft zahlreich im Fruchtfleisch eingebettet.
Beispiele: Bananen, Gurken, Johannisbeeren, Kürbisse, Tomaten, Weintrauben u. a.

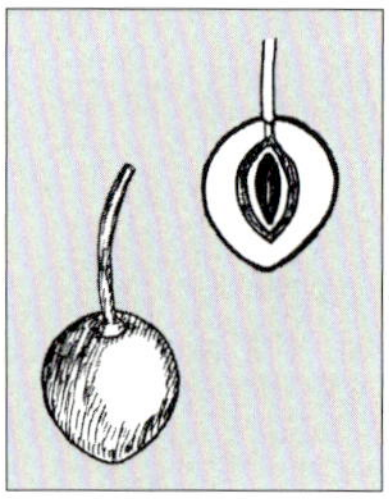

Die Steinfrucht
Hier ist nur der äußere Teil der Frucht fleischig, während der innere Teil der Frucht sehr hart ausgebildet ist.
Beispiele: Aprikose, Kirsche, Kokosnuss, Pflaume, Pfirsich, Walnüsse (fleischige Hülle).

△ 45a Haselnüsse
▽ 45b Weizenkorn = Grasfrucht oder Karyopse

Die Nuss
Die Fruchtwand ist durch Steinzellen sehr hart geworden. Nüsse sind immer nur einsamig. Sie fallen meist nach der Reife ab.
Beispiele: Baumnuss, Buchecker, Eiche, Haselnuss, Kastanie.

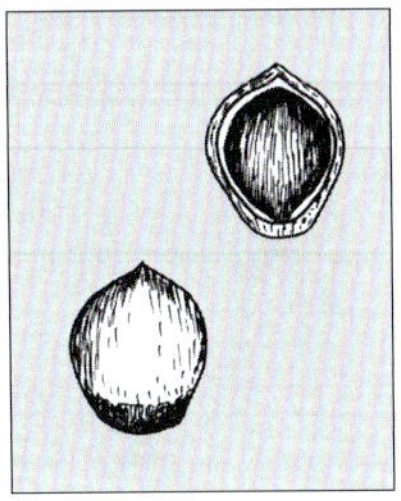

Die Grasfrucht oder Karyopse
Die Fruchtwand ist mit der Samenschale verwachsen. Wir finden sie bei allen Gras- und Getreidearten.
Beispiele: Gerste, Hafer, Korn, Reis, Roggen, Weizen.

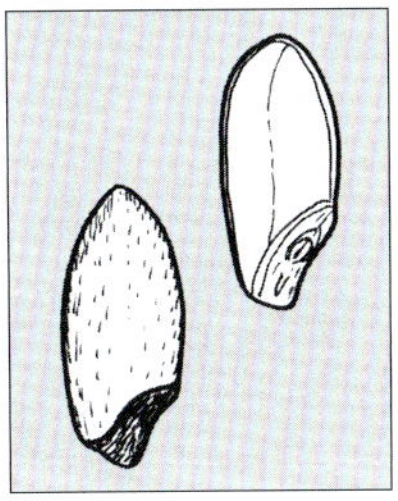

b) Spring- oder Streufrüchte

Meist sind es trockenhäutige Gehäuse, die bis zur Reife den Samen umschließen.

Die Balgfrucht
Die Fruchtwand wird aus einem einzigen Fruchtblatt gebildet, die an einer Naht aufspringt.
Beispiele: Delphinium, Paeonien, Ranunkeln u. a.

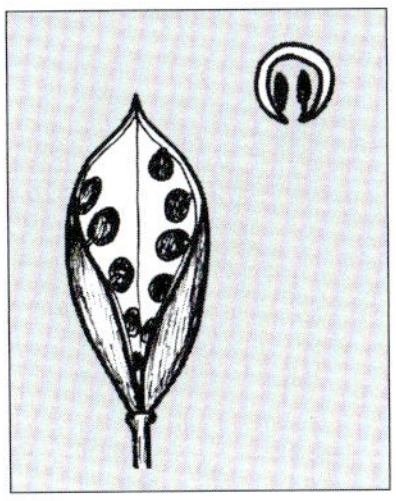

△ 45c Paeonia = Balgfrucht
▽ 45d Papaver = Kapsel

Die Kapsel
Die Fruchtwand ist aus mehreren Fruchtblättern gebildet. Sie verhärten mit der Samenreife und lassen die Samen durch Längsrisse (Spaltkapsel) oder seitliche Öffnungen (Porenkapsel) austreten.
Beispiele Spaltkapsel: Lilien, Tulpen, Iris u. a.
Beispiele Porenkapsel: Mohn-Arten u. a.

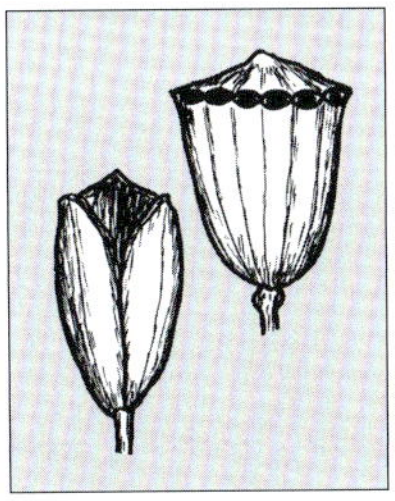

△ 46a Lunaria und Raps = Schoten
▽46b Lathyrus = Hülsen

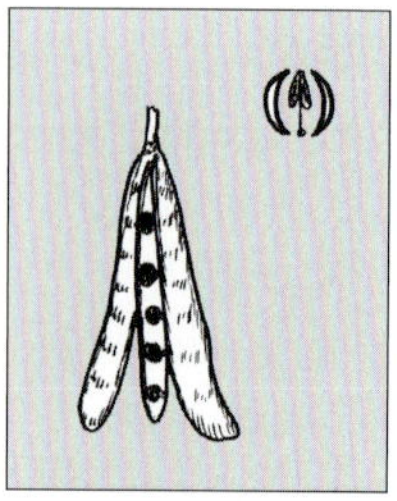

Die Schote
Es sind zwei Fruchtblätter vorhanden, die bei Kreuzblütlern (Brassicaceae) in der Mitte noch mit einer Scheidewand ausgerüstet sind.
Beispiele: Alyssum, Lunaria annua, Kohlarten, Raps u. a.

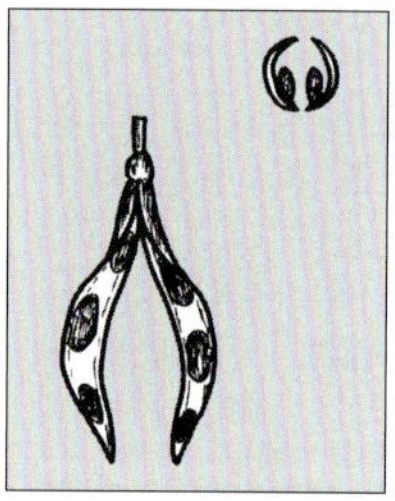

Die Hülse
Hier ist das Fruchtblatt mit zwei Nähten versehen, die sich nach der Samenreife öffnen.
Beispiele: Bohnen, Erbsen, Ginster, Robinien, Lathyrus, Wicken u. a.

Die Scheinfrüchte oder unechten Früchte

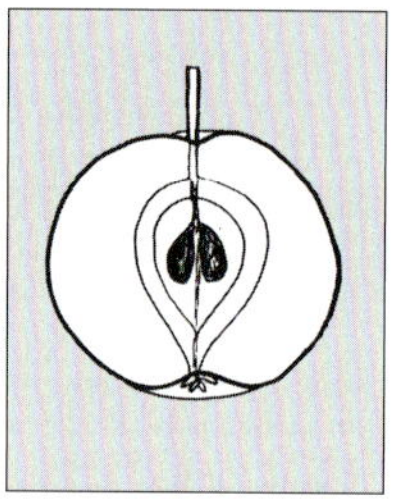

Die Kernfrucht
Das Fruchtfleisch wird von der Blütenachse gebildet. Nur das Fruchtgehäuse mit den Samen entstand aus den Fruchtblättern.
Beispiele: Apfel, Birne, Chaenomeles, Quitte.

△ 46c Apfel = Scheinfrucht oder Apfelfrucht
▽ 46d Erdbeere = Scheinfrüchte

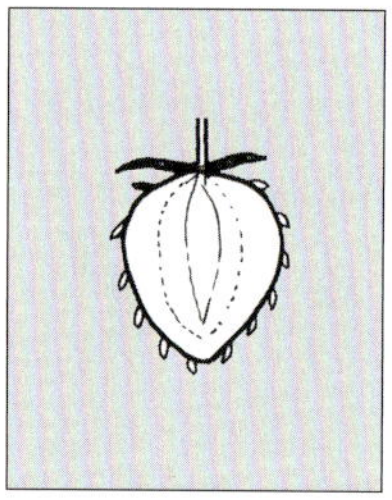

Die Erdbeere
Das rote Fruchtfleisch ist die Blütenachse, die einzelnen Samen sind die kleinen Nüsschen, die an der Außenhaut sitzen.

Botanische Zeichen

(nach Alter und Wuchsform des Sprosses)

Einjährig
Die einjährigen Pflanzen werden innerhalb des gleichen Jahres vermehrt (Aussaat, Stecklinge) und blühen und sterben im gleichen Jahr.
Beispiele: Ageratum, Callistephus, Centaurea cyanus, Celosia, Helichrysum u. a.
Einjährig überwinternd sind: Bellis, Myosotis, Viola × wittrockiana u. a.

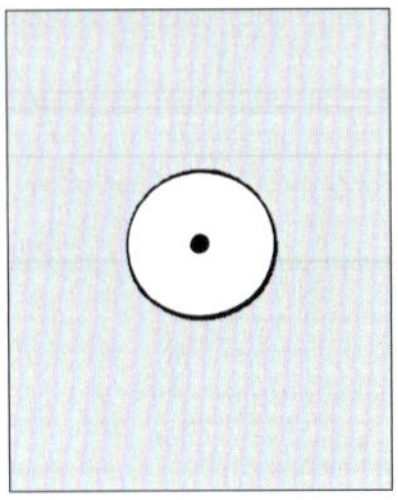

△ 47a Strohblumen = einjährig
▽ 47b Dianthus barbatus = zweijährig

Zweijährig
Von der Aussaat oder vegetativen Vermehrung bis zur Blüte und Befruchtung dauert es zwei Jahre, nachher stirbt die Pflanze ab.
Beispiele: Campanula medium, Dianthus barbatus u. a.

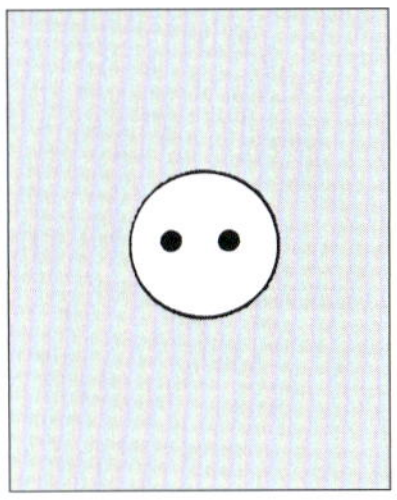

Die Staude
Die mehrjährige krautige Pflanze, die im Winter oberirdisch abstirbt, in Form von Basisknospen oder Rhizomen überwintert und jedes Frühjahr austreibt.
Beispiele: Astilbe, Leucanthemum-Maximum-Hybriden, Convallaria, Paeonia u. a.

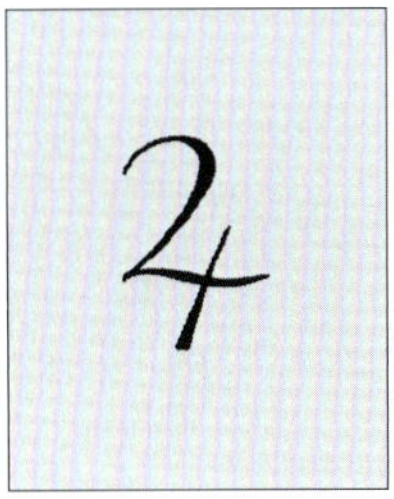

△ 47c Leucanthemum = Staude
▽ 47d Die Rose ist ein Halbstrauch

Der Halbstrauch
Als Halbstrauch wird botanisch bezeichnet, was strauchartig wächst, dessen Jungtriebe aber über längere Zeit noch grün und krautig sind und erst nach einigen Monaten langsam verholzen.
Beispiele: Fuchsia, Hydrangea, Pelargonien, Rosa-Arten u. a.

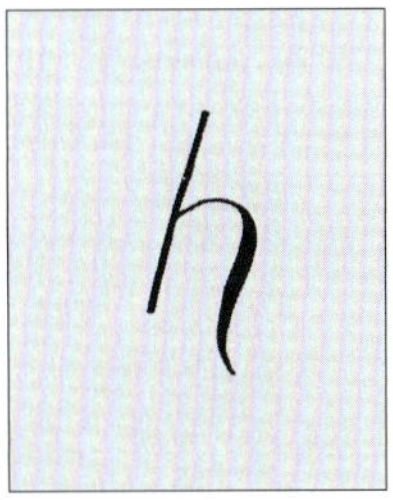

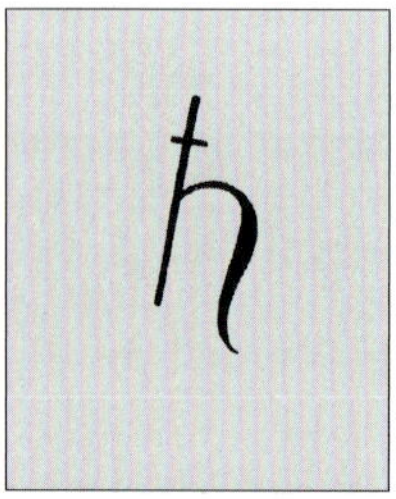

Der Strauch
Aus dem Boden treibt eine Vielzahl von Trieben, die in der Folge rasch verholzen und meist breitverzweigte Büsche bilden.
Beispiele: Banksia, Callicarpa, Forsythia, Ilex, Protea, Prunus, Syringa u. a.

△ 48a Forsythia = Strauch
▽ 48b Malus = Apfelbaum

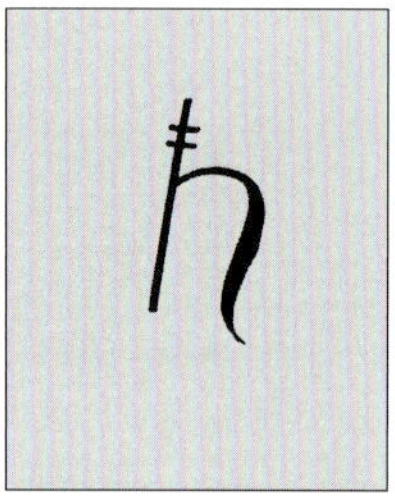

Der Baum
Auf einem längeren Stamm bildet sich eine mehr oder weniger verzweigte Krone.
Beispiele: Acer (Ahorn), Betula (Birke), Kirschen, Picea (Fichte) u. a.

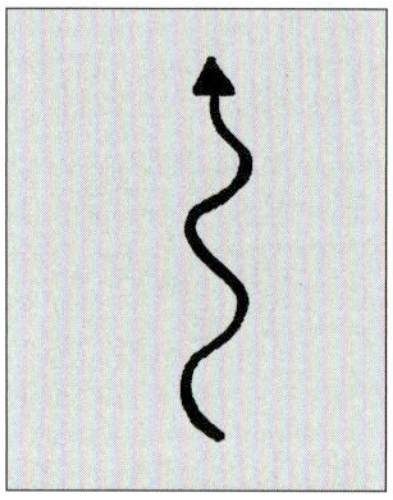

Kletterpflanzen
In der Floristik sind kletternde bis hängende Pflanzenteile gefragt. Kletterpflanzen sind: Gloriosa, Lathyrus, Stephanotis u. a.
Hängepflanzen sind: Asparagus densiflorus 'Sprengeri'-Gruppe, Hedera-Sorten u. a.

△ 48c Parthenocissus = Kletternd
▽ 48d Cedrus – Hängezeder

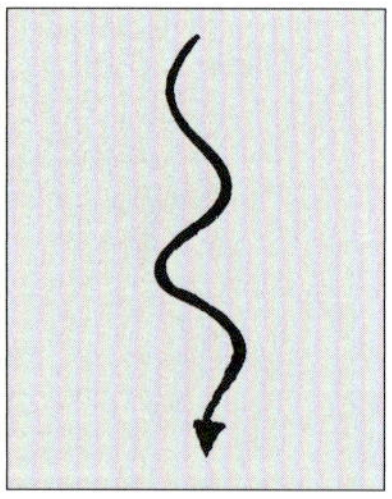

Hängepflanzen
Die Pflanzentriebe sind bei dieser Gruppe stark hängend ausgebildet. Wir kennen als Beispiele Asparagus densiflorus 'Sprengeri'-Gruppe, Hedera-Topfsorten, Sedum morganianum, Senecio rowleyanus, Cedera libani 'Pendula' u. a.

Kriechende Pflanzen
Pflanzenarten, die keine aufstrebenden Triebe entwickeln und sich nur flach über dem Boden ausbreiten. Beispiele besonders bei den Polsterpflanzen wie Aubrieta, Aurinia saxatile, Arabis caucasica u. a.

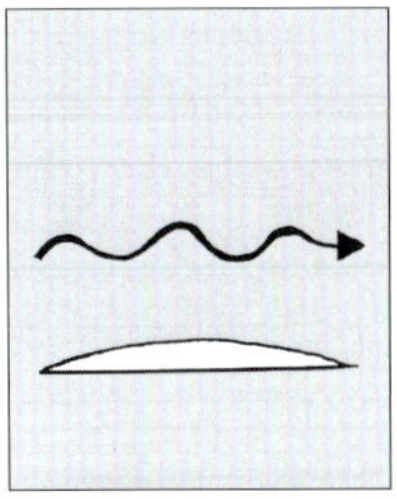

△ 49a Juniperus horizontalis, kriechend
▽ 49b Caltha = Sumpfpflanze

Sumpfpflanzen
Diese bevorzugen ständig feuchten bis nasse Böden an Flussläufen oder an Bassinrändern. Beispiele: Iris sibirica, Primula rosea, Carex grayi, Caltha palustris u. a.

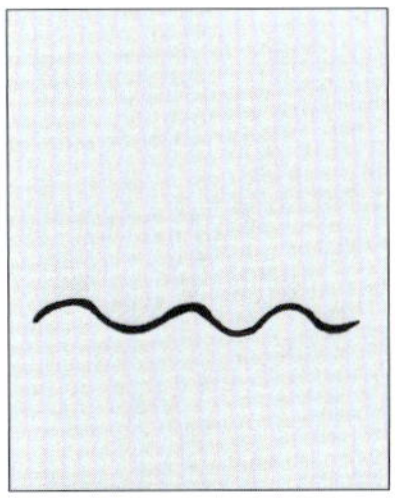

Wasserpflanzen
Als Bewohner von flachen Teichen benötigen sie einen minimalen Wasserstand zu Gedeihen. Dazu gehören Nymphaea-Arten (Seerosen), Cyperus-Arten, Hippuris (Tannwedel) und das Pfeilkraut Sagittaria.

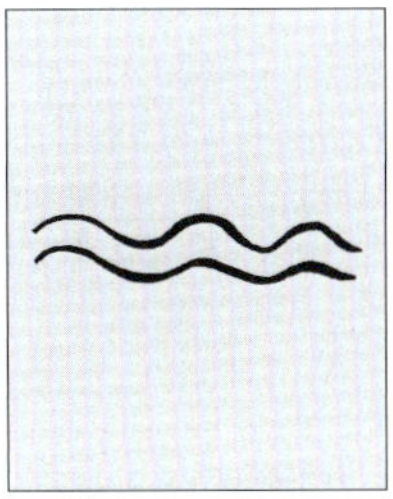

△ 49c Nymphaea = Wasserpflanze
▽ 49d Taxus = giftige Beeren (Eibe)

Giftpflanzen
In unserem Pflanzensortiment befinden sich einige, die für den Menschen giftig sind. Entweder ist der Pflanzensaft giftig (im Blatt oder Spross) oder es sind Gifthaare oder auch Samen. Beispiele: Heracleum, Laburnum (Goldregen), Taxusbeeren u. a.

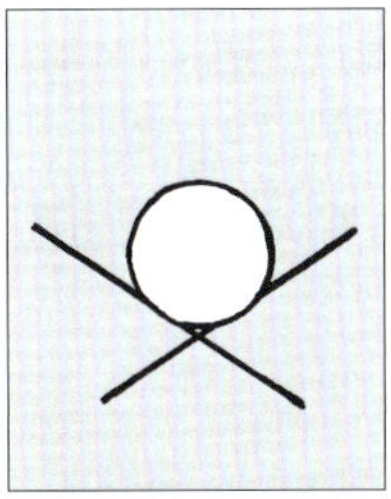

Schnittblumen, die der Markt verlangt

Das folgende Sortiment an Schnittblumen, Schnittgrün, Fruchtzweigen und Trockenmaterialien wurde zum Teil erweitert und den neueren Bedürfnissen und Trends angepasst. Durch die zum Teil neue Nomenklatur nach „Zander" 2000, insbesondere durch einige neue Familienzuweisungen, wurde die bisherige Reihenfolge etwas auseinander gerissen. Zum Teil wurden beim Schnittgrün besondere Gruppen geschaffen. So sind alle Farnarten, alle Palmenarten und alle Koniferenarten für sich zusammengefasst.

Zeichenerklärung:
Es ist angezeigt, auf den Begriff „lateinische" Pflanzennamen zu verzichten, denn die meisten Pflanzennamen haben griechischen Ursprung, wie z. B. Helianthus = *helios* = die Sonne und *anthemos* = die Blume = Sonnenblume u. a. mehr. Mit Vorteil verwenden wir daher den Begriff: b o t a n i s c h e Namen!

⊙ = einjährige Pflanze
(··) = zweijährige Pflanze
♃ = Staude (krautig, winterhart)
♄ = Halbstrauch (erst krautig, später verholzend)
♄ = Strauch
♄ = Baum
⌇ = kletternd bis schlingend
⌇ = hängend
⇝ = kriechend
∧ = benötigt Winterschutz im Freien
☠ = Giftpflanze
♣ = Fruchtschmuck
✂ = Schnittblume

Ⓝ = Nutzpflanze
(W) = Warmhaus
(K) = Kalthaus (frostfrei)
▽ = geschützte europäische Art (gilt für Deutschland)
△ = Steingartenpflanze
D = Duftpflanze
⊔ = Topfpflanze
≈ = Ufer- und Sumpfpflanze
≋ = Wasserpflanze
⁞ = Einfassungspflanze
subsp. = subspecies = Unterart
var. = varietas = Varietät
i = immergrüne Pflanze

▽ 50a Polianthes tuberosa

Polianthes tuberosa ♃ (K) ✂ D Ⓝ

Synonym: –.
Familie: Agavaceae.
Handelsname: Nachthyazinthe, Tuberose.
Heimat/Herkunft: Nur in Kultur bekannt.
Wuchsform: Zwiebelpflanze, grundständige breitlineale Blätter, endständiger hoher, ähriger Blütenstand.
Pflanzenhöhe: 50 bis 100 cm.
Blütenfarbe: Weiß.
Natürliche Blütezeit: Juni bis Oktober.
Zeitraum des Angebotes: Zurückgehaltene und später eingepflanzte Zwiebeln blühen im November bis Dezember.
Schnittreife: Die untersten 2 bis 3 Blüten müssen geöffnet sein.
Haltbarkeit: 10 bis 14 Tage.
Kühllagerung: Möglich.
Besondere Pflege: –.
Verwendung: Spezielle Bindereien und als Leitelement.
Besonderheiten: Starker Duft. Vorsicht, nicht geeignet für Krankenzimmer!

Agapanthus praecox subsp. praecox

♃ ✂ (K)

Synonym: –.
Familie: Alliaceae.
Handelsname: Schmucklilie, Liebesblume, Immergrüne Schmucklilie.
Heimat/Herkunft: Südafrika.
Wuchsform: Knolliger Erdstamm, grundständige linealische Blätter. 40 bis 80 cm lange Schäfte mit einfachen Dolden zu je 10 bis 30 Einzelblüten. A. praecox ist etwas früher in der Blüte als A. africanus und weist auch mehr Einzelblüten pro Dolde auf.
Pflanzenhöhe: 50 bis 80 cm.
Blütenfarbe: Blau, Weiß.
Natürliche Blütezeit: Juli bis September.
Zeitraum des Angebotes: Juni bis Dezember.
Schnittreife: Wenn etwa 30 % der Blüten einer Dolde geöffnet sind.
Haltbarkeit: 20 bis 25 Tage.
Kühllagerung: Möglich.
Besondere Pflege: –.
Verwendung: Spezielle Binderei.
Besonderheiten: Schnittblumen aus Importen lassen gerne einzelne Blüten fallen.

△ 51a Agapanthus praecox subsp. praecox
▽ 51b Allium aflatunense

Allium aflatunense

♃

Synonym: –.
Familie: Alliaceae.
Handelsname: Iranischer Blumenlauch, Iranischer Zierlauch.
Heimat/Herkunft: Mittel-Asien.
Wuchsform: Zwiebelpflanze mit 30 cm langen linealischen Blättern. Auf einem langen Schaft blühen sehr viele Blüten in einer dichten, kugeligen Dolde.
Pflanzenhöhe: 100 bis 150 cm.
Blütenfarbe: Dunkellila.
Natürliche Blütezeit: Mai.
Zeitraum des Angebotes: April bis August.
Schnittreife: Wenn pro Dolde 25 bis 30 % der Blüten geöffnet sind.
Haltbarkeit: 14 bis 20 Tage.
Kühllagerung: Möglich.
Besondere Pflege: –.
Verwendung: Spezielle Bindereien, geeignet für Schwerpunktbildungen.
Besonderheiten: Durch Ausscheidung des Saftes aus den Schnittstellen können Kleider beschmutzt werden, die nicht mehr gereinigt werden können.

△ 52a Allium christophii
▽ 52b Allium giganteum

Allium christophii ♃

Synonym: A. albopilosum.
Familie: Alliaceae.
Handelsname: Großdoldiger Zierlauch, Sternkugel-Lauch.
Heimat/Herkunft: Klein-Asien.
Wuchsform: Zwiebelpflanze mit relativ kurzen, blaugrünen Blättern und großen Kugeldolden von 15 cm ∅.
Pflanzenhöhe: 40 bis 50 cm.
Blütenfarbe: Silbrig-Violett.
Natürliche Blütezeit: Juni bis Juli.
Zeitraum des Angebotes: April bis August.
Schnittreife: Wenn sich 30 bis 40 % der Einzelblüten geöffnet haben.
Haltbarkeit: 14 bis 20 Tage.
Kühllagerung: Möglich.
Besondere Pflege: –.
Verwendung: Spezielle Bindereien.
Besonderheiten: Wird vor allem auch in der Trockenbinderei eingesetzt.

Allium giganteum ♃ ✂

Synonym: –.
Familie: Alliaceae.
Handelsname: Riesen-Zierlauch.
Heimat/Herkunft: Himalaja.
Wuchsform: Zwiebelpflanze mit linealischen bis lanzettlichen grundständigen Blättern. Auf einem starken und langen Schaft bildet sich eine dichte Doldenkugel mit zahlreichen Einzelblüten.
Pflanzenhöhe: 120 bis 150 cm.
Blütenfarbe: Dunkles Lilarosa.
Natürliche Blütezeit: Juli bis August.
Zeitraum des Angebotes: April bis August.
Schnittreife: Wenn 35 bis 40 % der zahlreichen Einzelblüten aufgeblüht sind.
Haltbarkeit: 14 bis 20 Tage.
Kühllagerung: Möglich.
Besondere Pflege: –.
Verwendung: Spezielle Binderei, geeignet für Schwerpunktbildungen.
Besonderheiten: Der Saft von den Schnittstellen kann die Kleider stark verschmutzen.

Allium neapolitanum ♃ D △

Synonym: –.
Familie: Alliaceae.
Handelsname: Neapel-Lauch.
Heimat/Herkunft: Süd-Europa.
Wuchsform: Zwiebelpflanze mit grundständigen, breitlanzettlichen Blättern von 20 bis 25 cm Länge. Auf den runden Schäften bilden sich lockere Dolden mit je 20 bis 40 Einzelblüten.
Blütenfarbe: Weiß.
Natürliche Blütezeit: Mai bis Juni.
Zeitraum des Angebotes: Januar bis September.
Schnittreife: Wenn pro Dolde mindestens 5 Blüten geöffnet sind.
Haltbarkeit: 10 bis 14 Tage.
Kühllagerung: Möglich.
Besondere Pflege: –.
Verwendung: Kleine Bindereien.
Besonderheiten: Relativ starker Duft.

△ 53a Allium neapolitanum
▽ 53b Allium sphaerocephalon

Allium sphaerocephalon ♃ ✂

Synonym: –.
Familie: Alliaceae.
Handelsname: Kugeliger Zierlauch, Erdbeer-Allium, Kugel-Lauch, Stern-Kugellauch.
Heimat/Herkunft: Mittel- bis Süd-Europa.
Wuchsform: Zwiebelpflanze mit kreisrunden Blättern, die schon früh absterben. Die kleinen Blüten bilden auf einem schlanken Schaft einen kugeligen bis kegelförmigen doldigen Blütenstand.
Pflanzenhöhe: 70 bis 90 cm.
Blütenfarbe: Dunkelpurpurrot.
Natürliche Blütezeit: Juni bis Juli.
Zeitraum des Angebotes: Juni bis September.
Schnittreife: Wenn 30 bis 40 % der Blüten pro Dolde geöffnet sind.
Haltbarkeit: 14 bis 20 Tage.
Kühllagerung: Möglich.
Besondere Pflege: –.
Verwendung: Allgemeine bis spezielle Bindereien.
Besonderheiten: Auch für die Trockenbinderei geeignet.

△ 54a Brodiaea elegans
▽ 54b Alstroemeria ligtu

Brodiaea elegans

♃ Ⓚ ⋀

Synonym: B. coronaria var. mundula, B. grandiflora.
Familie: Alliaceae.
Handelsname: Brodiaea, Großblumige Brodiee.
Heimat/Herkunft: USA.
Wuchsform: Zwiebelpflanze mit meist nur 2 schmallinealischen Blättern. Auf einem 20 bis 30 cm langen Schaft sind die eleganten glockigen Blüten zu einer unregelmäßigen Dolde ausgebildet. Einfach und gefüllt blühend.
Pflanzenhöhe: 20 bis 30 cm.
Blütenfarbe: Blau.
Natürliche Blütezeit: Juni bis Oktober.
Zeitraum des Angebotes: März bis Oktober.
Schnittreife: 50 bis 70 % der Blüten sollten geöffnet sein.
Haltbarkeit: 10 bis 21 Tage.
Kühllagerung: Möglich.
Besondere Pflege: –.
Verwertung: Allgemeine feine Bindereien.
Besonderheiten: Die Blüten fallen gern ab.

Alstroemeria ligtu

♃ ⋀

Synonym: A.-Ligtu-Hybriden.
Familie: Alstroemeriaceae.
Handelsname: Inkalilie.
Heimat/Herkunft: Wildformen aus Chile, nunmehr Zuchtformen.
Wuchsform: Fleischige Wurzelknollen, straff aufrechter Wuchs mit linealischen bis lanzettlichen Blättern. Endständig verzweigter rispiger Blütenstand.
Pflanzenhöhe: 80 bis 120 cm.
Blütenfarbe: Weiß, Gelb, Orange, Rosa, Lila, Rot, jeweils mit schön gezeichnetem Schlund.
Natürliche Blütezeit: Juni bis Juli.
Zeitraum des Angebotes: Durch gestaffelte Pflanzungen im Gewächshaus durch das ganze Jahr.
Schnittreife: Wenn die ersten Knospen gut Farbe zeigen und sich öffnen wollen.
Haltbarkeit: 10 bis 14 Tage.
Kühllagerung: Möglich.
Besondere Pflege: Lauwarmes Wasser verwenden.
Verwendung: Allgemeine Binderei.
Besonderheiten: –.

Amaranthus caudatus ⊙

Synonym: –.
Familie: Amaranthaceae.
Handelsname: Garten-Fuchsschwanz, Amarant.
Heimat/Herkunft: Tropisches bis subtropisches Süd-Amerika.
Wuchsform: Krautige Pflanze mit breitlanzettlichen Blättern und endständigen, überhängenden Blütenähren.
Pflanzenhöhe: 60 bis 100 cm.
Blütenfarbe: Dunkelrot, Grün.
Natürliche Blütezeit: Juli bis Oktober.
Zeitraum des Angebotes: Durch Importe aus südlichen Ländern fast das ganze Jahr erhältlich. Hauptsaison Mai bis November.
Schnittreife: Erst, wenn die Ähren voll erblüht sind, sonst fallen sie in sich zusammen.
Haltbarkeit: 10 bis 14 Tage.
Kühllagerung: Möglich.
Besondere Pflege: Möglichst viele (oder alle) Blätter entfernen.
Verwendung: Allgemeine Bindereien.
Besonderheiten: Auch für die Trockenbinderei geeignet. Bei zu spätem Trocknen ist jedoch mit Blütenausfall zu rechnen.

△ 55a Amaranthus caudatus
▽ 55b Amaranthus cruentus

Amaranthus cruentus ⊙ Ⓝ

Synonym: A. hybridus subsp. cruentus; var. cruentus.
Familie: Amaranthaceae.
Handelsname: Aufrechter Fuchsschwanz, Rispiger Fuchsschwanz.
Heimat/Herkunft: Süd-Mexiko bis Guatemala.
Wuchsform: Straff aufrecht, krautig, teilweise verzweigt. Endständig aufrechte bis überneigende kräftige, ährige Blütenstände.
Pflanzenhöhe: 60 cm.
Blütenfarbe: Dunkelrot und Grün.
Natürliche Blütezeit: Juli bis September.
Zeitraum des Angebotes: Juli bis Oktober.
Schnittreife: Die Blütenähren müssen fest und voll erblüht sein, damit sie nicht welken.
Haltbarkeit: 10 bis 14 Tage.
Kühllagerung: Möglich.
Besondere Pflege: Blätter entfernen, um ein Welken zu verhindern.
Verwendung: Allgemeine Sommerfloristik.
Besonderheiten: Zum Trocknen geeignet, hängend trocknen lassen!

△ 56a Celosia argentea var. argentea
▽ 56b Celosia argentea var. cristata

Celosia argentea var. **argentea** ☉ Ⓝ

Synonym: –.
Familie: Amaranthaceae.
Handelsname: Federbusch-Zelosie, Silber-Brandschopf.
Heimat/Herkunft: Tropisches Afrika.
Wuchsform: Krautig aufrecht, verzweigt mit lanzettlichen Blättern und endständigen, dicht verzweigten Blütenähren.
Pflanzenhöhe: Schnittsorten 80 bis 100 cm.
Blütenfarbe: Gelb, Orange, Scharlachrot, Dunkelrot und Zwischenfarben.
Natürliche Blütezeit: Juli bis September.
Zeitraum des Angebotes: Durch Importe aus südlichen Ländern ab Mai lieferbar.
Schnittreife: Wenn die Blütenstände voll aufgeblüht sind.
Haltbarkeit: 10 bis 14 Tage.
Kühllagerung: Möglich, doch ist mit Fäulnisherden zu rechnen.
Besondere Pflege: Möglichst viele Blätter entfernen = Reduktion der Verdunstungsflächen.
Verwendung: Allgemeine Sommerbindereien.
Besonderheiten: Auch zum Trocknen geeignet.

Celosia argentea var. **cristata** ☉ Ⓝ

Synonym: C. cristata.
Familie: Amaranthaceae.
Handelsname: Hahnenkamm-Zelosie.
Heimat/Herkunft: Tropisches Afrika.
Wuchsform: Krautig aufrecht, verzweigt mit lanzettlichen Blättern und hahnenkammförmig gebändertem Blütenstand.
Pflanzenhöhe: 50 bis 60 cm.
Blütenfarbe: Gelb, Orange, Scharlachrot und Zwischenfarben.
Natürliche Blütezeit: Juli bis September.
Zeitraum des Angebotes: Durch südliche Importe ab Mai.
Schnittreife: Erst wenn die Blütenstände voll aufgeblüht sind.
Haltbarkeit: 10 bis 14 Tage.
Kühllagerung: Möglich, doch ist mit Fäulnisherden zu rechnen.
Besondere Pflege: Möglichst viele Blätter entfernen.
Verwendung: Allgemeine bis spezielle Sommerbindereien, auch für Basisgestaltung geeignet.
Besonderheiten: Auch zum Trocknen geeignet.

Gomphrena globosa ⨀

Synonym: –.
Familie: Amaranthaceae.
Handelsname: Kugelamaranth.
Heimat/Herkunft: Tropen bis Subtropen von Amerika.
Wuchsform: Krautig, breitverzweigt mit lanzettlichen Blättern. Auf den aufstrebenden Blütentrieben sitzen kugelige Blütenköpfchen.
Pflanzenhöhe: 15 bis 20 cm.
Blütenfarbe: Weiß, Weinrot.
Natürliche Blütezeit: Juli bis September.
Zeitraum des Angebotes: Ab Mai bis September.
Schnittreife: Wenn die Blütenkugeln gut ausgefärbt und die Stiele solid sind.
Haltbarkeit: 10 bis 12 Tage.
Kühllagerung: Möglich.
Besondere Pflege: Verdunstungsflächen (Blätter) und weiche Seitentriebe entfernen.
Verwendung: Vor allem in kompakt gearbeiteten Werkstücken oder als Basiselement.
Besonderheiten: Zur Trockenbinderei gut geeignet.

△ 57a Gomphrena globosa
▽ 57b Amaryllis bella-donna

Amaryllis bella-donna ♃ Ⓚ ✂

Synonym: –.
Familie: Amaryllidaceae.
Handelsname: Belladonnalilie, Jersey-Lilie.
Heimat/Herkunft: Süd-Afrika.
Wuchsform: Zwiebelpflanze, riemenförmige Blätter, doldiger Blütenstand auf langem Schaft mit 2 bis 8 Blüten.
Pflanzenhöhe: 50 bis 70 cm.
Blütenfarbe: Rosa, Purpurrot, Weiß.
Natürliche Blütezeit: August bis September.
Zeitraum des Angebotes: August bis September.
Schnittreife: Wenn die erste Blüte sich öffnen will.
Haltbarkeit: 10 bis 14 Tage, gute Haltbarkeit.
Kühllagerung: Möglich.
Besondere Pflege: Nicht zu schräg anschneiden.
Verwendung: Spezielle Bindereien.
Besonderheiten: Geringer Wasserbedarf.

△ 58a Cyrtanthus elatus
▽ 58b Eucharis amazonica

Cyrtanthus elatus

♃ (K)

Synonym: Crinum speciosum, Cyrtanthus purpureus, Vallota purpurea, V. speciosa.
Familie: Amaryllidaceae.
Handelsname: Vallote, Scarborough-Feuerlilie.
Heimat/Herkunft: Süd-Afrika.
Wuchsform: Zwiebelpflanze mit linealischen Blättern. Gut entwickelte Zwiebeln bringen 1 bis 3 runde Schäfte hervor mit je 5 bis 10 Blüten pro Dolde.
Pflanzenhöhe: 40 cm.
Blütenfarbe: Orangerot.
Natürliche Blütezeit: Juli bis August.
Zeitraum des Angebotes: März bis Mai und Juli bis September.
Schnittreife: Wenn die ersten Blütenknospen gut ausgefärbt, aber noch geschlossen sind.
Haltbarkeit: 10 bis 14 Tage.
Kühllagerung: Ohne Wasser 1 bis 2 Tage möglich, von einer Kühllagerung im Wasser wird eher abgeraten.
Besondere Pflege: Nicht zu tief ins Wasser stellen. Einen geraden Anschnitt ausführen!
Verwendung: Spezielle Floristik.
Besonderheiten: –.

Eucharis amazonica

♃ (W) ✂

Synonym: Eucharis grandiflora, Urceolina grandiflora.
Familie: Amaryllidaceae.
Handelsname: Eucharis, Herzenskelch, Amazonaslilie.
Heimat/Herkunft: Anden, Kolumbien.
Wuchsform: Zwiebelpflanze mit bis 30 cm langen, breitlanzettlichen dunkelgrünen Blättern. Runder Schaft mit 3 bis 6 hängenden edlen Blüten, die eine Dolde bilden.
Pflanzenhöhe: 40 bis 60 cm.
Blütenfarbe: Reinweiß mit grünlicher Krone.
Natürliche Blütezeit: Dezember bis Januar und Mai bis August.
Zeitraum des Angebotes: Dezember bis August.
Schnittreife: Wenn eine Blüte einer Dolde geöffnet ist.
Haltbarkeit: 7 bis 10 Tage.
Kühllagerung: Nicht zu empfehlen.
Besondere Pflege: Täglich neu anschneiden, nicht zu tief ins Wasser einstellen.
Verwendung: Spezielle ausgewählte Bindereien.
Besonderheiten: Es ist meist nur eine Blüte ganz geöffnet.

Galanthus nivalis

♃ ▽

Synonym: –.
Familie: Amaryllidaceae.
Handelsname: Kleines Schneeglöcklein, Schneeglöckchen.
Heimat/Herkunft: Mittel- bis Süd-Europa, von Frankreich bis Süd-Russland.
Wuchsform: Zwiebelpflanze, linealische Blätter, hängende Einzelblüten mit 3 weißen Kronkelchblättern und kürzerer grüner Innenkrone.
Pflanzenhöhe: 10 bis 20 cm.
Blütenfarbe: Weiß mit Grün.
Natürliche Blütezeit: Ende Februar bis April.
Zeitraum des Angebotes: Aus Gewächshaustreiberei ab Januar.
Schnittreife: In noch knospigem Zustand.
Haltbarkeit: 4 bis 8 Tage.
Kühllagerung: Möglich.
Besondere Pflege: Nur in wenig Wasser stellen.
Verwendung: Für feine Bindereien.
Besonderheiten: Da sehr weiche Stiele, bündelweise 4 bis 7 Stück mit feinem Draht zusammenbinden und in Steckmasse stecken.

△ 59a Galanthus nivalis
▽ 59b Haemanthus albiflos

Haemanthus albiflos

♃ (K)

Synonym: –.
Familie: Amaryllidaceae.
Handelsname: Elefantenohr, Weiße Blutblume.
Heimat/Herkunft: Süd-Afrika.
Wuchsform: Grundständige Pflanze mit breiten, langovalen, zweiseitig ausgebildeten Blättern, die sich flach ausbreiten. Auf relativ kurzem Schaft bildet sich eine dichte, pinselartige Dolde mit langen Staubblättern.
Pflanzenhöhe: 20 bis 30 cm.
Blütenfarbe: Weiß.
Natürliche Blütezeit: Juni bis August.
Zeitraum des Angebotes: Mai bis August.
Schnittreife: Der Blütenstand muß bis zu $^2/_3$ geöffnet sein.
Haltbarkeit: 10 bis 14 Tage.
Kühllagerung: Ja.
Besondere Pflege: Nur relativ wenig Wasser.
Verwendung: Exklusive Floristik.
Besonderheiten: Als einzelner Blütenstand sehr attraktiv. Sollte mit großen Blättern präsentiert werden.

△ 60a Hippeastrum-Cultivars
▽ 60b Leucojum aestivum

Hippeastrum-Cultivars

♃ (W)

Synonym: H.-Hybriden.
Familie: Amaryllidaceae.
Handelsname: Amaryllis, Ritterstern, Amaryllis der Gärtner.
Heimat/Herkunft: Urformen aus den Anden von Peru, nunmehr Zuchtformen.
Wuchsform: Zwiebelpflanze mit langen linealischen Blättern und röhrigem Schaft. Endständig doldiger Blütenstand mit 2 bis 6 Blüten.
Pflanzenhöhe: 60 bis 100 cm.
Blütenfarbe: Weiß, Rosa, Scharlachrot, Dunkelrot, z. T. gestreift.
Natürliche Blütezeit: März bis Mai.
Zeitraum des Angebotes: Oktober bis Mai.
Schnittreife: Wenn die Blütenknospen gut Farbe zeigen, aber noch nicht geöffnet sind.
Haltbarkeit: 12 bis 15 Tage.
Kühllagerung: Möglich.
Besondere Pflege: Die Schnittstelle gerade anschneiden, 1 cm über der Schnittstelle mit Bast abbinden, damit der Stiel nicht ausrollt.
Verwendung: Spezielle Binderei.
Besonderheiten: Blütenstaub gibt gerne Verschmutzungen an den Kleidern, Staubgefäße entfernen.

Leucojum aestivum

♃ ☠

Synonym: –.
Familie: Amaryllidaceae.
Handelsname: Sommer-Knotenblume.
Heimat/Herkunft: Kaukasus, Klein-Asien, Zentral-, Ost- und Süd-Europa.
Wuchsform: Aufrecht bis leicht überhängend. Lineal bis lineallanzettlich, ganzrandige dunkelgrüne Blätter. Grundständig, bilden Blütenstände mit mehreren Blüten.
Pflanzenhöhe: Werden 40 bis 50 cm hoch.
Blütenfarbe: Weiß mit grün.
Natürliche Blütenzeit: Mai bis Juni.
Zeitraum des Angebotes: Ab April bis Juni.
Schnittreife: Farbzeigend.
Haltbarkeit: Ca. 5 Tage geschnitten.
Kühllagerung: Möglich.
Besondere Pflege: In wenig Wasser einstellen.
Verwendung: Für feine Binderei.
Besonderheiten: Kann bei Hautkontakt zu Reizungen führen.

Leucojum vernum

♃ ▽ ☠

Synonym: –.
Familie: Amaryllidaceae.
Handelsname: Märzenbecher, Frühlings-Knotenblume.
Heimat/Herkunft: Pyrenäen, Süd- bis Ost-Europa, Rumänien.
Wuchsform: Zwiebelpflanze mit linealischen Blättern. Einzelblüten hängend, 6 Kronblätter mit grünem Spitzenfleck.
Pflanzenhöhe: 20 bis 30 cm.
Blütenfarbe: Weiß mit Grün.
Natürliche Blütezeit: März bis April.
Zeitraum des Angebotes: Ab Februar bis April.
Schnittreife: In knospigem Zustand.
Haltbarkeit: 4 bis 10 Tage.
Kühllagerung: Möglich.
Besondere Pflege: In wenig Wasser stellen.
Verwendung: Für feine Bindereien.
Besonderheiten: Weiche Stiele, daher je 4 bis 7 Stück zusammen in Steckmasse stecken, Stiele vorher mit weichem Draht zusammenbinden.

△ 61a Leucojum vernum
▽ 61b Narcissus poeticus subsp. poeticus

Narcissus poeticus subsp. poeticus

♃ ✂ ▽ ☠ Ⓝ

Synonym: –.
Familie: Amaryllidaceae.
Handelsname: Dichter- oder Montreux-Narzisse, Weiße Narzisse.
Heimat/Herkunft: Mittel- bis Süd-Europa.
Wuchsform: Zwiebelpflanze mit schmalen linealischen Blättern. Auf einem zweikantigen Blütenschaft sitzt die seitlich geneigte Blüte mit 6 Blütenblättern und sehr kurzer Krone.
Pflanzenhöhe: 30 bis 45 cm.
Blütenfarbe: Weiß mit kleiner, roter Krone.
Natürliche Blütezeit: April bis Mai.
Zeitraum des Angebotes: April bis Mai.
Schnittreife: Vor dem Öffnen der Blütenkrone.
Haltbarkeit: 10 bis 14 Tage.
Kühllagerung: Ohne Wasser 1 bis 3 Tage möglich.
Besondere Pflege: Schleimabsonderung beachten, evtl. in wenig warmes Wasser stellen.
Verwendung: Allgemeine Frühlingsbindereien.
Besonderheiten: –.

Narcissus pseudonarcissus subsp. pseudonarcissus ♃ ✂ ▽ ☠

Synonym: –.
Familie: Amaryllidaceae.
Handelsname: Osterglocke, Trompeten-Narzisse, Gelbe Narzisse.
Heimat/Herkunft: Südwest-Europa.
Wuchsform: Zwiebelpflanze mit linealischen Blättern und zweikantigem Schaft. Endständige Einzelblüten mit großer glockiger Krone.
Pflanzenhöhe: 30 bis 40 cm.
Blütenfarbe: Gelb, Weiß, Rosa, Orange, z. T. mit andersfarbiger Trompete.
Natürliche Blütezeit: März bis April.
Zeitraum des Angebotes: Durch Frühtreiberei im Gewächshaus ab Dezember bis April.
Schnittreife: Wenn die schützende Knospenhaut geplatzt ist und die Blütenknospe gut Farbe zeigt, aber noch geschlossen ist.
Haltbarkeit: 8 bis 12 Tage, je nach Temperatur.
Kühllagerung: Ohne Wasser 1 bis 3 Tage möglich.
Besondere Pflege: Siehe N. × incomparabilis.
Verwendung: Frühlingsbindereien.
Besonderheiten: Siehe N. × incomparabilis. Einfache und gefüllte Sorten.

△ 62a Narcissus pseudonarcissus subsp. pseudonarcissus
▽ 62b Narcissus tazetta subsp. tazetta

Narcissus tazetta subsp. tazetta ♃ ✂ D ▽

Synonym: –.
Familie: Amaryllidaceae.
Handelsname: Tazette, Mehrblütige Narzisse.
Heimat/Herkunft: Mittelmeerländer.
Wuchsform: Zwiebelpflanze mit linealischen Blättern, auf dem Schaft sitzt ein doldiger Blütenstand mit 3 bis 5 kleinen Blüten.
Pflanzenhöhe: 30 bis 50 cm.
Blütenfarben: Weiß, Gelb, z. T. mit andersfarbiger Krone.
Normale Blütezeit: März bis Mai.
Zeitraum des Angebotes: Durch Treiberei ab Januar bis Mai.
Schnittreife: Vor dem Aufblühen.
Haltbarkeit: 7 bis 10 Tage.
Kühllagerung: Ohne Wasser 1 bis 3 Tage möglich.
Besondere Pflege: Siehe N. × incomparabilis.
Verwendung: Allgemeine Frühlingsbinderei.
Besonderheiten: Siehe N. × incomparabilis. Einfache und gefüllte Sorten.

Nerine bowdenii ♃ K

Synonym: –.
Familie: Amaryllidaceae.
Handelsname: Nerine.
Heimat/Herkunft: Süd-Afrika.
Wuchsform: Zwiebelpflanze mit linealischen bis langlanzettlichen Blättern, die 15 bis 30 cm lang sind. Auf dem langen Schaft sind 6 bis 12 Blüten zu einer Dolde vereinigt.
Pflanzenhöhe: 40 bis 50 cm.
Blütenfarbe: Rosa mit dunklem Kiel.
Natürliche Blütezeit: September.
Zeitraum des Angebotes: Durch das ganze Jahr aus gestaffelten Gewächshauskulturen.
Schnittreife: Wenn die ersten Blütenknospen gut ausgefärbt und entwickelt sind, aber vor dem Aufblühen.
Haltbarkeit: 10 bis 14 Tage und länger.
Kühllagerung: Möglich.
Besondere Pflege: Keine, außer nur in wenig Wasser stellen.
Verwendung: Allgemeine bis spezielle Bindereien.
Besonderheiten: Je nach Jahreszeit und Angebot große Preisschwankungen.

△ 63a Nerine bowdenii
▽ 63b Nerine sarniensis var. sarniensis

Nerine sarniensis var. sarniensis ♃ K

Synonym: –.
Familie: Amaryllidaceae.
Handelsname: Guernseylilie, Rote Nerine.
Heimat/Herkunft: Süd-Afrika, Kap-Region.
Wuchsform: Zwiebelpflanze mit linealischen bis langlanzettlichen Blättern. Auf den langen runden Schäften sitzen 10 bis 20 große Blüten zu einer Dolde vereinigt.
Pflanzenhöhe: 30 bis 50 cm.
Blütenfarbe: Rosa, Rot, Orange, Lila, Weiß. Durch Neuzüchtungen reiches Farbenspiel.
Natürliche Blütezeit: Oktober.
Zeitraum des Angebotes: September bis Oktober.
Schnittreife: Kurz vor dem Aufspringen der ersten Blütenknospen.
Haltbarkeit: 10 bis 14 Tage.
Kühllagerung: Möglich.
Besondere Pflege: Nur in wenig Wasser stellen.
Verwendung: Allgemeine und spezielle Bindereien.
Besonderheiten: Sehr oft starke Preisschwankungen.

Ammi majus ⊙ Ⓝ

Synonym: –.
Familie: Apiaceae.
Handelsname: Knorpelmöhre, Ammi, Große Knorpelmöhre.
Heimat/Herkunft: Mittelmeer-Region, Iran, Abessinien.
Wuchsform: Einjährig. Krautig aufrecht, locker verzweigt mit doppelt gefiederten Blättern. Endständig bilden sich Doppeldolden mit zahlreichen Einzelblütchen.
Pflanzenhöhe: 80 cm.
Blütenfarbe: Weiß.
Natürliche Blütezeit: Juli bis Oktober.
Zeitraum des Angebotes: Januar bis Dezember.
Schnittreife: Wenn über 30 % der Blüten der unteren Doppeldolden aufgeblüht sind.
Haltbarkeit: 10 bis 12 Tage.
Kühllagerung: Möglich.
Besondere Pflege: Bewusst einen Teil der Verdunstungsflächen entfernen.
Verwendung: Allgemeine Bindereien. Vorsicht, wenn die Blütenstände zu groß sind, können sie eine Arbeit zu stark dominieren!
Besonderheiten: Genügend Wasserversorgung ist wichtig! Seitentriebe eignen sich vorzüglich für kleine, feine Bindereien.

△ 64a Ammi majus
▽ 64b Anethum graveolens var. hortorum

Anethum graveolens var. hortorum ⊙ Ⓝ

Synonym: –.
Familie: Apiaceae.
Handelsname: Dill, Garten-Dill.
Heimat/Herkunft: Nur in der Kultur bekannt.
Wuchsform: Krautig aufrecht mit verästelten Trieben und stark gefiederten Blättern. Die großen Doppeldolden wirken sehr dekorativ.
Pflanzenhöhe: 40 bis 60 cm.
Blütenfarbe: Gelb.
Natürliche Blütezeit: Im Freien je nach Aussaatzeit Juli bis Oktober.
Zeitraum des Angebotes: Durch das ganze Jahr.
Schnittreife: Wenn zirka 30 % der Blütchen geöffnet sind.
Haltbarkeit: 10 bis 14 Tage.
Kühllagerung: Möglich.
Besondere Pflege: Verdunstungsflächen (Blätter) und weiche Seitentriebe entfernen.
Verwendung: Allgemeine bis spezielle Bindereien als Haupt- oder Begleitelement.
Besonderheiten: Angenehmer Dillduft.

Anthriscus cerefolium var. cerefolium ⊙ Ⓝ

Synonym: A. cerefolium var. sativus.
Familie: Apiaceae.
Handelsname: Garten-Kerbel, Echter Gartenkerbel.
Heimat/Herkunft: Nur in der Kultur bekannt.
Wuchsform: Krautig aufrecht, locker verzweigt mit doppelt gefiederten Blättern. Die Blütenstände sind doppeldoldig und sehr dekorativ.
Pflanzenhöhe: 70 bis 100 cm.
Blütenfarbe: Weiß.
Natürliche Blütezeit: Juni bis Oktober.
Zeitraum des Angebotes: Ganzes Jahr hindurch.
Schnittreife: Die Blüten müssen geöffnet sein.
Haltbarkeit: 10 bis 12 Tage.
Kühllagerung: Möglich.
Besondere Pflege: Möglichst viele Verdunstungsflächen sowie schwache Seitentriebe entfernen.
Verwendung: Allgemeine Bindereien. Vorsicht, zu viele eingestreute Anthriscus können eine Arbeit zu stark dominieren, vor allem bei großen Dolden!
Besonderheiten: Blüten müssen gut ausgereift sein.

△ 65a Anthriscus cerefolium var. cerefolium
▽ 65b Astrantia major subsp. major

Astrantia major subsp. major ♃ ✂

Synonym: –.
Familie: Apiaceae.
Handelsname: Sterndolde, Große Sterndolde.
Heimat/Herkunft: Kaukasus, Klein-Asien.
Wuchsform: Staude mit aufrechtem, locker verzweigtem Wuchs und handförmig geteiltem Blatt. Endständig entwickeln sich in lockerer verzweigter Anordnung halbkugelige Blütenköpfchen.
Pflanzenhöhe: 60 bis 70 cm.
Blütenfarbe: Weiß, Rot mit genervten seitlichen Hochblättern.
Natürliche Blütezeit: Juni bis August.
Zeitraum des Angebotes: Mai bis September.
Schnittreife: Wenn die ersten Blütenköpfchen geöffnet sind.
Haltbarkeit: 7 bis 10 Tage.
Kühllagerung: Möglich.
Besondere Pflege: Einen großen Teil der Verdunstungsflächen entfernen.
Verwendung: Allgemeine bis spezielle Bindereien, vor allem Sträuße.
Besonderheiten: Es ist wichtig, dass eine genügende Schnittreife beachtet wird (Ausgereifte Blüten).

Eryngium alpinum

Synonym: –.
Familie: Apiaceae.
Handelsname: Alpendistel, Alpen-Mannstreu, Edeldistel.
Heimat/Herkunft: Jura, Alpen, Jugoslawien.
Wuchsform: Staude mit straff aufrechtem Wuchs und großen, fiederschnittigen Blättern. Endständig tragen die verzweigten Blütentriebe zylindrische Blütenköpfe und einen Kranz feingesägter Hochblätter.
Pflanzenhöhe: 60 cm.
Blütenfarbe: Helles Silbergrau bis tiefes Stahlblau.
Natürliche Blütezeit: Juli bis August.
Zeitraum des Angebotes: Juni bis August.
Schnittreife: Wenn pro Blütenstiel die ersten Blütenköpfe voll geöffnet und die Triebe genügend erstarkt sind.
Haltbarkeit: 12 bis 15 Tage.
Kühllagerung: Nicht nötig.
Besondere Pflege: Ein guter Anschnitt ist wichtig, der verholzte untere Teil ist wegzuschneiden! Schwache Seitentriebe sind zu entfernen.
Verwendung: Spezielle bis allgemeine Bindereien.
Besonderheiten: Auch in der Trockenbinderei verwendbar.

△ 66a Eryngium alpinum
▽ 66b Eryngium planum

Eryngium planum

Synonym: –.
Familie: Apiaceae.
Handelsname: Edeldistel, Flachblättriger Mannstreu.
Heimat/Herkunft: Mittel-Europa bis Zentral-Asien.
Wuchsform: Staude, horstbildend, aufrecht mit lockerer Verzweigung. Die unteren Blätter sind eiförmig, ungeteilt, im oberen Bereich sind sie 3- bis 5-spaltig und dornig gezähnt. Die eiförmigen Blütenköpfe stehen endständig locker verteilt.
Pflanzenhöhe: 80 cm.
Blütenfarbe: Blau, Weiß.
Natürliche Blütezeit: Juli bis September.
Zeitraum des Angebotes: Mai bis September.
Schnittreife: Wenn sich die ersten Blüten etwas geöffnet haben. Für die Trockenbinderei müssen alle Blüten offen sein!
Haltbarkeit: 12 bis 16 Tage.
Kühllagerung: Möglich.
Besondere Pflege: Die weichen Seitentriebe sind zu entfernen.
Verwendung: Als Haupt- oder Begleitelement in der Gestaltung.
Besonderheiten: Auch für die Trockenbinderei gut geeignet.

Trachymene coerulea

Synonym: Huegelia caerulea, Didiscus caeruleus.
Familie: Apiaceae.
Handelsname: Blaudolde, Blaues Wölklein, Blaue Raudolde.
Heimat/Herkunft: West-Australien.
Wuchsform: Einjährig, straff aufrecht verzweigt mit abstehenden Zweigen. Die fingerförmig geteilten Blätter stehen wechselständig. Endständig sitzen die zahlreichen Blütchen an Doppeldolden.
Pflanzenhöhe: 50 bis 60 cm.
Blütenfarbe: Hellblau bis pastellfarbig.
Natürliche Blütezeit: Juli bis September.
Zeitraum des Angebotes: Ab Mai bis Oktober.
Schnittreife: Wenn etwa 50 % der Blütchen geöffnet sind.
Haltbarkeit: 8 bis 12 Tage.
Kühllagerung: Nicht empfehlenswert.
Besondere Pflege: Trachymene benötigen eine gewisse Erholungsphase nach der Anlieferung.
Verwendung: Feine, duftige Bindereien.
Besonderheiten: Auch als Balkonpflanze gut geeignet.

△ 67a Trachymene coerulea
▽ 67b Anthurium andraeanum

Anthurium andraeanum

Synonym: A. cultorum, A.-Andraeanum-Hybriden.
Familie: Araceae.
Handelsname: Große Flamingoblume, Schwanzblume, Schweifblume.
Heimat/Herkunft: Kolumbien.
Wuchsform: Grundständig bis später strauchig mit langherzförmigen Blättern. Auf langen Schäften stehen endständig herzförmige Blütenscheiden und ein fingerdicker Kolben.
Pflanzenhöhe: Je nach Alter 50 bis 150 cm.
Blütenfarbe: Scharlachrot, Dunkelrot, Orangerot, Rosa, Weiß, z. T. grüne Einfärbungen auf dem Hochblatt. Der Kolben ist weiß bis gelb.
Natürliche Blütezeit: Durch das ganze Jahr.
Zeitraum des Angebotes: Januar bis Dezember.
Schnittreife: Der Blütenstiel muss solid ausgebildet sein und der Kolben ein körniges Aussehen haben.
Haltbarkeit: 10 bis 18 Tage.
Kühllagerung: Möglich, aber nicht nötig.
Besondere Pflege: Die großen Hochblätter ab und zu mit lauwarmem Wasser besprühen.
Verwendung: Spezielle Bindereien.
Besonderheiten: Die Blüten wirken zum Teil je nach Sorte künstlich.

Spathiphyllum floribundum ♃ (W)

Synonym: –.
Familie: Araceae.
Handelsname: Spathen-Blume, Reichblühende Blattfahne, Scheidenblatt.
Heimat/Herkunft: Kolumbien.
Wuchsform: Grundständig mit lanzettlichen Blättern. Die Hochblätter und der dicke Kolben stehen auf einem 50 bis 90 cm langen Schaft.
Pflanzenhöhe: 50 bis 80 cm.
Blütenfarbe: Weißes Hochblatt, cremeweißer Kolben, der später vergrünt.
Natürliche Blütezeit: Im Gewächshaus durch das ganze Jahr.
Zeitraum des Angebotes: Januar bis Dezember.
Schnittreife: Wenn das Hochblatt breit ausgefaltet ist und der Kolben körnig aussieht.
Haltbarkeit: 15 bis 20 Tage.
Kühllagerung: Nicht zu empfehlen.
Besondere Pflege: Gut anschneiden, in lauwarmes Wasser stellen. Wenn zu früh geschnitten, fallen sie gerne zusammen.
Verwendung: Separate Bindereien, z. B. Brautsträuße, Tischdekorationen u. a.
Besonderheiten: Die Laubblätter der Pflanze können bei genügender Reife auch als Schnittgrün eingesetzt werden.

△ 68a Spathiphyllum floribundum
▽ 68b Zantedeschia aethiopica

Zantedeschia aethiopica ☠ ♃ (K) ✂

Synonym: Calla aethiopica, Richardia africana.
Familie: Araceae.
Handelsname: Kalla, Zimmerkalla.
Heimat/Herkunft: Süd-Afrika, Natal.
Wuchsform: Aus einem knolligen Erdstamm entwickeln sich pfeilförmige Blätter sowie auf runden Schäften trichterförmige Blütenscheiden sowie fingerdicke Kolben.
Pflanzenhöhe: Bis 100 cm.
Blütenfarbe: Weißes Hochblatt, gelber Kolben.
Natürliche Blütezeit: Januar bis Juni.
Zeitraum des Angebotes: Durch das ganze Jahr.
Schnittreife: Wenn das Hochblatt gut entwickelt ist und eine gewisse Festigkeit aufweist.
Haltbarkeit: 10 bis 14 Tage.
Kühllagerung: Möglich, aber Vorsicht, nasse Stellen verursachen Faulstellen.
Besondere Pflege: Nicht in zu viel Wasser einstellen, täglich anschneiden.
Verwendung: Ideal für Brautsträuße, Tischdekorationen und Trauerbindereien.
Besonderheiten: Auch als Topfpflanze im Handel.

Zantedeschia elliottiana ♃ (K) ✂

Synonym: Calla elliotiana, Richardia elliotiana.
Familie: Araceae.
Handelsname: Gelbe Kalla, Goldene Kalla.
Heimat/Herkunft: Südafrikanisches Hochland.
Wuchsform: Knolliger Erdstamm, grundständig. Die grünen Blätter sind pfeilförmig bis langherzförmig und mit weißen Flecken durchsetzt. Die Blütenscheide ist gelb.
Pflanzenhöhe: 60 bis 80 cm.
Blütenfarbe: Gelbes Hochblatt und gelber Kolben.
Natürliche Blütezeit: Juni bis August.
Zeitraum des Angebotes: Aus Gewächshauskultur Januar bis Dezember.
Schnittreife: Das trichterförmige Hochblatt muss eine genügende Festigkeit aufweisen.
Haltbarkeit: 10 bis 14 Tage.
Kühllagerung: Möglich.
Besondere Pflege: Nach längerer Zeit ohne Wasser lassen sich die Stängel biegen und evtl. mit Draht in eine gewünschte Stellung bringen.
Verwendung: Spezielle Bindereien.
Besonderheiten: Im Laufe des Jahres starke Preisschwankungen. Die Blüten sind in verschiedenen Größen erhältlich.

△ 69a Zantedeschia elliottiana
▽ 69b Zantedeschia rehmannii

Zantedeschia rehmannii ♃ (K)

Synonym: Richardia rehmannii.
Familie: Araceae.
Handelsname: Kleine Kalla, Rosafarbene Kalla.
Heimat/Herkunft: Süd-Afrika, Natal, neuerdings viele Zuchtsorten.
Wuchsform: Knolliger Erdstamm, grundständig, die Blätter sind langlanzettlich und die Blütenscheiden trichterförmig. Der Kolben ist kurz.
Pflanzenhöhe: 30 cm.
Blütenfarbe: Rosa, Bronze, verschiedene aparte Farbtöne.
Natürliche Blütezeit: August.
Zeitraum des Angebotes: Aus Gewächshauskultur oder Importen durch das ganze Jahr.
Schnittreife: Die trichterförmigen Hochblätter müssen eine gewisse Festigkeit aufweisen.
Haltbarkeit: 10 bis 14 Tage.
Kühllagerung: Möglich.
Besondere Pflege: Die Stiele lassen sich nach 4 bis 5 Stunden ohne Wasser leicht biegen und evtl. mit Draht in eine gewünschte Lage bringen.
Verwendung: Spezielle Bindereien.
Besonderheiten: In verschiedenen Blütengrößen erhältlich.

△ 70a Asclepias fruticosa
▽ 70b Asclepias syriaca

Asclepias fruticosa

ħ (K) ⁂ (N)

Synonym: Gomphocarpus fruticosus.
Familie: Asclepiadaceae.
Handelsname: „Ballon-Grün".
Heimat/Herkunft: Süd-Afrika.
Wuchsform: –.
Pflanzenhöhe: –.
Blattform und Größe: –.
Zeitraum des Angebotes: Ab Mai bis September.
Schnittreife: Wenn die Früchte gut ausgereift sind.
Haltbarkeit: 10 bis 14 Tage.
Kühllagerung: Möglich.
Besondere Pflege: Die Schnittstellen sind wegen Milchsaftverlust anzubrennen. Unnötige Blattflächen entfernen.
Verwendung: Spezielle Binderei, evtl. als einzelnes Grün ausschmücken. – Bewusstes Auslichten der Zweige bringt interessante Gestaltungen.
Besonderheiten: Die Absonderung des Milchsaftes wird durch heißes Wasser gestoppt.

Asclepias syriaca

⚘ ♃ ⁂ ∧ (N)

Synonym: A. cornuti.
Familie: Asclepiadaceae.
Handelsname: Seidenpflanze, Gewöhnliche Seidenpflanze, Baumwoll-Seide.
Heimat/Herkunft: Nord-Amerika.
Wuchsform: Staude mit kräftigem Wuchs und breiter Horstbildung. Die fingerdicken Triebe wachsen straff aufrecht. Die lanzettlichen Blätter stehen kreuzweise gegenständig. Aus den oberen Blattachseln wachsen doldige Blütenstände, die später pagageiartige Früchte entwickeln.
Pflanzenhöhe: 100 cm.
Blütenfarbe: Grünlichpurpur bis Weiß.
Natürliche Blütezeit: Juli bis September.
Zeitraum des Angebotes: Das ganze Jahr erhältlich, im Winter ist die Qualität oft mangelhaft.
Schnittreife: 2 bis 3 der Blütendolden sollten geöffnet sein.
Haltbarkeit: 5 bis 8 Tage.
Kühllagerung: Möglich.
Besondere Pflege: Anbrennen der Stiele wird empfohlen.
Verwendung: Sommerbinderei, Sträuße.
Besonderheiten: Im Herbst sind die Papageienfrüchte attraktiv zum Verarbeiten.

Asclepias tuberosa

♃ ꕥ ⋀

Synonym: –.
Familie: Asclepiadaceae.
Handelsname: Seidenpflanze, Knollige Seidenpflanze, Baumwoll-Seide.
Heimat/Herkunft: Nord-Amerika.
Wuchsform: Staude mit knolligem Wurzelstock, verzweigt, Blätter lanzettlich bis lineal. Die trugdoldigen Blütenstände erscheinen aus den oberen Blattachseln.
Pflanzenhöhe: 60 bis 90 cm.
Blütenfarbe: Orange bis Scharlachrot.
Natürliche Blütezeit: August bis September.
Zeitraum des Angebotes: Mai bis Oktober.
Schnittreife: Die meisten Blüten einer Trugdolde müssen geöffnet sein.
Haltbarkeit: 10 bis 12 Tage.
Kühllagerung: Blätter und Blumen sollten trocken sein, sonst ist mit Fäulnis zu rechnen!
Besondere Pflege: Möglichst viele Verdunstungsflächen (Blätter) entfernen.
Verwendung: Sommerbindereien, auch sehr gut geeignet für Strukturarbeiten.
Besonderheiten: Interessante Oberflächenstruktur durch die unterschiedlichen Farbabstufungen innerhalb des Blütenstandes.

△ 71a Asclepias tuberosa
▽ 71b Stephanotis floribunda

Stephanotis floribunda

♄ Ⓦ D

Synonym: –.
Familie: Asclepiadaceae.
Handelsname: Kranzschlinge, Madagaskar-Kranzschlinge.
Heimat/Herkunft: Madagaskar.
Wuchsform: Schlingstrauch mit ovalen, gegenständigen Blättern. Aus den Blattachseln bilden sich kurzgestielte Dolden mit je 5 bis 12 Blüten.
Pflanzenhöhe: An Drahtringen aufgebunden 40 bis 50 cm, freiwachsend 2 bis 3 m lang.
Blütenfarbe: Weiß, glänzend.
Natürliche Blütezeit: Juni bis September.
Zeitraum des Angebotes: April bis November.
Schnittreife: Alle Blüten einer Dolde müssen geöffnet sein.
Haltbarkeit: 3 bis 5 Tage.
Kühllagerung: In einem Foliensack ohne Wasser 1 bis 3 Tage möglich.
Besondere Pflege: Vor der Verwendung mit einer dünnen Plastikfolie abdecken.
Verwendung: Vorwiegend Brautsträuße, Haarstecker, Anstecker, Corsagen.
Besonderheiten: Die Einzelblüten fallen gerne vom Stiel, evtl. mit dünnem Draht fixieren.

Eremurus robustus ♃ ⋀

Synonym: –.
Familie: Asphodelaceae.
Handelsname: Riesen-Lilienschweif, Kleopatranadel, Turkestan-Steppenkerze.
Heimat/Herkunft: Turkestan, Buchara.
Wuchsform: Staude mit verdickten, sternförmig ausgebreiteten Wurzeln. Die linealischen bis lanzettlichen Blätter sind grundständig und werden bis 60 cm lang. Auf einem starken Blütenschaft bildet sich eine 40 bis 60 cm lange, dichte Blütentraube.
Pflanzenhöhe: 80 bis 200 cm.
Blütenfarbe: Helles Rosa, Weiß.
Natürliche Blütezeit: Juni bis Juli.
Zeitraum des Angebotes: Ab Mai bis September.
Schnittreife: Wenn von unten her 20 bis 30 % der Blüten geöffnet sind.
Haltbarkeit: 12 bis 20 Tage.
Kühllagerung: Möglich.
Besondere Pflege: Viel Wasser verabreichen.
Verwendung: Spezielle Bindereien, Dekorationen u. a.
Besonderheiten: Die Blüten öffnen sich von unten nach oben. Bei genügend Wasser öffnen sich alle Blüten in der Vase.

△ 72a Eremurus robustus
▽ 72b Eremurus stenophyllus subsp. stenophyllus

Eremurus stenophyllus subsp. **stenophyllus** ♃ ⋀

Synonym: E. bungei, E. stenophyllus var. bungei.
Familie: Asphodelaceae.
Handelsname: Steppenkerze, Lilienschweif, Afghanistan-Lilienschweif.
Heimat/Herkunft: Mittel-Asien.
Wuchsform: Staude mit sternförmigem, fleischigem Wurzelstock. Grundständige linealische Blätter. Auf einem langen Schaft bildet sich ein dichter, 40 cm langer, traubiger Blütenstand.
Pflanzenhöhe: 80 bis 100 cm.
Blütenfarbe: Gelbe bis bronze Farbtöne, Orange, Rotbraun.
Natürliche Blütezeit: Juni bis Juli.
Zeitraum des Angebotes: April bis August.
Schnittreife: Wenn etwa 25 % der unteren Blüten geöffnet sind.
Haltbarkeit: 12 bis 18 Tage.
Kühllagerung: Möglich.
Besondere Pflege: Eremurus verlangen viel Wasser.
Besonderheiten: Vorsicht beim Transport, die Blüten brechen leicht ab.
Verwendung: Geeignet unter anderem für Großdekorationen.

Kniphofia uvaria

Synonym: K. alooides, Tritoma uvaria, K.-Uvaria-Hybriden.
Familie: Asphodelaceae.
Handelsname: Fackellilie, Kniphofie, Tritome, Schopf-Fackelllilie.
Heimat/Herkunft: Süd-Afrika.
Wuchsform: Staude mit grundständigen, schwertförmigen Blättern, die nach außen überhängen. An langen Schäften sind dichte Blütenähren bis -trauben ausgebildet. Die Einzelblüten hängen.
Pflanzenhöhe: 80 bis 120 cm.
Blütenfarbe: Gelb, Orange und Rot.
Natürliche Blütezeit: August bis September.
Zeitraum des Angebotes: Mai bis Oktober.
Schnittreife: Wenn die erste Blüte einer Ähre aufgeblüht ist.
Haltbarkeit: 10 bis 15 Tage.
Kühllagerung: Nicht zu empfehlen.
Besondere Pflege: Die unteren Blüten müssen laufend entfernt werden.
Verwendung: Sommerbindereien.
Besonderheiten: Die außergewöhnliche Wuchsform bringt einen eigenwilligen Einsatz des Werkstoffes.

△ 73a Kniphofia uvaria
▽ 73b Achillea filipendulina

Achillea filipendulina

Synonym: A. eupatorium.
Familie: Asteraceae.
Handelsname: Schafgarbe, Gold-Garbe, Gelbe Schafgarbe, Riesenschafgarbe.
Heimat/Herkunft: Kaukasus, Klein- bis Mittel-Asien.
Wuchsform: Staude mit fiederteilig gelappten Blättern und straffen Stielen. Endständig breite kompakte Scheindolden.
Pflanzenhöhe: 100 cm.
Blütenfarbe: Gelb.
Natürliche Blütezeit: Juli bis September.
Zeitraum des Angebotes: Juni bis Oktober.
Schnittreife: Wenn 70 % der Einzelblüten geöffnet sind.
Haltbarkeit: Ausgezeichnete Haltbarkeit der Blüten, die Blätter welken relativ rasch.
Kühllagerung: Nicht nötig.
Besondere Pflege: Möglichst viele Blätter entfernen.
Verwendung: Allgemeine Binderei. Vorsicht, starker Duft!
Besonderheiten: Sehr gut zum Trocknen geeignet – nicht aber für draußen.

△ 74a Achillea millefolium subsp. millefolium
▽ 74b Ageratum houstonianum

Achillea millefolium subsp. **millefolium**

♃ ✂ Ⓝ

Synonym: –.
Familie: Asteraceae.
Handelsname: Gemeine Schafgarbe, Gewöhnliche Schafgarbe, Vielblütige Schafgarbe, Wiesen-Schafgarbe.
Heimat/Herkunft: Europa bis Asien.
Wuchsform: Staude mit aufrechtem Wuchs und gefiederten Blättern. Endständige, breite, lockere Scheindolden.
Pflanzenhöhe: 30 bis 70 cm.
Blütenfarbe: Durch neuere Züchtungen Weiß, Gelb, Orange, Rosa, Rot.
Natürliche Blütezeit: Juni bis Oktober.
Zeitraum des Angebotes: Durch Spezialkulturen und Importe Januar bis Dezember.
Schnittreife: Wenn 30 % der Einzelblütchen geöffnet sind.
Haltbarkeit: Maximal 15 bis 20 Tage.
Kühllagerung: Möglich.
Besondere Pflege: Möglichst viele Blätter entfernen = längere Haltbarkeit.
Verwendung: Kompakte und texturierte Gestaltungen.
Besonderheiten: Besonders geeignet für die Basisbildung einer floristischen Arbeit.

Ageratum houstonianum

⊙ Ⓚ

Synonym: A. mexicanum.
Familie: Asteraceae.
Handelsname: Leberbalsam.
Heimat/Herkunft: Mexiko.
Wuchsform: Krautig aufrecht und verzweigt mit herzförmigen Blättern und endständigen Blütenkörbchen, in Scheindolde zusammengefasst.
Pflanzenhöhe: Schnittsorten 50 bis 80 cm.
Blütenfarbe: Blau, Blauviolett, Weiß.
Natürliche Blütezeit: Juni bis Oktober.
Zeitraum des Angebotes: Durch Anbau im Gewächshaus oder Importe aus südlichen Ländern z. T. durch das ganze Jahr.
Schnittreife: Wenn etwa 50 % der Blütenkörbchen geöffnet sind.
Haltbarkeit: Für kurze, kompakte Gestaltungen 10 bis 12 Tage. Bei langstieliger Verwendung reduzierte Haltbarkeit von 4 bis 8 Tagen.
Kühllagerung: Möglich.
Besondere Pflege: Möglichst viele Verdunstungsflächen (Blätter) entfernen. Die Haltbarkeit wird dadurch verlängert.
Verwendung: Strukturarbeiten, Gestecke, Sträuße.
Besonderheiten: Sehr ideal für Basisgestaltungen.

Amberboa moschata

⊙ ✂

Synonym: Centaurea moschata, C. odorata, C. suaveolens.
Familie: Asteraceae.
Handelsname: Wohlriechende Flockenblume, Duftende Flockenblume, Duftende Bisampflanze, Amberkörbchen.
Heimat/Herkunft: Orient bis Südwest-Asien.
Wuchsform: Krautig aufrecht, verzweigt mit fiederschnittigen Blättern. Die Blütenkörbe sitzen auf langen Stielen.
Pflanzenhöhe: 60 bis 80 cm.
Blütenfarbe: Weiß, Gelb, Rot, Blau.
Natürliche Blütezeit: Juli bis Oktober.
Zeitraum des Angebotes: Juni bis Oktober.
Schnittreife: Die Blütenkörbe müssen gut ausgebildet sein.
Haltbarkeit: 4 bis 8 Tage.
Kühllagerung: Möglich, aber nicht optimal.
Besondere Pflege: Möglichst viele Verdunstungsflächen entfernen.
Verwendung: Allgemeine feine Binderei.
Besonderheiten: Sehr schöne Blütenfarben.

△ 75a Amberboa moschata
▽ 75b Argyranthemum frutescens

Argyranthemum frutescens

♄ (K)

Synonym: Chrysanthemum frutescens.
Familie: Asteraceae.
Handelsname: Strauchmargerite.
Heimat/Herkunft: Kanarische Inseln.
Wuchsform: Halbstrauch mit anfänglich krautigem, aufrecht verzweigtem Wuchs, später verholzend. Die graugrünen Blätter sind schmalgefiedert. Die Blüten stehen über dem Laub.
Pflanzenhöhe: 40 bis 100 cm.
Blütenfarbe: Weiß mit gelber Scheibe, z. T. auch gelbe Sorten.
Natürliche Blütezeit: Juni bis Oktober.
Zeitraum des Angebotes: Aus südlichem Anbau durch das ganze Jahr.
Schnittreife: Die erste Blüte muss geöffnet sein.
Haltbarkeit: 10 bis 14 Tage.
Kühllagerung: Möglich. Vorsicht, bei nassen Pflanzen Fäulnisgefahr!
Besondere Pflege: Möglichst viele Seitentriebe und Blätter entfernen.
Verwendung: Feine Bindereien.
Besonderheiten: Zum Teil sehr dicke Stiele.

△ 76a Aster ericoides subsp. ericoides
▽ 76b Aster novi-belgii

Aster ericoides subsp. **ericoides** ♃

Synonym: A. multiflorus.
Familie: Asteraceae.
Handelsname: Myrten-Aster, Erika-Aster.
Heimat/Herkunft: Kanada, USA bis Mexico.
Wuchsform: Staude mit lockerem, verästeltem Wuchs. Die feinstrahligen Blütenkörbchen sitzen an den traubig bis rispig verzweigten Trieben.
Pflanzenhöhe: Je nach Sorte 50 bis 100 cm.
Blütenfarbe: Weiß, Zartrosa, Blau.
Natürliche Blütezeit: September bis November.
Zeitraum des Angebotes: Durch Anbau im Gewächshaus durch das ganze Jahr.
Schnittreife: Wenn 30 % der Blütenkörbchen aufgeblüht sind.
Haltbarkeit: 14 bis 18 Tage.
Kühllagerung: Möglich.
Besondere Pflege: Möglichst viele Verdunstungsflächen (Blätter) entfernen. Verholzte Stiele schräg anschneiden oder aufspalten, möglichst in warmes Wasser einstellen.
Verwendung: Allgemeine Binderei.
Besonderheiten: Die außerhalb der normalen Blütezeit angebotenen Astern sind weniger haltbar.

Aster novi-belgii ♃ ✂

Synonym: –.
Familie: Asteraceae.
Handelsname: Stauden-Aster, Glattblatt-Aster, Neubelgien-Aster.
Heimat/Herkunft: Kanada bis mittlere USA.
Wuchsform: Staude mit straff aufrechtem Wuchs und breit pyramidaler Verzweigung. Große Blütenkörbchen, dichte lanzettliche Belaubung.
Pflanzenhöhe: 60 bis 150 cm.
Blütenfarbe: Weiß, Rosa, Rot, Blau, Lila.
Natürliche Blütezeit: September bis November.
Zeitraum des Angebotes: Durch Kurztagesbehandlung ab Juni lieferbar.
Schnittreife: Wenn 25 bis 30 % der Blütenkörbchen geöffnet sind.
Haltbarkeit: 14 bis 18 Tage.
Kühllagerung: Möglich.
Besondere Pflege: Verholzte Stiele besonders schräg anschneiden und in warmes Wasser einstellen. Möglichst viele Blätter entfernen.
Verwendung: Allgemeine Binderei.
Besonderheiten: Die lockeren Blütenrispen können gut von einander getrennt und auch einzeln verarbeitet werden.

Bellis perennis

⊙ –4

Synonym: –.
Familie: Asteraceae.
Handelsname: Bellis, Gartenbürstchen, Gänseblümchen, Tausendschön, Maßliebchen.
Heimat/Herkunft: Europa bis Asien.
Wuchsform: Grundständige zweijährige Pflanze mit verkehrt eiförmigen bis spateligen Blättern. Die halbgefüllten Blütenkörbchen stehen auf röhrigen Schäften.
Pflanzenhöhe: 15 cm.
Blütenfarbe: Weiß, Rosa, Rot.
Natürliche Blütezeit: April bis Juni.
Zeitraum des Angebotes: Durch Treiberei im Gewächshaus bereits ab Januar lieferbar.
Schnittreife: Die Blütenkörbchen müssen gut aufgeblüht und die gelben Scheiben sichtbar sein.
Haltbarkeit: 10 bis 14 Tage.
Kühllagerung: Möglich.
Besondere Pflege: Die weichen Stiele vorsichtig anschneiden.
Verwendung: Diverse Bindereien, gesteckt oder gebunden.
Besonderheiten: Auch für gute Basisgestaltung geeignet.

△ 77a Bellis perennis
▽ 77b Calendula officinalis

Calendula officinalis

⊙ ⊙ Ⓝ

Synonym: –.
Familie: Asteraceae.
Handelsname: Ringelblume, Garten-Ringelblume.
Heimat/Herkunft: Mittelmeer-Länder.
Wuchsform: Krautig aufrecht, verzweigt mit weichen, lanzettlichen bis spateligen Blättern. Große endständige Blütenkörbe.
Pflanzenhöhe: 30 bis 50 cm.
Blütenfarbe: Gelb, Orange, oft mit dunkler Mitte.
Natürliche Blütezeit: Juni bis Oktober.
Zeitraum des Angebotes: Durch Importe aus südlichen Ländern bereits ab Januar.
Schnittreife: Wenn die erste Blüte pro Trieb ganz geöffnet ist. Vorzeitig geschnittene Triebe welken rasch.
Haltbarkeit: 6 bis 12 Tage.
Kühllagerung: Nicht nötig.
Besondere Pflege: Möglichst viel Verdunstungsfläche (Blätter) entfernen.
Verwendung: Dekorative Bindereien.
Besonderheiten: Zum Teil ist der Schaft unter den Blüten etwas weich (stützen).

△ 78a Callistephus chinensis
▽ 78b Callistephus chinensis

▽ 78c Carthamus tinctorius

Callistephus chinensis

Synonym: Aster chinensis.
Familie: Asteraceae.
Handelsname: Sommeraster, China-Aster, Gartenaster, Madeleine-Aster.
Heimat/Herkunft: China, Japan, Korea.
Wuchsform: Krautig aufrecht, verzweigt mit breitlanzettlichen, am Rande gezahnten Blättern. Endständig große, einfache bis gefüllte Blütenkörbe in verschiedenen Formen.
Pflanzenhöhe: Schnittsorten 60 bis 90 cm.
Blütenfarbe: Weiß, Cremegelb, Rosa, Karminrot, Blau, Violett, z. T. mit heller Mitte.
Natürliche Blütezeit: Juli bis September.
Zeitraum des Angebotes: Juni bis September.
Schnittreife: Sobald die Blütenkörbe gut geöffnet sind.
Haltbarkeit: 10 bis 18 Tage.
Kühllagerung: Möglich. Vorsicht, Wasser auf den Blüten verursacht Fäulnis!
Besondere Pflege: Möglichst viele Verdunstungsflächen entfernen.
Verwendung: Allgemeine Sommerbindereien.
Besonderheiten: Gefüllte Sommerastern sind gut geeignet für die Basisgestaltung.

Carthamus tinctorius

Synonym: –.
Familie: Asteraceae.
Handelsname: Färberdistel, Färber-Saflor.
Heimat, Herkunft: Vorder-Asien, in Süd- und Mittel-Europa eingebürgert.
Wuchsform: Einjährige krautige Pflanze mit aufrechtem, oben verzweigtem Wuchs. Die Blätter sind im unteren Bereich oval bis eiförmig, im oberen Teil lanzettlich und schmaler. Am Blattrand finden wir an den Zähnen leichte Dornen.
Pflanzenhöhe: 40 bis 60 cm.
Blütenfarbe: Orangerot.
Natürliche Blütezeit: Juli.
Zeitraum des Angebotes: Ab Mai.
Schnittreife: Wenn sich die ersten orangen Blütenblätter zeigen.
Haltbarkeit: Die Blüten werden relativ schnell braun.
Besondere Pflege: –.
Verwendung: Allgemeine Binderei.
Besonderheiten: Zum Trocknen geeignet.

Centaurea cyanus

⊙ ✂

Synonym: Cyanus arvensis.
Familie: Asteraceae.
Handelsname: Kornblume.
Heimat/Herkunft: Mittelmeer-Region.
Wuchsform: Krautig, schlank aufrecht, verzweigt mit schmallanzettlichen Blättern. Endständig sitzen die Blütenkörbchen frei über dem Laub.
Pflanzenhöhe: 30 bis 80 cm.
Blütenfarbe: Weiß, Rosa, Dunkelrot, Hellblau, Tiefblau.
Natürliche Blütezeit: Juni bis September.
Zeitraum des Angebotes: Durch Importe aus südlichen Ländern bereits ab Januar.
Schnittreife: Wenn die oberste Blüte geöffnet ist.
Haltbarkeit: 5 bis 8 Tage.
Kühllagerung: Möglich. Vorsicht, nasse Blüten faulen gerne!
Besondere Pflege: Möglichst viele Verdunstungsflächen entfernen.
Verwendung: Für Bindereien, Biedermeier, Haarkränzchen u. a.
Besonderheiten: Die Blütenfarben verblassen beim Verblühungsprozess.

△ 79a Centaurea cyanus
▽ 79b Centaurea macrocephala

Centaurea macrocephala

♃

Synonym: –.
Familie: Asteraceae.
Handelsname: Gelbe Flockenblume, Bighead-Knapweed.
Heimat/Herkunft: Kaukasus, Armenien.
Wuchsform: Staude mit aufrechtem, verzweigtem Wuchs. Die weichen, lanzettlichen Blätter sind am Ende leicht gezähnt. Endständig stehen große, kugelige Blütenkörbe.
Pflanzenhöhe: 40 bis 90 cm.
Blütenfarbe: Goldgelb.
Natürliche Blütezeit: Juli bis August.
Zeitraum des Angebotes: April bis August.
Schnittreife: Wenn die Blütenkörbe gut Farbe zeigen.
Haltbarkeit: 8 bis 20 Tage.
Kühllagerung: Möglich.
Besondere Pflege: Möglichst viele weiche Blätter entfernen. Diese werden sehr schnell gelb.
Verwendung: Dekorationen und allgemeine Binderei.
Besonderheiten: Zum Trocknen geeignet.

Chrysanthemum × grandiflorum ♃ (K)

Synonym: C.× hortorum, C. sinense, C. vesticum, D. indicum, D. morifolium, Anhemis grandiflora, Dendranthema × grandiflorum, D.-Grandiflorum-Hybriden.
Familie: Asteraceae.
Handelsname: Gärtner-Chrysantheme, Winteraster.
Heimat/Herkunft: Zuchtformen.
Wuchsform: Mehrjährige Staude, in Kultur einjährig durch Stecklingsvermehrung. Blätter gebuchtet. Viele Blumengrößen und Formen.
Pflanzenhöhe: 50 bis 120 cm.
Blütenfarbe: Weiß, Gelb, Orange, Rot, Rosa, Lila, ein- und zweifarben sowie Zwischenfarben.
Natürliche Blütezeit: Freilandsorten August bis Oktober, Spätsorten Oktober bis November.
Zeitraum des Angebotes: Das ganze Jahr.
Schnittreife: Großblumige Sorten müssen gut entwickelt sein, bei kleinblumigen „Spray-Sorten" müssen 3 bis 5 Blüten geöffnet sein.
Haltbarkeit: Freilandsorten 8 bis 14 Tage.
Kühllagerung: Möglich.
Besondere Pflege: Verholzte schräg anschneiden, evtl. Schnittstellen aufschlitzen.
Verwendung: Allgemeine Bindereien.
Besonderheiten: Chrysanthemen sind Kurztagpflanzen.

△ 80a Anemonblütige Chrysanthemum × grandiflorum
▽ 80c Pomponblütige Chrysanthemum

▽ 80b Chrysanthemum einfachblütig

△ 81a Großblumige Reflexform
▽ 81c Spinnenblütige Chrysanthemum

△ 81b Dekorative Form Chrysanthemum
▽ 81d Strahlig und anemonblütig

△ 82a Floristik: Herzlichkeit mit Blumen
▽ 82b Cosmos astrosanguineus

Cosmos astrosanguineus ♃ D

Synonym: –.
Familie: Asteraceae.
Handelsname: Schokoladen-Cosmea.
Heimat/Herkunft: Mexiko bis Brasilien.
Wuchsform: Krautig aufrecht, verzweigt mit geteilten Blattspreiten. Staudenpflanze, die aber nur wenige Minusgrade verträgt. Bildet eine knollige Wurzel aus.
Pflanzenhöhe: Ca. bis 60 cm.
Blütenfarbe: Schokoladenbraunrot.
Natürliche Blütenzeit: Juli bis Oktober.
Zeitraum des Angebotes: Mai bis Oktober.
Schnittreife: Wenn die ersten Endblüten gut geöffnet sind. Stiele der Blüten müssen stabil sein.
Haltbarkeit: 5 bis 7 Tage.
Kühllagerung: Nicht optimal, eher nein.
Besondere Pflege: Genügend Verdunstungsflächen entfernen.
Verwendung: Für verspielte, raffinierte Sommersträuße sehr gut geeignet.
Besonderheiten: Wunderbar samtige Blütenblätter.

Cosmos bipinnatus

⊙ ✂

Synonym: Bidens formosa.
Familie: Asteraceae.
Handelsname: Schmuckkörbchen, Kosmee, Fiederblättriges Schmuckkörbchen.
Heimat/Herkunft: Mexiko bis Brasilien.
Wuchsform: Krautig aufrecht, verzweigt mit doppelgefiederten feinen Blättern und endständigen flachen Blütenkörben.
Pflanzenhöhe: 100 bis 150 cm.
Blütenfarbe: Weiß, Rosa, Rot, z. T. mit dunklen Ringen im Zentrum.
Natürliche Blütezeit: Juli bis Oktober.
Zeitraum des Angebotes: Juli bis Oktober.
Schnittreife: Wenn die erste Endblüte gut geöffnet und die Stabilität der Triebe solid ist.
Haltbarkeit: 7 bis 10 Tage.
Kühllagerung: Vorsicht, die Blütenkörbe können Schaden nehmen!
Besondere Pflege: Vorsichtig umgehen, die großen Randblütenblätter sind sehr heikel.
Verwendung: Feine duftende Bindereien.
Besonderheiten: Wunderschöne Farben.

△ 83a Cosmos bipinnatus
▽ 83b Craspedia globosa

Craspedia globosa

⊙ ♃ Ⓚ ✂

Synonym: –.
Familie: Asteraceae.
Handelsname: Craspedie, Trommelstöcke, Trommelschlägel, Junggesellenknopf.
Heimat/Herkunft: Australien.
Wuchsform: Grundständige Blattrosette mit gefalteten schmal- bis breitlanzettlichen, graugrünen Blättern. Auf langen, drahtigen Blütenschäften entwickeln sich endständig einzelne, kugelige Blütenköpfe.
Pflanzenhöhe: 70 cm.
Blütenfarbe: Gelb.
Natürliche Blütezeit: Juni bis August.
Zeitraum des Angebotes: Ab Mai.
Schnittreife: Wenn die Blütenkugeln zu 50 % geöffnet sind.
Haltbarkeit: Sehr gut.
Kühllagerung: Ja.
Besondere Pflege: –.
Verwendung: Als Schnitt- und Trockenblume.

△ 84a Cynara-Scolymus-Gruppe
▽ 84b Dahlia × hortensis

Cynara-Scolymus-Gruppe ♃ Ⓝ

Synonym: –.
Familie: Asteraceae.
Handelsname: Artischocke, Echte Artischocke.
Heimat/Herkunft: Nur aus Kultur bekannt.
Wuchsformen: Staude mit aufrecht verzweigtem Wuchs und stacheligen Blättern. Endständig bilden sich bis 15 cm große, kugelige Blütenköpfe, die mit festen Kelchblättern schuppenartig umhüllt sind.
Pflanzenhöhe: 100 bis 150 cm.
Blütenfarbe: Lila.
Natürliche Blütezeit: September bis Oktober.
Zeitraum des Angebotes: Juli bis Oktober, vereinzelt im Februar.
Schnittreife: Wenn die Blütenköpfe gut aufgeblüht sind.
Haltbarkeit: Sehr gut, bis 20 Tage.
Kühllagerung: Nicht nötig.
Besondere Pflege: Verdunstungsflächen entfernen, sie trocknen sonst gerne ein.
Verwendung: Als Hauptelement in der Floristik.
Besonderheiten: Oft werden Artischocken auch als Trockenwerkstoff verwendet.

Dahlia × hortensis ♃ Ⓚ

Synonym: D. × cultorum, D. variabilis.
Familie: Asteraceae.
Handelsname: Dahlien, Georginen.
Heimat/Herkunft: Mexiko, auch Zuchtformen aus D. coccinea × D. pinnata = Kaktus-Dahlien.
Wuchsform: Staude mit knolligen Wurzeln, Wuchs straff aufrecht, z. T. verzweigt, endständig seitlich geneigte Blütenkörbe in unterschiedlichen Größen und Formen. Geteilte große Blätter.
Pflanzenhöhe: Schnittsorten 80 bis 150 cm.
Blütenfarbe: Weiß, Gelb, Orange, Rot, Purpur, Rosa, Lila, z. T. zweifarbig.
Natürliche Blütezeit: Juli bis Oktober.
Zeitraum des Angebotes: Juli bis Oktober.
Schnittreife: Sobald die Blütenbälle gut geöffnet und die Stiele sehr solid sind.
Haltbarkeit: 6 bis 14 Tage.
Kühllagerung: Möglich.
Besondere Pflege: Wegen Fäulnisgefahr täglich frisch anschneiden und das Wasser wechseln.
Verwendung: Allgemeine Sommer- und Herbstbindereien.
Besonderheiten: Dahlien haben einen eigenartigen Duft.

Dahlia pinnata

♃ **D** Ⓚ

Synonym: D. pinnata hort., D. variabilis, D. × hortensis, D. rosea.
Familie: Asteraceae.
Handelsname: Dahlien, Georginen, Gartendahlien.
Heimat/Herkunft: Zuchtformen, Urformen meist aus Mexiko.
Wuchsform: Krautig aufrecht und verzweigt. Das dunkelgrüne Blatt ist unpaarig gefiedert. Unterschiedliche Unterformen, unter anderem dekorative Form, Pompon-, Halskrausen- und Mignonform. Im Boden bilden sich verdickte Wurzelknollen.
Pflanzenhöhe: Je nach Unterform nur 20 bis 30 cm hoch (Zwergdahlien), andere Formen 50 bis 150 cm.
Blütenfarbe: Weiß, Gelb, Orange, Rosa, Rot, uni bis zweifarbig.
Natürliche Blütezeit: Ab Juni bis Oktober.
Zeitraum des Angebotes: Juni bis Oktober.
Schnittreife: Die Stiele müssen fest und die Blüten gut ausgebildet sein.
Haltbarkeit: 6 bis 14 Tage.
Kühllagerung: Möglich.
Besondere Pflege: Täglich frisches Wasser und Anschneiden fördert die Haltbarkeit.
Verwendung: Allgemeine Sommer- und Herbst-Floristik.
Besonderheiten: Angenehmer Duft.

△ 85a Dahlia pinnata, dekorative Form

▽ 85b Dahlia pinnata, Seerosenform

▽ 85c Dahlia pinnata, Pomponform

△ 86a Floristik: Stillleben mit Blumen
▽ 86b Echinacea purpurea

Echinacea purpurea ♃

Synonym: Rudbeckia purpurea.
Familie: Asteraceae.
Handelsname: Igelkopf, Rote Rudbeckie, Roter Scheinsonnenhut.
Heimat/Herkunft: Östliche USA.
Wuchsform: Staude mit straff aufrechten Stielen, eirunde bis lanzettliche Blätter. Endständig kugelige Blütenköpfe mit seitlichen Randblüten.
Pflanzenhöhe: 60 bis 100 cm.
Blütenfarbe: Purpurrot, Weiß, dunkle Mitte.
Natürliche Blütezeit: Juli bis September.
Zeitraum des Angebotes: Januar bis März und Juli bis Oktober.
Schnittreife: Wenn die Scheibenblüten geöffnet sind und die Randblütenblätter straff stehen.
Haltbarkeit: 7 bis 8 Tage, ohne Randblüten 14 bis 20 Tage.
Kühllagerung: Vorsicht, die Blüten können durch die Kühlhaltung Schaden nehmen!
Besondere Pflege: –.
Verwendung: Allgemeine Bindereien.
Besonderheiten: Der kugelige Blütenstand ohne Randblätter ist ein ideales Gestaltungselement.

Echinops ritro subsp. ritro ♃

Synonym: –.
Familie: Asteraceae.
Handelsname: Kugeldistel.
Heimat/Herkunft: Süd- bis Ost-Europa.
Wuchsform: Staude mit straff aufrechtem Wuchs, mit großen fiederschnittigen Blättern. Endständig kugelförmige Blütenkörbe.
Pflanzenhöhe: 70 bis 150 cm.
Blütenfarbe: Hellblau, Dunkelblau.
Natürliche Blütezeit: Juli bis September.
Zeitraum des Angebotes: Juli bis Oktober.
Schnittreife: Wenn der runde Blütenkopf zu 70 % aufgeblüht ist.
Haltbarkeit: 15 bis 20 Tage.
Kühllagerung: Möglich.
Besondere Pflege: Möglichst viele bis alle Verdunstungsflächen (Blätter) entfernen.
Verwendung: Geeignet für viele Bindereien. Sehr ideal auch für die Basisbildung.
Besonderheiten: Kugeldisteln lassen sich auch als Trockenblumen verwenden.

△ 87a Echinops ritro subsp. ritro
▽ 87b Erigeron speciosus var. speciosus

Erigeron speciosus var. speciosus ♃

Synonym: E. × hybridus, E.-Hybriden.
Familie: Asteraceae.
Handelsname: Erigeron, Berufkraut, Aspen-Berufkraut.
Heimat/Herkunft: Stammeltern: USA, aus Kreuzungen hervorgegangen.
Wuchsform: Staude mit aufrechtem Wuchs und spatelförmigen Blättern. Die feinstrahligen Blütenkörbchen sitzen an lockeren Rispen.
Pflanzenhöhe: 50 bis 70 cm.
Blütenfarbe: Verschiedene Sorten in Weiß, Rosa, Rot und Violett mit grüngelber Mitte.
Natürliche Blütezeit: Juni bis August.
Zeitraum des Angebotes: Juni bis August.
Schnittreife: Wenn die oberste Hauptblüte ganz geöffnet ist.
Haltbarkeit: 10 bis 15 Tage.
Kühllagerung: Möglich.
Besondere Pflege: Verholzte Triebe möglichst gut anschneiden. Möglichst viele Verdunstungsflächen (Blätter) entfernen.
Verwendung: Allgemeine Bindereien.
Besonderheiten: Die kürzeren Seitentriebe eignen sich gut für kleine floristische Arbeiten.

Gerbera jamesonii

♃ ✂ K

Synonym: –.
Familie: Asteraceae.
Handelsname: Gerbera, Barberton-Gerbera.
Heimat/Herkunft: Süd-Afrika.
Wuchsform: Grundständige Staude mit fiederteiligen Blättern. Auf langen Schäften stehen einfache, anemonenblütige bis gefüllte große Blütenkörbe.
Pflanzenhöhe: 30 bis 50 cm.
Blütenfarbe: Weiß, Rosa, Rot, Gelb, Orange, z. T. mit dunkler Mitte.
Natürliche Blütezeit: Aus Gewächshauskultur durch das ganze Jahr.
Zeitraum des Angebotes: Januar bis Dezember.
Schnittreife: Bei einfachblühenden Sorten müssen 2 bis 3 äußere Blütenkränze in der Scheibe geöffnet sein. Bei gefüllten Sorten stehen die Blütenröhren in der Mitte flach. Zudem müssen die Blütenschäfte genügend fest sein.
Haltbarkeit: 8 bis 15 Tage.
Kühllagerung: Offen nein, verpackt möglich.
Besondere Pflege: In wenig Wasser einstellen. Mit Draht stützen. Wasser fleißig wechseln.
Verwendung: Allgemeine Bindereien.
Besonderheiten: Die Blütenschäfte strecken sich noch, wenn sie eingestellt sind.

△ 88a Gerbera einfach blühend
▽ 88b Gerbera im Gewächshaus

Helianthus annuus

⊙ Ⓝ

Synonym: –.
Familie: Asteraceae.
Handelsname: Sonnenblume, Gewöhnliche Sonnenblume.
Heimat/Herkunft: Westliche bis mittlere USA.
Wuchsform: Kräftig aufrecht mit dickem Spross und herzförmigen Blättern, z. T. leicht verzweigt. Endständig große Blütenkörbe mit dunkler Mitte.
Pflanzenhöhe: Einfach blühende Sorten 2 bis 3 m, gefüllt blühende 80 bis 100 cm.
Blütenfarbe: Gelb, Orange, Braunrot.
Natürliche Blütezeit: Juli bis September.
Zeitraum des Angebotes: Juli bis September.
Schnittreife: Wenn die Scheibenblüten über 50 % aufgeblüht sind.
Haltbarkeit: 8 bis 10 Tage.
Kühllagerung: Nicht ideal.
Besondere Pflege: Möglichst viele Verdunstungsflächen (Blätter) entfernen, in zirka 25 °C warmes Wasser einstellen.
Verwendung: Größere Dekorationen, spezielle Sommerbindereien.
Besonderheiten: Der Blütenboden eignet sich gut für die Basisgestaltung und die Trockenbinderei.

△ 89a Helianthus annuus, einfach
▽ 89b Helianthus annuus, gefüllt

▽ 89c Heliopsis helianthoides var. scabra

Heliopsis helianthoides var. scabra

♃ ✂

Synonym: H. scabra.
Familie: Asteraceae.
Handelsname: Sonnenauge.
Heimat/Herkunft: Nord-Amerika.
Wuchsform: Staude mit aufrechtem Wuchs und mäßiger Horstbildung. Die grünen Blätter sind länglich eiförmig bis lanzettlich und borstig behaart. Endständig auf straffen Stielen stehen einzelne, flache Blütenscheiben.
Pflanzenhöhe: 130 cm.
Blütenfarbe: Goldgelb.
Natürliche Blütezeit: Juli bis September.
Zeitraum des Angebotes: Juli bis September.
Schnittreife: Die Blütenscheiben müssen gut ausgereift sein.
Haltbarkeit: 6 bis 8 Tage.
Kühllagerung: Nicht zu empfehlen.
Besondere Pflege: Kurz in heißes Wasser stellen. Sie benötigen viel Wasser.
Verwendung: Lockere Sommersträuße.
Besonderheiten: Möglichst viele Verdunstungsflächen entfernen.

Ismelia carinata ⊙ ✂

Synonym: Chrysanthemum carinatum, C. tricolor.
Familie: Asteraceae.
Handelsname: Kiel-Wucherblume, Dreifarbige Margerite, Bunte Wucherblume.
Heimat/Herkunft: Nordwest-Afrika.
Wuchsform: Krautig aufrecht, verzweigt mit fiederschnittigen Blättern. Endständig sitzen einfache Blütenkörbe.
Pflanzenhöhe: 40 bis 60 cm.
Blütenfarbe: Grundfarben: Weiß, Gelb, Rosa, Purpurrot mit andersfarbigen Ringen und Blütenscheiben.
Natürliche Blütezeit: Juli bis Oktober.
Zeitraum des Angebotes: Durch südliche Importe bereits ab Mai bis Oktober.
Schnittreife: Wenn der Blütenkorb geöffnet ist und die Stiele eine gewisse Härte aufweisen.
Haltbarkeit: 10 bis 14 Tage.
Kühllagerung: Nicht zu empfehlen.
Besondere Pflege: Möglichst viele Verdunstungsflächen entfernen. Gut anschneiden.
Verwendung: Allgemeine Sommerbindereien.
Besonderheiten: Die relativ weichen Stiele lassen sich nicht gut in die Steckmasse stecken.

△ 90a Ismelia carinata
▽ 90b Leucanthemum maximum

Leucanthemum maximum ♃ ✂

Synonym: Chrysanthemum × superbum, C. maximum, L. × superbum, L.-Maximum-Hybriden.
Familie: Asteraceae.
Handelsname: Wucherblume, Stauden-Margerite, Weiße Margerite, Pyrenäen-Margerite.
Heimat/Herkunft: Wildform aus den Pyrenäen, nunmehr Zuchtformen.
Wuchsform: Staude, aufrechte Blütentriebe, leicht verästelt. Die Blätter sind lanzettlich, am Rande gesägt. Einfache bis anemonenblütige, flache Blütenkörbe bis 8 cm Durchmesser.
Pflanzenhöhe: 50 bis 80 cm.
Blütenfarbe: Weiß mit gelber Blütenscheibe.
Natürliche Blütezeit: Juni bis Juli.
Zeitraum des Angebotes: Mai bis Juli.
Schnittreife: Wenn die zentralen Scheibenblüten größtenteils geöffnet sind.
Haltbarkeit: 14 bis 20 Tage.
Kühllagerung: Möglich.
Besondere Pflege: Leicht verholzte Stängel besonders gut schräg anschneiden.
Verwendung: Allgemeine Bindereien.
Besonderheiten: Die Knospen eignen sich für kleine Bindereien.

Liatris spicata ♃

Synonym: –.
Familie: Asteraceae.
Handelsname: Pracht-Scharte.
Heimat/Herkunft: Nord-Amerika.
Wuchsform: Staude mit straff aufrechtem Wuchs, unverzweigt und mit schmallanzettlichen Blättern versehen. Die kleinen Blütenkörbchen sitzen dicht am Spross und bilden eine lange Ähre.
Pflanzenhöhe: 50 bis 100 cm.
Blütenfarbe: Cremeweiß, Violett.
Natürliche Blütezeit: Juli bis September.
Zeitraum des Angebotes: Durch Anbau im Gewächshaus durch das ganze Jahr.
Schnittreife: Wenn die obersten Blütenkörbchen der Ähre geöffnet sind.
Haltbarkeit: 12 bis 15 Tage.
Kühllagerung: Möglich.
Besondere Pflege: –.
Verwendung: Allgemeine Bindereien.
Besonderheiten: Die Ähren blühen von oben nach unten auf.

△ 91a Liatris spicata
▽ 91b Parthenium integrifolium

Parthenium integrifolium ♃

Synonym: –.
Familie: Asteraceae.
Handelsname: Kugelkamille, Prärieampfer.
Heimat/Herkunft: USA, mittlere bis südliche Staaten.
Wuchsform: Staude mit straff aufrechtem, verzweigtem Wuchs und fiederschnittigen Blättern. Endständig kugelige Blütenkörbchen.
Pflanzenhöhe: 30 bis 70 cm.
Blütenfarbe: Weiß, Cremegelb.
Natürliche Blütezeit: Juni bis September.
Zeitraum des Angebotes: Februar bis Dezember.
Schnittreife: Wenn die Blütenköpfe zu mehr als 50 % gut ausgebildet sind.
Haltbarkeit: 5 bis 10 Tage.
Kühllagerung: Möglich.
Besondere Pflege: Möglichst viele Verdunstungsflächen entfernen.
Verwendung: Allgemeine Bindereien, vor allem für kurze und kompakte floristische Arbeiten.
Besonderheiten: Die Stängel von getriebenen Parthenium sind oft schwach.

△ 92a Rudbeckia fulgida var. sullivantii
▽ 92b Rudbeckia hirta var. hirta

Rudbeckia fulgida var. sullivantii ♃

Synonym: R. sullivantii, R. speciosa var. sullivantii.
Familie: Asteraceae.
Handelsname: Stauden-Sonnenhut, Gewöhnlicher Sonnenhut.
Heimat/Herkunft: USA, verbreitet.
Wuchsform: Staude mit aufrechtem Wuchs und herzförmigen bis lanzettlichen Blättern, verzweigt mit endständigen Blütenköpfen.
Pflanzenhöhe: 60 bis 100 cm.
Blütenfarbe: Randblüten: Goldgelb. Röhrenblüten am stark hochgewölbten Kissen: Braunschwarz.
Natürliche Blütezeit: August bis Oktober.
Zeitraum des Angebotes: August bis Oktober.
Schnittreife: Der Blütenstand muss geöffnet sein.
Haltbarkeit: 5 bis 8 Tage.
Kühllagerung: Nicht ideal.
Besondere Pflege: Viele Verdunstungsflächen (Blätter) entfernen.
Verwendung: Allgemeine Binderei. Blütenköpfe ohne Randblütenblätter eignen sich gut für die Basisbildung.
Besonderheiten: Die Blütenköpfe eignen sich auch zum Trocknen.

Rudbeckia hirta var. hirta ⊙ ⊙

Synonym: –.
Familie: Asteraceae.
Handelsname: Einjähriger Sonnenhut, Rauer Sonnenhut.
Heimat/Herkunft: USA.
Wuchsform: Krautig aufrecht, locker verzweigt, lanzettliche Blätter. Endständig große flache Blütenkörbe mit hochgewölbter Blütenscheibe.
Pflanzenhöhe: 50 bis 100 cm.
Blütenfarbe: Goldgelb, orange bis braunrote Farbtöne.
Natürliche Blütezeit: Juli bis Oktober.
Zeitraum des Angebotes: Juli bis Oktober.
Schnittreife: Wenn die Blütenkörbe gut geöffnet und die Stiele gut gefestigt sind.
Haltbarkeit: 5 bis 8 Tage.
Kühllagerung: Nicht zu empfehlen.
Besondere Pflege: Möglichst viele Verdunstungsflächen (Blätter) und schwache Seitentriebe entfernen.
Verwendung: Allgemeine Bindereien. Die dunkle Blütenscheibe ist sehr gut geeignet für die Basisbildung.
Besonderheiten: Der Blütenstand ohne Blütenblätter ist ein idealer Gestaltungswerkstoff.

Sanvitalia procumbens

Synonym: –.
Familie: Asteraceae.
Handelsname: Husarenknopf.
Heimat/Herkunft: Mexiko, Guatemala.
Wuchsform: Krautig mit kriechendem, stark verzweigtem Wuchs. Breitlanzettliche Blätter, Blütentriebe aufrecht. Endständig ausdrucksvolle kleine Blütenkörbe.
Pflanzenhöhe: 15 bis 20 cm.
Blütenfarbe: Die Randblütenblätter sind orange bis gelb mit braunschwarzer Blütenscheibe. Einfache und halbgefüllte Sorten.
Natürliche Blütezeit: Juni bis Oktober.
Zeitraum des Angebotes: Juni bis Oktober.
Schnittreife: Wenn die Blütenkörbchen gut ausgebildet und die Stiele darunter fest sind.
Haltbarkeit: 8 bis 12 Tage.
Kühllagerung: Nicht nötig.
Besondere Pflege: Verdunstungsflächen stark reduzieren.
Verwendung: Feine Bindereien, Strukturarbeiten, spezielle Gestaltungen.
Besonderheiten: Kriechend bis hängend, deshalb gut geeignet als verbindendes Element.

△ 93a Sanvitalia procumbens
▽ 93b Floristik: Blumenstrauß in neutraler Kombination

△ 94a Floristik: Kombination mit Blumen – ein Erlebnis
▽ 94b Tagetes erecta

Tagetes erecta ⊙ D

Synonym: T.-Erecta-Hybriden.
Familie: Asteraceae.
Handelsname: Tagetes, Großblumige Studentenblume, Hohe Studentenblume.
Heimat/Herkunft: Mexiko, nunmehr Zuchtformen.
Wuchsform: Krautig aufrecht mit breiter Verzweigung und gegenständigen, einfach gefiederten Blättern. Die endständigen Blütenkörbe sind dicht gefüllt und zu Bällen ausgebildet.
Pflanzenhöhe: Schnittsorten 60 bis 100 cm.
Blütenfarbe: Gelb, Orange.
Natürliche Blütezeit: Juli bis Oktober.
Zeitraum des Angebotes: Juli bis Oktober.
Schnittreife: Wenn der endständige Blütenkorb gut ausgebildet und der Stiel gut gefestigt ist.
Haltbarkeit: 8 bis 14 Tage.
Kühllagerung: Möglich.
Besondere Pflege: Wegen Welkegefahr Verdunstungsflächen weitgehend entfernen.
Verwendung: Dekorationen und allgemeine Bindereien.
Besonderheiten: Starker Duft.

Tagetes patula ⊙ D

Synonym: T.-Patula-Hybriden.
Familie: Asteraceae.
Handelsname: Niedere Tagetes, Studentenblume.
Heimat/Herkunft: Mexiko, nunmehr Zuchtformen.
Wuchsform: Krautig aufrecht, breitverzweigt mit gegenständigen, einfach gefiederten Blättern. Endständig einfache bis gefüllte Blütenkörbe.
Pflanzenhöhe: 25 bis 40 cm.
Blütenfarbe: Gelb, Orange, Rotbraun, ein- bis zweifarbig.
Natürliche Blütezeit: Mai bis Oktober.
Zeitraum des Angebotes: Mai bis Oktober.
Schnittreife: Wenn der oberste Blütenkorb gut ausgebildet ist.
Haltbarkeit: 8 bis 12 Tage.
Kühllagerung: Möglich.
Besondere Pflege: Unbedingt jeden Tag das Wasser wechseln. Die Verdunstungsflächen weitgehend reduzieren.
Verwendung: Trauerbinderei.
Besonderheiten: Starker Duft.

△ 95a Tagetes patula
▽ 95b Tanacetum coccineum

Tanacetum coccineum ♃ ✂ Ⓝ

Synonym: Chrysanthemum coccineum, C. roseum, Pyrethrum roseum.
Familie: Asteraceae.
Handelsname: Pyrethrum-Margerite, Bunte Margerite.
Heimat/Herkunft: Kaukasus, Armenien, Iran.
Wuchsform: Staude mit schlanken, wenig verzweigten Trieben. Die unteren Blätter sind einfach gefiedert, die oberen lanzettlich. Die Blütenkörbe sind einfach, anemonenblütig oder gefüllt.
Pflanzenhöhe: 40 bis 70 cm.
Blütenfarbe: Weiß, Rosa, Rot.
Natürliche Blütezeit: Mai bis Juni und September bis Oktober.
Zeitraum des Angebotes: Mai bis Juni, September bis Oktober und Dezember.
Schnittreife: Wenn von den Scheibenblüten 2 bis 3 äußere Ringe aufgeblüht sind.
Haltbarkeit: 10 bis 14 Tage.
Kühllagerung: Möglich.
Besondere Pflege: Auf glatten Anschnitt achten.
Verwendung: Allgemeine Sommerbindereien.

Tanacetum parthenium

Synonym: Matricaria parthenium, M. parthenioides, M. capensis, M. eximia, Chrysanthemum parthenium, Pyrethrum parthenium.
Familie: Asteraceae.
Handelsname: Mutterkraut, Gefüllte Kamille, Grauhaarige Wucherblume.
Heimat/Herkunft: Balkan, Klein-Asien, Trans-Kaukasus, Kaukasus, in vielen Ländern eingebürgert.
Wuchsform: Krautig aufrecht, breit verzweigt, die frischgrünen Blätter sind fiederschnittig. Endständig erscheinen auf doldigen Trauben bis Rispen zahlreiche einfache oder gefüllte Blütenkörbchen.
Pflanzenhöhe: Je nach Sorte 15 bis 70 cm.
Blütenfarbe: Weiß, Gelb.
Natürliche Blütezeit: Juni bis Oktober.
Zeitraum des Angebotes: Durch das ganze Jahr.
Schnittreife: Die Blütenstände müssen voll geöffnet sein.
Haltbarkeit: Mittellang.
Kühllagerung: Ja.
Besondere Pflege: Viele Verdunstungsflächen (Blätter) entfernen.
Verwendung: Sommerbinderei.
Besonderheiten: Unbedingt auf die Schnittreife achten!

△ 96a Tanacetum parthenium
▽ 96b Zinnia angustifolia

Zinnia angustifolia

Synonym: Z. linearis.
Familie: Asteraceae.
Handelsname: Schmalblättrige Zinnie, Einfache Zinnie.
Heimat/Herkunft: Arizona bis New Mexiko (USA).
Wuchsform: Krautig aufrecht bis kriechend, breit verzweigt mit linealischen grünen Blättern. Endständig zahlreiche einfache Blütenkörbchen von 4 bis 8 cm ∅.
Pflanzenhöhe: 30 bis 50 cm.
Blütenfarbe: Weiß, Gelb, Orange.
Natürliche Blütezeit: Juni bis Oktober.
Zeitraum des Angebotes: Juni bis Oktober.
Schnittreife: Zinnien müssen gut ausgebildete Blüten entwickelt haben, der Stiel muss relativ hart sein.
Haltbarkeit: 8 bis 14 Tage.
Kühllagerung: Nur, wenn die Pflanzen nicht nass sind, sonst faulen sie gerne.
Besondere Pflege: Untere Blätter entfernen, auch kleine Seitentriebe.
Verwendung: Allgemeine feine Bindereien; beliebt für Sträuße. Nicht geeignet zum Stecken in Steckmasse.
Besonderheiten: Unbedingt Schnittreife beachten!

Zinnia elegans

Synonym: –.
Familie: Asteraceae.
Handelsname: Garten-Zinnie, Zinnie.
Heimat/Herkunft: Mexiko.
Wuchsform: Krautig aufrecht, verzweigt. Gegenständige herzförmige Blätter. Endständig kleinere bis große Blütenkörbe in reinen Farben.
Pflanzenhöhe: Schnittsorten 50 bis 90 cm.
Blütenfarbe: Weiß, Gelb, Orange, Rosa, Rot, Grün.
Natürliche Blütezeit: Juli bis September.
Zeitraum des Angebotes: Aus Gewächshaus ab Juni bis Oktober.
Schnittreife: Wenn die Staubgefäße im Blütenzentrum gut ausgebildet sind und die röhrenförmigen Stiele eine gute Festigkeit aufweisen.
Haltbarkeit: 6 bis 10 Tage.
Kühllagerung: Nicht zu empfehlen.
Besondere Pflege: Möglichst viele Verdunstungsflächen (Blätter und Seitentriebe) entfernen.
Verwendung: Allgemeine Bindereien, Zinnien eignen sich sehr gut zum Stecken in Steckmasse bei guter Wasserversorgung.
Besonderheiten: Gute Schnittreife beachten!

△ 97a Zinnia elegans
▽ 97b Zinnia haageana

Zinnia haageana

Synonym: Z. mexicana.
Familie: Asteraceae.
Handelsname: Kleinblumige Zinnie.
Heimat/Herkunft: Arizona, New Mexiko (USA).
Wuchsform: Krautig aufrecht, breitverzweigt mit gegenständigen lanzettlichen Blättern. Endständig 4 bis 5 cm große Blütenkörbchen.
Pflanzenhöhe: 30 cm.
Blütenfarben: Cremegelb, Gelb, Orange, Rotbraun, Mahagonirot, ein- bis zweifarbig.
Natürliche Blütezeit: Juni bis Oktober.
Zeitraum des Angebotes: Juni bis Oktober.
Schnittreife: Wenn die Blütenkörbchen eine genügende Reife aufweisen und die Stiele gut gefestigt sind.
Haltbarkeit: 8 bis 14 Tage.
Kühllagerung: Nicht zu empfehlen, die Blüten fallen in der Folge gerne in sich zusammen.
Besondere Pflege: Möglichst viele Verdunstungsflächen (Blätter und Seitentriebe) entfernen.
Verwendung: Allgemeine feine Bindereien, vor allem Sträuße. Nicht ideal zum Stecken in Steckmasse.
Besonderheiten: Schnittreife gut beachten!

△ 98a Myosotis sylvatica
▽ 98b Brassica oleracea var. acephala

Myosotis sylvatica ⊙ ♃ Ⓚ

Synonym: M. alpestris.
Familie: Boraginaceae.
Handelsname: Vergissmeinnicht, Wald-Vergissmeinnicht.
Heimat/Herkunft: Europa, Klein-Asien, Mittel-Asien, Nordwest-Afrika.
Wuchsform: Krautig aufrecht, verzweigt mit weichen lanzettlichen Blättern. Endständige, rispige Blütenstände.
Pflanzenhöhe: Schnittsorten 40 cm.
Blütenfarbe: Blau, z. T. auch in Rosa und Weiß.
Natürliche Blütezeit: April bis Juni.
Zeitraum des Angebotes: März bis Mai.
Schnittreife: Wenn 50 % der Blüten geöffnet sind.
Haltbarkeit: 10 bis 12 Tage.
Kühllagerung: Keine nassen Pflanzenteile, sonst ist mit Fäulnis zu rechnen.
Besondere Pflege: Viele Verdunstungsflächen entfernen. Die Schnittreife muss unbedingt beachtet werden.
Verwendung: Kleine, feine Bindereien, Biedermeier, Körbchen usw.
Besonderheiten: Die Blütenfarbe verändert sich beim Verblühen.

Brassica oleracea var. acephala Ⓝ

Synonym: –.
Familie: Brassicaceae.
Handelsname: Zier-Kohl.
Heimat/Herkunft: Kulturform.
Wuchsform: Krautig aufrecht, auf einem 20 bis 80 cm hohen Strunk bilden sich kompakte Blattrosetten, die sich gegen den Herbst im Zentrum in Weiß, Rosa oder Purpur verfärben. Die Blattränder sind dabei je nach Sorte glatt, gekraust oder geschlitzt.
Pflanzenhöhe: 20 bis 80 cm.
Blütenfarbe: Zierwert farbige Blattrosetten.
Natürliche Blütezeit: Im 2. Jahr.
Zeitraum des Angebotes: September bis Dezember, da leicht frosthart.
Schnittreife: Wenn die Rosetten gut ausgebildet sind.
Haltbarkeit: Einige Wochen.
Kühllagerung: Möglich.
Besondere Pflege: Schräger Anschnitt, Wasser oft wechseln.
Verwendung: Für herbstliche Dekorationen wie große Schalen, Rabatten und Gräber. Pflanzen mit Topfballen einsenken.
Besonderheiten: Als Schnittwerkstoff sehr gut haltbar.

△ 99a Brassica oleracea var. acephala

△ 99b Brassica oleracea var. acephala
▽ 99c Matthiola incana

Matthiola incana

⊙ ♃ **D** ✂

Synonym: –.
Familie: Brassicaceae.
Handelsname: Levkoje, Garten-Levkoje.
Heimat/Herkunft: Südwest-Europa, Klein-Asien, Nordafrika, Kanarische Inseln.
Wuchsform: Auf starker Pfahlwurzel straff aufsteigender Spross mit grauweiß behaarten Blättern, z. T. verästelt. Gefüllte Blüten an ährigem bis traubigem Blütenstand.
Pflanzenhöhe: 25 bis 80 cm, je nach Sorte.
Blütenfarbe: Weiß, Hellgelb, Rosa, Rot, Blau.
Natürliche Blütezeit: Hauptblüte im Gewächshaus März bis Juni.
Zeitraum des Angebotes: Das ganze Jahr.
Schnittreife: Wenn pro Blütenstand die ersten 3 bis 4 Blüten geöffnet sind. Die Pflanzen mit den Wurzeln ernten und ins Wasser stellen.
Haltbarkeit: 8 bis 14 Tage.
Kühllagerung: Wegen Fäulnisgefahr nicht zu empfehlen.
Besondere Pflege: Möglichst viele Verdunstungsflächen entfernen. Bei leicht verholzten Trieben unbedingt gut anschneiden!
Verwendung: Allgemeine Bindereien.
Besonderheiten: Duftet nach Kohlarten. Im Anbau nur die hellblättrigen Sämlinge verwenden, die dunkelgrünen blühen einfach.

△ 100a Brunia albiflora
▽ 100b Brunia nodiflora

Brunia albiflora

ħ ✂ (K) D

Synonym: –.
Familie: Bruniaceae.
Handelsname: Weißköpfige Brunie.
Heimat/Herkunft: Süd-Afrika.
Wuchsform: Strauch mit aufrechtem Wuchs und lockerer Verzweigung. Weichnadelige, dichtstehende Blätter. Endständig locker verzweigt oder in Scheindolden angeordnet dichte kugelige Blütenköpfe.
Pflanzenhöhe: Bis 1 m und mehr.
Blütenfarbe: Weiß, Braungrün.
Natürliche Blütezeit: Oktober bis Januar.
Zeitraum des Angebotes: Januar bis Juni, vereinzelt auch das ganze Jahr.
Schnittreife: Wenn die kugeligen Blütenköpfe gut ausgefärbt sind.
Haltbarkeit: 15 bis 20 Tage.
Kühllagerung: Möglich.
Besondere Pflege: Ab und zu gelb werdende Nadeln entfernen.
Verwendung: Ideal für Basisgestaltungen und Strukturarbeiten sowie für Schwerpunktbildungen.
Besonderheiten: Auch in der Trockenbinderei verwendbar. Weitere Brunia-Arten sind ebenfalls beliebt.

Brunia nodiflora

ħ (K) ✂

Synonym: –.
Familie: Bruniaceae.
Handelsname: Brunie, Knotenblütige Brunie.
Heimat/Herkunft: Süd-Afrika.
Wuchsform: Aufrechter Strauch mit endständig dichter Verzweigung und kleinen, schmalen, stängelumfassenden schuppigen Blättern. Endständig bildet sich ein kugeliger Blütenstand, die Einzelblüten stehen dabei sehr dicht zusammen. Die einzelnen Blütenstände sind dabei locker verstreut.
Pflanzenhöhe: Bis 1 m.
Blütenfarbe: Elfenbeinweiß.
Natürliche Blütezeit: Dezember bis April.
Zeitraum des Angebotes: Ab Oktober bis April.
Schnittreife: Die Blütenstände müssen gut ausgebildet sein.
Haltbarkeit: Sehr gut.
Kühllagerung: Ja.
Besondere Pflege: –.
Verwendung: Herbstbinderei bis Weihnachten.
Besonderheiten: Auch ohne Wasser gut haltbar.

Campanula glomerata ♃

Synonym: –.
Familie: Campanulaceae.
Handelsname: Knäuel-Glockenblume.
Heimat/Herkunft: Europa, Kaukasus, Iran.
Wuchsform: Staude mit polsterartiger Ausbreitung. Die grundständigen Blätter sind eiförmig, die Stängelblätter sind länglich, gezähnt und behaart. Auf aufrechten Trieben bilden sich endständig engstehende Blütenstände aus den oberen Blattachseln.
Pflanzenhöhe: 60 cm.
Blütenfarbe: Blauviolett, Weiß.
Natürliche Blütezeit: Juni bis Juli.
Zeitraum des Angebotes: Mai bis September.
Schnittreife: Einige Blüten müssen geöffnet sein.
Haltbarkeit: 4 bis 7 Tage.
Kühllagerung: Möglich.
Besondere Pflege: In warmes Wasser einstellen, evtl. zuerst kurz in heißes Wasser. Benötigt viel Wasser.
Verwendung: Sträuße, Gestecke.
Besonderheiten: Vom 2. Tage an sind einzelne verblühende Blüten zu entfernen.

△ 101a Campanula glomerata
▽ 101b Campanula medium

Campanula medium

Synonym: –.
Familie: Campanulaceae.
Handelsname: Marien-Glockenblume.
Heimat/Herkunft: Nord- bis Mittel-Italien, Südost-Frankreich.
Wuchsform: Zweijährig, straff aufrechter Wuchs mit lanzettlichen weichen Blättern. Traubiger Blütenstand mit hängenden glockigen Blüten.
Pflanzenhöhe: 60 bis 80 cm.
Blütenfarbe: Weiß, Rosa, Dunkelblau.
Natürliche Blütezeit: Juni bis Juli.
Zeitraum des Angebotes: April bis Juli.
Schnittreife: Wenn die Blütenknospen ausgefärbt und entwickelt, aber noch nicht geöffnet sind.
Haltbarkeit: 8 bis 14 Tage.
Kühllagerung: Möglich. Vorsicht, die Blüten ertragen keine lange Lagerung und faulen gerne.
Besondere Pflege: Möglichst viele Verdunstungsflächen (Blätter) entfernen und verholzte Stiele gut anschneiden.
Verwendung: Allgemeine Sommerbindereien, Dekorationen, Sträuße und anderes.
Besonderheiten: Die Seitentriebe eignen sich ideal für kleine, feine Bindereien. Die Knospen öffnen sich fast alle.

△ 102a Campanula persicifolia subsp. sessiliflora
▽ 102b Campanula pyramidalis

Campanula persicifolia subsp. sessiliflora

♃ ✂

Synonym: C. gracilis, C. latifolia, C. sessiliflora.
Familie: Campanulaceae.
Handelsname: Pfirsichblättrige Glockenblume.
Heimat/Herkunft: Balkan.
Wuchsform: Staude mit zierlich aufrechtem Wuchs, Blätter spatelförmig, endständig traubige bis rispige Blütenstände mit weit geöffneten Glockenblüten.
Pflanzenhöhe: 60 bis 80 cm.
Blütenfarbe: Weiß, Blau.
Natürliche Blütezeit: Juni bis Juli.
Zeitraum des Angebotes: Mai bis Juli.
Schnittreife: Wenn die Blütenknospen gut ausgefärbt und entwickelt, aber noch nicht geöffnet sind.
Haltbarkeit: 10 bis 14 Tage.
Kühllagerung: Möglich.
Besondere Pflege: Verholzte Blütenstiele besonders gut behandeln: Aufschlitzen, schräges Anschneiden der Schnittstellen.
Verwendung: Sommerfloristik.
Besonderheiten: –.

Campanula pyramidalis

♄ (K)

Synonym: –.
Familie: Campanulaceae.
Handelsname: Pyramiden-Glockenblume.
Heimat/Herkunft: Nord-Italien, Nordwest-Balkan.
Wuchsform: Zwei- bis dreijährige Pflanze mit an der Basis großen, länglich-eirunden, grünen Blättern. An den Blütentrieben sind sie kleiner und herzförmig. An starken und schlanken Trieben bilden sich lange, rispige Blütenstände.
Pflanzenhöhe: 80 bis 100 cm.
Blütenfarbe: Hellblau, Hellviolett oder Weiß.
Natürliche Blütezeit: Juni bis August.
Zeitraum des Angebotes: April bis November.
Schnittreife: Wenn die Blütenknospen gut ausgefärbt, entwickelt und unten nur wenige geöffnet sind.
Haltbarkeit: 8 bis 14 Tage.
Kühllagerung: Möglich.
Besondere Pflege: –.
Verwendung: Lockere Sommerbinderei.
Besonderheiten: –.

Lobelia cardinalis ♃ 🄺 〰

Synonym: –.
Familie: Campanulaceae.
Handelsname: Hohe Lobelie, Scharlach-Lobelie, Kardinalis-Lobelie.
Heimat/Herkunft: Nord-Amerika.
Wuchsform: Staude mit straff aufrechtem Wuchs und dunkelroten, lanzettlichen Blättern. Die stark leuchtenden Blüten sitzen an langen, ährigen bis traubigen Blütenständen.
Pflanzenhöhe: 100 cm.
Blütenfarbe: Scharlachrot.
Natürliche Blütezeit: Juni bis August.
Zeitraum des Angebotes: Juni bis August.
Schnittreife: Wenn zirka 30 % der Blüten geöffnet sind.
Haltbarkeit: 1 bis 8 Tage. Unbedingt eine gute Schnittreife beachten, sonst fällt die Traube in sich zusammen.
Kühllagerung: Nach Möglichkeit vermeiden.
Besondere Pflege: Die Anschnittstellen sind unbedingt leicht aufzuspalten.
Verwendung: Besondere Sommerbindereien.
Besonderheiten: Das rote Laub ist ebenfalls dekorativ.

△ 103a Lobelia cardinalis
▽ 103b Lobelia × speciosa

Lobelia × speciosa ⊙ ♃ 〰

Synonym: –.
Familie: Campanulaceae.
Handelsname: Grünlaubige, hohe Lobelie.
Heimat/Herkunft: Kreuzung aus L. cardinalis × L. siphilitica × L. splendens.
Wuchsform: Krautig, straff aufrecht mit grünen, lanzettlichen Blättern, leuchtende Blüten an langen Ähren.
Pflanzenhöhe: 100 bis 120 cm.
Blütenfarbe: Scharlachrot, Purpurviolett, Rosa.
Natürliche Blütezeit: Juli bis September.
Zeitraum des Angebotes: Juli bis September.
Schnittreife: Wenn 70 % aller Blüten pro Trieb geöffnet sind.
Haltbarkeit: 12 bis 15 Tage.
Kühllagerung: Nicht nötig.
Besondere Pflege: Möglichst viele Verdunstungsflächen entfernen, ebenso weiche Seitentriebe.
Verwendung: Allgemein als Haupt- oder Begleitelement in der Gestaltung einsetzen.
Besonderheiten: Unbedingt eine gute Schnittreife beachten.

Trachelium caeruleum

♃ Ⓚ ☠

Synonym: –.
Familie: Campanulaceae.
Handelsname: Trachelium, Halskraut, Blaues Halskraut.
Heimat/Herkunft: Portugal, westliche Mittelmeer-Länder.
Wuchsform: Staude mit aufrechtem Wuchs, verholzend, leicht verzweigt. Die zahlreichen kleinen Blüten sitzen auf breitgefächerten Trugdolden.
Pflanzenhöhe: 60 bis 80 cm.
Blütenfarbe: Blau, Violett, Weiß.
Natürliche Blütezeit: Juli bis September.
Zeitraum des Angebotes: Januar bis November.
Schnittreife: Wenn die ersten kleinen Blütchen einer Doldenrispe (Trugdolde) geöffnet sind.
Haltbarkeit: 10 bis 14 Tage.
Kühllagerung: Möglich.
Besondere Pflege: Möglichst viele Verdunstungsflächen (Blätter) entfernen.
Verwendung: Allgemeine Bindereien.
Besonderheiten: Die Pflanze bildet unterhalb des Hauptblütenstandes noch eine Anzahl kleinerer Nebentrugdolden, die sich sehr gut für kleine Bindereien verwenden lassen.

△ 104a Trachelium caeruleum
▽ 104b Cleome hassleriana

Cleome hassleriana

⊙

Synonym: C. pungens, C. spinosa.
Familie: Capparaceae.
Handelsname: Spinnenpflanze.
Heimat/Herkunft: Süd-Amerika.
Wuchsform: Krautig aufrecht mit leichter Verzweigung im unteren Bereich. Die Blätter sind handförmig geteilt und unterseits bedornt. Die Triebe bilden endständig traubige Blütenstände, die sich laufend weiterentwickeln und höhersteigen.
Pflanzenhöhe: 80 bis 100 cm.
Blütenfarbe: Weiß, Rosa und Purpur.
Natürliche Blütezeit: Juli bis Oktober.
Zeitraum des Angebotes: Sommer bis Frühherbst.
Schnittreife: Die ersten Blüten müssen geöffnet sein.
Haltbarkeit: 5 bis 8 Tage.
Kühllagerung: Nicht geeignet.
Besondere Pflege: Kurz in heißes Wasser stellen. Die Seitentriebe entfernen.
Verwendung: Sommersträuße.
Besonderheiten: Raffinierte Verarbeitung mit den langen Samenständen.

Dianthus barbatus ⊙ ♃ ✂

Synonym: –.
Familie: Caryophyllaceae.
Handelsname: Bart-Nelke.
Heimat/Herkunft: Pyrenäen bis Ost-Karpaten, Balkan, Mandschurei, Russland, China.
Wuchsform: Im ersten Jahr grundständiger Wuchs. Im zweiten Jahr straffe Stiele mit lanzettlichen Blättern und endständigen Scheindolden.
Pflanzenhöhe: 40 bis 50 cm.
Blütenfarbe: Weiß, Rosa, Scharlachrot, Dunkelrot, z. T. zweifarbig.
Natürliche Blütezeit: Ende Mai bis Juli.
Zeitraum des Angebotes: Durch Gewächshauskultur Vorverlegung der Blüte ab Januar bis Juli.
Schnittreife: Wenn erste Blüten geöffnet sind.
Haltbarkeit: 7 bis 10 Tage.
Kühllagerung: Möglich.
Besondere Pflege: Guter Anschnitt, z. T. verblühte Einzelblüten auszupfen.
Verwendung: Allgemeine Sommerbindereien.
Besonderheiten: Anfällig für Rostkrankheiten, beim Einkauf unbedingt darauf achten.

△ 105a Dianthus barbatus
▽ 105b Dianthus caryophyllus, großblumig

Dianthus caryophyllus (großbl.) ⊙ ♃ ✂

Synonym: –.
Familie: Caryophyllaceae.
Handelsname: Garten-Nelke, großblumige Edelnelkensorten.
Heimat/Herkunft: Mittelmeer-Region, meist nur aus Kulturen bekannt.
Wuchsform: Krautige, einjährige bis mehrjährige Pflanze. Durch Ausbrechen der Seitenknospen wird eine große Blüte erzielt.
Pflanzenhöhe: Einjährig 60 bis 100 cm. Mehrjährig 120 bis 180 cm.
Blütenfarbe: Weiß, Gelb, Orange, Rosa, Rot, z. T. gestreift. Angenehmer Duft.
Natürliche Blütezeit: Im Freiland Juni bis Oktober.
Zeitraum des Angebotes: Aus Gewächshauskultur das ganze Jahr lieferbar. Auch Importe aus südlichen Ländern.
Schnittreife: Die Einzelblüten müssen zur Hälfte geöffnet sein.
Haltbarkeit: 6 bis 10 Tage.
Kühllagerung: Gut geeignet.
Besondere Pflege: Schnittstellen nachschneiden.
Verwendung: Allgemeine Binderei, sehr gut geeignet zur Schwerpunktbildung in der Binderei.
Besonderheiten: Im Handel ist ein sehr großes Farbsortiment erhältlich.

△ 106a Dianthus caryophyllus (Spray)
▽ 106b Dianthus caryophyllus (Eola-Gruppe)

Dianthus caryophyllus (Spray) ⊙–♃ D ✂

Synonym: –.
Familie: Caryophyllaceae.
Handelsname: „Spray"-Nelke, Mehrblütige Nelke.
Heimat/Herkunft: Mittelmeer-Region, durch Einkreuzungen stets verbessert.
Wuchsform: Krautige, einjährige bis mehrjährige Gartenpflanze mit schmallanzettlichen Blättern und verästelter Verzweigung. Die duftenden Blüten sitzen endständig.
Pflanzenhöhe: 60 bis 100 cm.
Blütenfarbe: Weiß, Gelb, Orange, Rot, Lila sowie Zwischenfarben, z. T. mit hellem Rand.
Natürliche Blütezeit: Im Freien angebaut Juni bis September.
Zeitraum des Angebotes: Das ganze Jahr.
Schnittreife: Mindestens 3 Knospen müssen gut Farbe zeigen, die oberste Blüte sollte zur Hälfte geöffnet sein.
Haltbarkeit: 8 bis 15 Tage.
Kühllagerung: Gut geeignet.
Besondere Pflege: Schnittstellen täglich nachschneiden.
Verwendung: Allgemeine Binderei.
Besonderheiten: Sehr haltbare Schnittblume. Die Blüten trocknen gerne ein, wenn die Schnittreife nicht optimal war.

Dianthus caryophyllus (Eola-Gruppe) ⊙–♃ D ✂

Synonym: –.
Familie: Caryophyllaceae.
Handelsname: „Eola"-Nelke.
Heimat/Herkunft: Zuchtform in vielen Farben.
Wuchsform: Krautig, straff aufrecht, an der Basis verzweigt. Gegenständige langlanzettliche Blätter. Endständig breitverzweigter, rispiger Blütenstand.
Pflanzenhöhe: 30 cm.
Blütenfarbe: Weiß, Rosa, Rot.
Natürliche Blütezeit: Juni bis Oktober.
Zeitraum des Angebotes: Durch das ganze Jahr.
Schnittreife: Wenn die Knospen gut Farbe zeigen, also kurz vor dem Aufblühen.
Haltbarkeit: 10 bis 15 Tage.
Kühllagerung: Möglich.
Besondere Pflege: –.
Verwendung: Als untergeordnetes Element für die Basisgestaltung und für feine Bindereien.
Besonderheiten: Die Stiele sind z. T. sehr brüchig.

Gypsophila elegans

⊙

Synonym: –.
Familie: Caryophyllaceae.
Handelsname: Einjähriges Schleierkraut, Sommer-Schleierkraut, Einjähriges Gipskraut.
Heimat/Herkunft: Kaukasus, Süd-Ukraine, Klein-Asien.
Wuchsform: Krautig aufrecht, breitverzweigt mit lockerem Wuchs und schmallanzettlichen Blättern. Die großen, einfachen Blüten sitzen endständig auf einem sehr lockeren, rispigen Blütenstand.
Pflanzenhöhe: 50 cm.
Blütenfarbe: Weiß, z. T. auch Rosa und Rot.
Natürliche Blütezeit: Juli bis August.
Zeitraum des Angebotes: Mai bis August und November bis Januar.
Schnittreife: Wenn über 50 % der Blüten an der Rispe geöffnet sind.
Haltbarkeit: Ca. 7 Tage.
Kühllagerung: Möglich.
Besondere Pflege: In reines Wasser stellen, Schnittblumennahrung beifügen.
Verwendung: Allgemeine Binderei.

△ 107a Gypsophila elegans
▽ 107b Gypsophila paniculata

Gypsophila paniculata

♃ ✂

Synonym: –.
Familie: Caryophyllaceae.
Handelsname: Mehrjähriges Schleierkraut, Rispiges Schleierkraut, Rispiges Gipskraut.
Heimat/Herkunft: Östliches bis südliches Europa, Kaukasus.
Wuchsform: Mehrjährige Staude mit aufrechtem Wuchs, stark gabelig verzweigtem Wuchs mit schmallanzettlichen Blättchen. An den sehr locker verästelten Rispen sitzen kleine, einfache bis gefüllte Blütchen.
Pflanzenhöhe: 100 cm.
Blütenfarbe: Weiß, Zartrosa.
Natürliche Blütezeit: Juni bis Juli.
Zeitraum des Angebotes: Durch Gewächshauskultur und südliche Importe das ganze Jahr.
Schnittreife: Wenn 50 % der Blütchen geöffnet sind.
Haltbarkeit: 14 bis 20 Tage.
Kühllagerung: Möglich.
Besondere Pflege: Gute Schnittreife beachten.
Verwendung: Allgemeine Binderei.
Besonderheiten: Gypsophila werden teilweise gefärbt angeboten. Auch zum Trocknen geeignet.

△ 108a Silene chalcedonica
▽ 108b Silene viscaria

Silene chalcedonica ♃

Synonym: Lychnis chalcedonica.
Familie: Caryophyllaceae.
Handelsname: Brennende Liebe.
Heimat/Herkunft: Mittel-, Südwest- bis Südost-Russland.
Wuchsform: Staude mit starker Horstbildung. Die Blütentriebe wachsen unverzweigt steif aufrecht. Die gegenständigen Blätter sind eiförmig bis lanzettlich. Endständig bilden sich halbkugelige Blütenstände in Trugdolden.
Pflanzenhöhe: 80 bis 100 cm.
Blütenfarbe: Leuchtendrot.
Natürliche Blütezeit: Juni bis Juli.
Zeitraum des Angebotes: Juni bis Juli.
Schnittreife: 2 bis 3 Blüten sollten geöffnet sein.
Haltbarkeit: 6 bis 8 Tage.
Kühllagerung: Möglich.
Besondere Pflege: –.
Verwendung: Sträuße, Gestecke. Kann zur Gemeinschaftsform herabgemindert werden.
Besonderheiten: Die einzelnen Blüten halten nur 2 bis 3 Tage (nachputzen).

Silene viscaria ♃

Synonym: –.
Familie: Caryophyllaceae.
Handelsname: Pechnelke, Gewöhnliche Pechnelke.
Heimat/Herkunft: Europa, West-Sibirien, Trans-Kaukasus.
Wuchsform: Buschig, ohne starke Horstbildung, mit schmalen, meist grundständigen, dunkelgrünen Blättern. Die gefüllten Blüten sitzen auf lockeren Rispen.
Pflanzenhöhe: 40 cm.
Blütenfarbe: Karminrot.
Natürliche Blütezeit: Mai bis Juni.
Zeitraum des Angebotes: Mai bis Juni.
Schnittreife: Einige Blüten müssen geöffnet sein.
Haltbarkeit: 4 bis 6 Tage.
Kühllagerung: Möglich.
Besondere Pflege: –.
Verwendung: Sommerliche Sträuße und Gestecke.
Besonderheiten: Klebrige Stiele.

Gloriosa superba 'Rothschildiana' ♃

Synonym: G. rothschildiana.
Familie: Colchicaceae.
Handelsname: Gloriose, Ruhmeskrone.
Heimat/Herkunft: Tropisches Afrika.
Wuchsform: Kletterpflanze mit dickem, fleischigem Wurzelstock. Die wechselständigen lanzettlichen Blätter weisen an den Enden eine Kletterranke auf. Aus den Blattachsen sprießen 12 bis 15 cm lange Stiele, die am Ende eine edel geformte Blüte tragen.
Pflanzenhöhe: 200 bis 250 cm.
Blütenfarbe: Leuchtend Orangerot mit gelbem Grund, auch gelbe und weinrote Sorten sind im Handel.
Natürliche Blütezeit: Juni bis August.
Zeitraum des Angebotes: März bis Dezember.
Schnittreife: Wenn die Blütenblätter nach oben gebogen und die Staubgefäße frei sind.
Haltbarkeit: 12 bis 15 Tage.
Kühllagerung: Nicht zu empfehlen.
Besondere Pflege: –.
Verwendung: Für spezielle Binderei, auch ganze Ranken können eingesetzt werden. Ideale spielende Form.
Besonderheiten: Empfindlich im Transport.
Der Blütenstaub fällt bei Reife ab.

△ 109a Gloriosa superba 'Rothschildiana'
▽ 109b Sandersonia aurantiaca

Sandersonia aurantiaca ♃

Synonym: –.
Familie: Colchicaceae.
Handelsname: Sandersonie, Laternenlilie.
Heimat/Herkunft: Süd-Afrika.
Wuchsform: Wuchs aufrecht, Triebe unverzweigt mit wechselständigen, lanzettlichen Blättern. Die runden, hängenden Glockenblüten erscheinen an dünnen Stielen aus den Blattachseln.
Pflanzenhöhe: 50 bis 60 cm.
Blütenfarbe: Gelb, Orange.
Natürliche Blütezeit: Juli.
Zeitraum des Angebotes: Juni bis August.
Schnittreife: Wenn von unten her 4 bis 5 Blüten geöffnet sind.
Haltbarkeit: 12 bis 18 Tage.
Kühllagerung: Nicht nötig.
Besondere Pflege: Gute Schnittreife beachten!
Verwendung: Als Begleit- oder Hauptelement in der Sommerbinderei.
Besonderheiten: Sehr interessante Blüten mit kühler Ausstrahlung trotz der gelborangen Farbtöne.

Tradescantia × andersoniana ♃

Synonym: T.-Andersoniana-Hybriden.
Familie: Commelinaceae.
Handelsname: Garten-Tradeskantie, Dreimasterblume.
Heimat/Herkunft: Kreuzung aus T. ohiensis × T. subaspera × T. virginiana.
Wuchsform: Krautige Staude mit langlanzettlichen Blättern. Aus endständigen Blattachseln Trugdolden mit großen Blüten.
Pflanzenhöhe: 50 bis 60 cm.
Blütenfarbe: Weiß, Rosa, Hellblau, Dunkelblau.
Natürliche Blütezeit: Juni bis August.
Zeitraum des Angebotes: Juni bis September.
Schnittreife: Wenn erste Blüten halboffen sind.
Haltbarkeit: Die einzelnen Blüten sind nicht sehr haltbar, doch öffnen sich in der Folge noch viele weitere Knospen in der Vase. 10 bis 14 Tage.
Kühllagerung: Möglich.
Besondere Pflege: Saubere, glatte Schnittstelle, möglichst in lauwarmes Wasser einstellen.
Verwendung: Spezielle Schnittblume.

△ 110a Tradescantia × andersoniana
▽ 110b Convallaria majalis

Convallaria majalis ♃ ✂ D ☠

Synonym: –.
Familie: Convallariaceae.
Handelsname: Maiglöcklein, Maienriesli, Gewöhnliches Maiglöckchen.
Heimat/Herkunft: Europa bis Asien verbreitet.
Wuchsform: Staude mit kriechenden Rhizomen und pro Sprossende 2 bis 3 breitlanzettlichen Blättern. An einem traubigen Blütenstand bilden sich 6 bis 10 glockige, nach unten neigende Blütenkronen.
Pflanzenhöhe: 15 bis 20 cm.
Blütenfarbe: Weiß.
Natürliche Blütezeit: Mai.
Zeitraum des Angebotes: Durch Eiskeime und Treibkeime mit Vorbehandlung durch das ganze Jahr möglich.
Schnittreife: Wenn die erste Blüte einer Traube geöffnet ist.
Haltbarkeit: 4 bis 6 Tage.
Kühllagerung: Nicht sehr ideal.
Besondere Pflege: In lauwarmes Wasser einstellen.
Verwendung: Braut-, Tisch- und andere feine floristische Arbeiten.
Besonderheiten: Die roten Beeren sind stark giftig. Die Blüten duften angenehm.

Sedum spectabile ♃

Synonym: –.
Familie: Crassulaceae.
Handelsname: Fettkraut, Sedum, Schöne Fetthenne.
Heimat/Herkunft: Korea, Mandschurei.
Wuchsform: Staude mit aufrechten, dicken fleischigen Trieben und breitlanzettlichen, leicht gezähnten Blättern. Endständig breite Scheindolden (Doldenrispen).
Pflanzenhöhe: 50 cm.
Blütenfarbe: Rosa, Rot.
Natürliche Blütezeit: August bis Oktober.
Zeitraum des Angebotes: Juli bis Oktober.
Schnittreife: Wenn die ersten Einzelblüten eines Blütenstandes geöffnet sind.
Haltbarkeit: 20 bis 25 Tage.
Kühllagerung: Möglich.
Besondere Pflege: –.
Verwendung: Sehr gut geeignet für die Basisgestaltung von floristischen Werkstücken.
Besonderheiten: Sehr gute Haltbarkeit. Diese Art kann sowohl beim Aufblühen wie auch voll aufgeblüht verwendet werden.

△ 111a Sedum spectabile
▽ 111b Sedum telephium subsp. telephium

Sedum telephium subsp. telephium ♃

Synonym: S. purpureum.
Familie: Crassulaceae.
Handelsname: Fetthenne, Purpur-Fetthenne.
Heimat/Herkunft: Europa bis Sibirien.
Wuchsform: Staude mit aufrechten Trieben und fleischigen, blaugrünen Blättern, die am Rande stark gezähnt sind. Endständig dichte, breite Scheindolden.
Pflanzenhöhe: 40 bis 50 cm.
Blütenfarbe: Gelbgrün, Purpurrosa.
Natürliche Blütezeit: Juli bis September.
Zeitraum des Angebotes: Juli bis September.
Schnittreife: Wenn die ersten Blüten einer Scheindolde aufgeblüht sind.
Haltbarkeit: 18 bis 25 Tage.
Kühllagerung: Möglich.
Besondere Pflege: –.
Verwendung: Allgemeine bis spezielle Bindereien.
Besonderheiten: Diese Sedum-Art kann sowohl in geschlossenem Zustand wie auch aufgeblüht verwendet werden.

△ 112a Scabiosa atropurpurea
▽ 112b Scabiosa caucasica

Scabiosa atropurpurea ⊙ ⊙ ✂ D

Synonym: –.
Familie: Dipsacaceae.
Handelsname: Purpur-Skabiose, Samt-Skabiose.
Heimat/Herkunft: Süd-Europa.
Wuchsform: Krautig aufrecht, teilweise verästelt mit an der Basis unregelmäßig fiederspaltigen, gezähnten bis eingeschnittenen Blättern. Halbkugelige Blütenköpfe auf schlanken Blütenstielen.
Pflanzenhöhe: 50 bis 90 cm.
Blütenfarbe: Purpurrot, Weiß, Gelb, Rosa, Lila, Blau.
Natürliche Blütezeit: Juli bis Oktober.
Zeitraum des Angebotes: Durch Importe bereits ab Juni bis Oktober.
Schnittreife: Die Blütenköpfe müssen halb geöffnet und gut ausgefärbt sein.
Haltbarkeit: 10 bis 14 Tage.
Kühllagerung: Nicht zu empfehlen.
Besondere Pflege: –.
Verwendung: Allgemeine bis spezielle Bindereien.
Besonderheiten: Sehr schöne Farbtöne.

Scabiosa caucasica ♃ ✂

Synonym: –.
Familie: Dipsacaceae.
Handelsname: Kaukasische Skabiose.
Heimat/Herkunft: Kaukasus.
Wuchsform: Staude mit aufrechtem Wuchs, die Triebe sind nicht oder wenig verästelt. Die Blätter sind in Bodennähe länglich-lanzettlich, an den langen Blütenstielen fiederspaltig mit linealen Seitenlappen.
Pflanzenhöhe: 60 bis 70 cm.
Blütenfarbe: Blau, Zartlila, Weiß.
Natürliche Blütezeit: Juni bis September.
Zeitraum des Angebotes: Mai bis November.
Schnittreife: Wenn die Blütenköpfe halb geöffnet und gut ausgefärbt sind.
Haltbarkeit: Bis 10 Tage.
Kühllagerung: Nicht zu empfehlen.
Besondere Pflege: Gutes Anschneiden, lauwarmes Wasser verabreichen.
Verwendung: Feine Bindereien, Sommerfloristik.
Besonderheiten: Die Blütenböden ohne Randblütenblätter sind ideal für die Basisbildung.

Euphorbia fulgens

Synonym: E. jacquiniiflora.
Familie: Euphorbiaceae.
Handelsname: Korallenranke, Korallenröschen.
Heimat/Herkunft: Mexiko.
Wuchsform: Strauchig aufrecht bis überhängend mit dichtstehenden, schmallanzettlichen Blättern. Die farbigen Scheinblüten erscheinen zahlreich aus den Blattachseln.
Pflanzenhöhe: 40 bis 100 cm.
Blütenfarbe: Weiß, Gelb, Orange, Rot, Rosa.
Natürliche Blütezeit: Dezember bis Januar.
Zeitraum des Angebotes: August bis Januar durch gesteuerte Kultur (Kurztagpflanze).
Schnittreife: Wenn zirka 30 % der Scheinblüten ausgefärbt sind. Sofort nach dem Schneiden zirka 1 cm des unteren Stängelstückes in kochend heißes Wasser eintauchen, um ein Gerinnen des Saftes zu verhindern.
Haltbarkeit: 8 bis 12 Tage.
Kühllagerung: Nein.
Besondere Pflege: Beim Nachschneiden muss der Milchsaft durch Hitze (Wasser oder Flamme) gestoppt werden. Eventuell sind überschüssige Blätter zu entfernen.
Verwendung: Allgemeine bis spezielle Binderei.
Besonderheiten: Oft werden nur die Blütenstände (ohne Blattwerk) verarbeitet.

△ 113a Euphoribia fulgens

▽ 113b Kultur im Gewächshaus in verschiedenen Farben

△ 114a Euphorbia marginata
▽ 114b Euphorbia polychroma

Euphorbia marginata ☠ ⊙ ∿

Synonym: E. variegata.
Familie: Euphorbiaceae.
Handelsname: Schnee auf dem Berge.
Heimat/Herkunft: Südliche USA.
Wuchsform: Krautig aufrecht, verzweigt mit ovalen, glattrandigen Blättern. Im oberen Bereich bilden sich panaschierte bis reinweiße Hochblätter aus. Die Blüten sind unscheinbar.
Pflanzenhöhe: 60 bis 80 cm.
Blütenfarbe: Hochblätter sind grünweiß bis reinweiß gefärbt.
Natürliche Blütezeit: Juli bis Oktober.
Zeitraum des Angebotes: April bis Mai und August bis Dezember.
Schnittreife: Wenn die gefärbten Hochblätter gut ausgereift sind, sonst welken sie. Heißwasserbehandlung wie bei E. fulgens.
Haltbarkeit: 12 bis 18 Tage.
Kühllagerung: Möglich.
Besondere Pflege: Milchsaft beim Nachschneiden mit Wärme stoppen.
Verwendung: Allgemeine bis spezielle Bindereien.
Besonderheiten: Der Milchsaft ist giftig.

Euphorbia polychroma ☠ ♃ ▽

Synonym: E. epithymoides.
Familie: Euphorbiaceae.
Handelsname: Blassgelbe Wolfsmilch, Vielfarbige Wolfsmilch, Bunte Wolfsmilch.
Heimat/Herkunft: Mittel- bis Südost-Europa, Mittel-Ukraine, Bulgarien.
Wuchsform: Horstbildende Staude mit halbkugeligem Wuchs. Die langlanzettlichen, grünen Blätter sind leicht behaart. Endständig an den Trieben bilden sich breite Hochblattbrakteen.
Pflanzenhöhe: 30 bis 40 cm.
Blütenfarbe: Blassgelbe Hochblätter und unscheinbare Blüten im Zentrum.
Natürliche Blütezeit: Mai bis Juni.
Zeitraum des Angebotes: Ab Januar bis Juni.
Schnittreife: Die Stiele und Brakteen müssen gut ausgereift sein.
Haltbarkeit: 5 bis 8 Tage.
Kühllagerung: Ja.
Besondere Pflege: Milchsaft stoppen!
Verwendung: Allgemeine Bindereien.
Besonderheiten: Die Triebe scheiden Milchsaft aus.

Lathyrus latifolius

Synonym: –.
Familie: Fabaceae.
Handelsname: Staudenwicke, Breitblättrige Platterbse
Heimat/Herkunft: Mittel- bis Süd-Europa, Frankreich.
Wuchsform: Staude, Kletterpflanze mit geflügelten Trieben und Blattstielen. Blätter eirund, meist 2, seltener 4 pro Blattstiel mit endständigen Klettergeißeln. Aus den Nodien entwickeln sich lange Blütenschäfte mit je 4 bis 8 Blüten, traubiger Blütenstand.
Pflanzenhöhe: 150 bis 300 cm.
Blütenfarbe: Weiß, Rosa, Dunkelrot.
Natürliche Blütezeit: Juni bis August.
Zeitraum des Angebotes: Juni bis August.
Schnittreife: Wenn die untersten 1 bis 2 Blüten aufgeblüht sind.
Haltbarkeit: 8 bis 12 Tage.
Kühllagerung: Nicht zu empfehlen.
Besondere Pflege: Nur in relativ wenig Wasser einstellen. Ausnahme: Ganze Triebranken verlangen viel Wasser.
Verwendung: Brautbinderei, Tischdekorationen und andere feine Floristik.
Besonderheiten: Die Blüten wirken sehr leicht und lieblich. Es können auch ganze Triebranken eingesetzt werden.

△ 115a Lathyrus latifolius
▽ 115b Lathyrus odoratus

Lathyrus odoratus

Synonym: –.
Familie: Fabaceae.
Handelsname: Edel-Wicke, Duft-Wicke, Duftende Platterbse.
Heimat/Herkunft: Süd-Italien, Sizilien.
Wuchsform: Einjährige krautige Kletterpflanze mit geflügelten Sprossen und Blattstielen. Die Blätter bilden am Ende geißelartige Kletterorgane aus. Aus den Blattachseln (Nodien) entwickeln sich 25 bis 40 cm lange Blütenschäfte.
Pflanzenhöhe: 150 bis 200 cm mit je 3 bis 5 duftenden Blüten.
Blütenfarbe: Weiß, Cremegelb, Rosa, Orange, Rot, Lila, Blau.
Natürliche Blütezeit: Juni bis September.
Zeitraum des Angebotes: März bis September.
Schnittreife: Wenn die unterste Blüte ganz geöffnet ist. Nach der Ernte einige Stunden ins Wasser mit Vorbehandlungsmittel stellen.
Haltbarkeit: 7 bis 10 Tage.
Kühllagerung: Nicht zu empfehlen.
Besondere Pflege: Nur in wenig Wasser stellen. Ganze Triebranken brauchen jedoch viel Wasser.
Verwendung: Brautbinderei, Tischdekorationen und andere feine Romantikbinderei.
Besonderheiten: Die Blüten öffnen sich nur bei Sonne und genügender Wärme.

△ 116a Lupinus polyphyllus
▽ 116b Dicentra spectabilis

Lupinus polyphyllus

Synonym: L.-Polyphyllus-Hybriden.
Familie: Fabaceae.
Handelsname: Wolfsbohne, Lupine, Vielblättrige Lupine.
Heimat/Herkunft: Zuchtformen aus Wildformen, die aus den westlichen USA und aus West-Kanada stammen.
Wuchsform: Staude mit kräftiger Pfahlwurzel und aufrechtem Wuchs. Die Blätter sind handförmig geteilt. Die Blüten stehen dichtgedrängt an 30 bis 50 cm langen Trauben.
Pflanzenhöhe: 80 bis 100 cm.
Blütenfarbe: Weiß, Gelb, Orange, Rot, Rosa, Violett, Blau, ein- und zweifarbig.
Natürliche Blütezeit: Juni bis August.
Zeitraum des Angebotes: Juni bis August.
Schnittreife: Wenn die untersten 20 % der Blüten aufgeblüht sind und die Triebe eine gewisse Reife aufweisen.
Haltbarkeit: 10 bis 15 Tage.
Kühllagerung: Nicht zu empfehlen.
Besondere Pflege: Möglichst viele Verdunstungsflächen entfernen.
Verwendung: Allgemeine Sommerbindereien.
Besonderheiten: Auf viel Wasservorrat achten!

Dicentra spectabilis

Synonym: –.
Familie: Fumariaceae.
Handelsname: Tränendes Herz, Herzblume.
Heimat/Herkunft: Mandschurei, China, Japan.
Wuchsform: Staude mit aufrechtem bis überhängendem Wuchs und doppelt bis mehrfach geteilten Blättern. An den Triebenden traubige Blütenstände mit herzförmigen, hängenden Blüten.
Pflanzenhöhe: 60 cm.
Blütenfarbe: Rosa, Weiß. in der Form 'Alba'.
Natürliche Blütezeit: April bis Mai.
Zeitraum des Angebotes: April bis Mai.
Schnittreife: 60 bis 70 % der Blüten sollten geöffnet sein.
Haltbarkeit: 3 bis 5 Tage.
Kühllagerung: Wegen möglicher Fleckenbildung an den Blüten nicht zu empfehlen.
Besondere Pflege: Gut anschneiden und in lauwarmes Wasser stellen.
Verwendung: Feine Binderei.
Besonderheiten: Relativ kurze Haltbarkeit, jedoch sehr beliebt. Beliebte Gartenpflanze.

Eustoma grandiflorum

Synonym: E. russelianum, Lisianthus russelianus.
Familie: Gentianaceae.
Handelsname: Prärieenzian, Bauchblume, Großblütiger Prärieenzian.
Heimat/Herkunft: Mittlere bis südliche USA.
Wuchsform: Die zweijährige Pflanze weist einen straff aufrechten, z. T. verzweigten Wuchs auf. Die eirunden Blätter sind gegenständig angeordnet. Die großen Einzelblüten überragen das Triebende. Einfache und gefüllte Sorten.
Pflanzenhöhe: 70 bis 80 cm.
Blütenfarbe: Weiß, Rosa, Dunkelviolett und zweifarbig.
Natürliche Blütezeit: Mai bis Oktober.
Zeitraum des Angebotes: April bis November.
Schnittreife: Wenn die erste Blüte pro Trieb geöffnet ist.
Haltbarkeit: 20 bis 30 Tage.
Kühllagerung: Nicht zu empfehlen.
Besondere Pflege: Gut anschneiden. Die Seitentriebe sind z. T. zu entfernen.
Verwendung: Allgemeine bis spezielle Binderei.
Besonderheiten: Unbedingt auf eine gute Qualität beim Einkauf achten.

△ 117a Eustoma grandiflorum
▽ 117b Gentiana acaulis

Gentiana acaulis

♃ △ ▽

Synonym: G. exista, G. kochiana, Ericoila kochiana, Ciminalis acaulis.
Familie: Gentianaceae.
Handelsname: Stängelloser Enzian, Keulen-Enzian, Silikat-Enzian, Kochs Enzian.
Heimat/Herkunft: Gebirge Mittel- bis Süd-Europas.
Wuchsform: Alpenpflanze mit polsterartig kriechendem Wuchs. Die Blätter stehen gegenständig und sind elliptisch. Die intensiv gefärbten Blütenglocken stehen auf kurzen Stielen meist aufrecht.
Pflanzenhöhe: 10 cm.
Blütenfarbe: Tiefblau.
Natürliche Blütezeit: Mai bis Juni.
Zeitraum des Angebotes: Mai bis Juli.
Schnittreife: Wenn sich die Blüten kurz zuvor geöffnet haben.
Haltbarkeit: 8 bis 10 Tage.
Kühllagerung: Möglich.
Besondere Pflege: –.
Verwendung: Spezielle kleine Binderei, ideal für die Basis, nicht aber als Schwerpunkt.
Besonderheiten: Die Blüten schließen sich bei Dunkelheit.

△ 118a Gentiana asclepiadea
▽ 118b Gentiana triflora

Gentiana asclepiadea

♃ ♄ ▽

Synonym: –.
Familie: Gentianaceae.
Handelsname: Schwalbenwurz-Enzian.
Heimat/Herkunft: Gebirge Mittel-Europas bis Italien, Griechenland.
Wuchsform: Staude mit aufrechtem Wuchs und eirunden bis breitlanzettlichen, gegenständigen Blättern. Die Triebe sind unverzweigt. Aus den oberen Blattachseln erscheinen einzelne Blütenkronen.
Pflanzenhöhe: 30 bis 70 cm.
Blütenfarbe: Blau, Weiß.
Natürliche Blütezeit: Juli bis September.
Zeitraum des Angebotes: Ab Februar durch Importe.
Schnittreife: Wenn zirka 70 % der Blüten geöffnet sind.
Haltbarkeit: 20 bis 30 Tage.
Kühllagerung: Möglich, doch Vorsicht wegen Fäulnis!
Besondere Pflege: Möglichst viele Verdunstungsflächen entfernen. Die Blätter welken relativ rasch.
Verwendung: Spezielle Binderei.
Besonderheiten: Sehr eigenwillige kräftige Farbe und Form.

Gentiana triflora

♃ ✂

Synonym: –.
Familie: Gentianaceae.
Handelsname: Dreiblütiger Enzian.
Heimat/Herkunft: Ost-Sibirien, Korea, Japan.
Wuchsform: Staude mit straff aufrechtem Wuchs. Die lanzettlichen Blätter stehen kreuzweise gegenständig am Spross. Die Blüten sitzen je zu zweit in den seitlichen Blattachseln und zu dritt in den endständigen Büscheln.
Pflanzenhöhe: 30 bis 80 cm.
Blütenfarbe: Tiefblau, Weiß.
Natürliche Blütezeit: Juli bis September.
Zeitraum des Angebotes: Aus Importen (Neuseeland) fast durch das ganze Jahr.
Schnittreife: Wenn die Knospen gut ausgefärbt, aber noch nicht aufgeblüht sind.
Haltbarkeit: 20 bis 25 Tage.
Kühllagerung: Nicht zu empfehlen, da die Blüten fleckig werden.
Besondere Pflege: Ein guter Anschnitt ist notwendig, ebenso ein Einstellen in warmes Wasser, sonst blühen die Knospen nicht auf.
Verwendung: Spezielle Bindereien, nicht geeignet für Rundsträuße.

Anigozanthos-Cultivars

♃ (K)

Synoym: A.-Hybriden.
Familie: Haemodoraceae.
Handelsname: Kängurublume.
Heimat/Herkunft: West-Australien.
Wuchsform: Staude mit aufrechtem Wuchs und lanzettlich bis schwertförmigen, schmalen, grünen Blättern. Die aufstrebenden Blütentriebe sind unverzweigt und tragen am Ende lange und behaarte, röhrige Blüten. Die Lippe ist gezähnt.
Pflanzenhöhe: 80 bis 100 cm.
Blütenfarbe: Gelb, an der Röhrenbasis dicht rot behaart, mit grüner Lippe.
Natürliche Blütezeit: Durch das ganze Jahr.
Zeitraum des Angebotes: Januar bis Dezember.
Schnittreife: Wenn die ersten 2 bis 3 Blüten geöffnet sind.
Haltbarkeit: 20 bis 30 Tage.
Kühllagerung: Nicht nötig und nicht zu empfehlen.
Besondere Pflege: –.
Verwendung: Spezielle Bindereien.
Besonderheiten: Die Blütentriebe können auch getrocknet werden.

△ 119a Anigozanthos-Cultivars
▽ 119b Anigozanthos flavidus

Anigozanthos flavidus

♃ (K)

Synoym: A. coccineus.
Familie: Haemodoraceae.
Handelsname: Kängurublume, Kängurupfote.
Heimat/Herkunft: West-Australien.
Wuchsform: Blütenstaude mit aufrechtem Wuchs und an der Basis schmallanzettlichen Blättern. Die Blütentriebe sind praktisch blattlos. Die behaarten Blüten bilden eine lange, oben geöffnete Röhre.
Pflanzenhöhe: 100 bis 170 cm.
Blütenfarbe: Gelbgrün bis Rot.
Natürliche Blütezeit: Durch das ganze Jahr.
Zeitraum des Angebotes: Durch das ganze Jahr.
Schnittreife: Wenn die ersten Blüten geöffnet sind.
Haltbarkeit: 20 bis 30 Tage.
Kühllagerung: Nicht nötig.
Besondere Pflege: –.
Verwendung: Spezielle Bindereien.
Besonderheiten: Wird auch in der Trockenbinderei verwendet.

Anigozanthos manglesii ♃ K

Synonym: –.
Familie: Haemodoraceae.
Handelsname: Große Kängurublume, Riemenblättrige Kängurupfote.
Heimat/Herkunft: West-Australien.
Wuchsform: Staude mit grasartigen, lanzettlichen Blättern und aufrechten Trieben, die wenig belaubt sind. Die behaarten Blütenröhren weisen einen grünen gefransten Rand auf. Die Blüten sind größer als bei A. flavidus.
Pflanzenhöhe: 100 bis 170 cm.
Blütenfarbe: Tiefrot mit grünem Rand.
Natürliche Blütezeit: Durch das ganze Jahr.
Zeitraum des Angebotes: Durch das ganze Jahr.
Schnittreife: Wenn die ersten Blütenröhren geöffnet sind.
Haltbarkeit: 20 bis 30 Tage.
Kühllagerung: Nicht nötig.
Besondere Pflege: –.
Verwendung: Spezielle Binderei.
Besonderheiten: Auch zum Trocknen geeignet.

△ 120a Anigozanthos manglesii
▽ 120b Heliconia-Cultivars

Heliconia-Cultivars ♃ M ✂

Synonym: –.
Familie: Heliconiaceae.
Handelsname: Heliconia, Falsche Paradiesvogelblume, Hummerschere.
Heimat/Herkunft: Wildformen aus Brasilien.
Wuchsform: Tropische krautige Pflanze mit kurzem, dickem Spross und aufstrebenden Blattstielen, die große lanzettliche Blätter tragen. Aus den Blattscheiden entwickeln sich interessante Blütenstände mit gefärbten Hochblättern.
Pflanzenhöhe: 2 bis 6 m, je nach Art und Alter.
Blütenfarbe: Hochblätter Leuchtendrot mit Gelb, die eigentlichen Blüten sind eher unscheinbar und in die Hochblätter eingebettet.
Natürliche Blütezeit: Januar bis April.
Zeitraum des Angebotes: Januar bis Mai, vereinzelt das ganze Jahr.
Schnittreife: Wenn mindestens 2 Hochblätter gut ausgefärbt sind.
Haltbarkeit: 10 bis 14 Tage.
Kühllagerung: Nicht nötig.
Besondere Pflege: Gut anschneiden.
Verwendung: Spezielle Binderei, Sträuße, Dekorationen.
Besonderheiten: Auch in der Trockenbinderei verwendbar.

Heliconia rostrata

♃ M ✂

Synonym: H. pendula.
Familie: Heliconiaceae.
Handelsname: Geschnäbelte Heliconie, Hängende Hummerschere.
Heimat/Herkunft: Peru.
Wuchsform: Aus einem verkürzten Spross entwickeln sich starke zweizeilig gestellte Blätter von 2 bis 3 m Länge von lineallanzettlicher Form. Die prächtigen Blütenstände sind überhängend und tragen bis 12 Tragblätter, aus denen die eigentlichen Blüten herausragen.
Pflanzenhöhe: Bis 3 m.
Blütenfarbe: Tragblätter Leuchtendrot mit gelbem bis grünem „Schnabel". Die Blüten sind gelb.
Natürliche Blütezeit: Durch das ganze Jahr.
Zeitraum des Angebotes: Durch das ganze Jahr.
Schnittreife: Wenn der Blütenstand ausgewachsen ist und gut Farbe zeigt.
Haltbarkeit: 20 bis 25 Tage.
Kühllagerung: Nicht nötig.
Besondere Pflege: –.
Verwendung: Als Hauptelement.
Besonderheiten: Die Blüten mit der nötigen Vorsicht behandeln.

△ 121a Heliconia rostrata
▽ 121b Heliconia stricta

Heliconia stricta

♃ Ⓚ

Synonym: –.
Familie: Heliconiaceae.
Handelsname: Bananenblättrige Hummerschere.
Heimat/Herkunft: Süd-Amerika.
Wuchsform: Die kräftigen Stauden mit bananenähnlichen Blättern in der Länge von bis 2 m entwickeln bizarre Blütenstände. Diese sind aufrecht und als Ähre ausgebildet, die dreieckigen Einzelblüten stehen wechselständig.
Pflanzenhöhe: Bis 2 m hoch und 1,5 m breit.
Blütenfarbe: Tiefrot mit oben grünem Rand.
Natürliche Blütezeit: Durch das ganze Jahr.
Zeitraum des Angebotes: Durch das ganze Jahr.
Schnittreife: $^2/_3$ der Einzelblüten müssen geöffnet sein.
Haltbarkeit: Ja.
Kühllagerung: Ja.
Besondere Pflege: Das Wasser fleißig wechseln.
Verwendung: Geeignet für spezielle Floristik, Thema: exotisch, als Einzelblüte dominant.
Besonderheiten: Auch als Trockenmaterial geeignet.

△ 122a Eucomis bicolor
▽ 122b Eucomis comosa

Eucomis bicolor ♃ (K)

Synonym: –.
Familie: Hyacinthaceae.
Handelsname: Zweifarbige Schopflilie.
Heimat/Herkunft: Natal, Süd-Afrika.
Wuchsform: Zwiebelpflanze mit gewellten, lanzettlichen Blättern. Aus dem Blattschopf erscheint auf dickem, rundem Schaft eine kompakte Ähre aus sternförmigen grünen bis grünweißen Blüten, wobei die 6 Blütenblätter violett umrandet sind. Über den Blüten finden wir noch einen endständigen Blattschopf.
Pflanzenhöhe: 30 bis 60 cm.
Blütenfarbe: Grünlichweiß.
Natürliche Blütezeit: Juni.
Zeitraum des Angebotes: Mai bis Juli.
Schnittreife: Der Blütenstand soll zu $^3/_4$ geöffnet sein.
Haltbarkeit: Sehr gut.
Kühllagerung: Ja.
Besondere Pflege: Benötigt viel Wasser, tief ins Wasser stellen!
Verwendung: Für Dekorationen, Sträuße und spezielle Binderei.
Besonderheiten: Neutrale Farben.

Eucomis comosa ♃ (K)

Synonym: E. punctata.
Familie: Hyacinthaceae
Handelsname: Schopflilie, Gerandete Schopflilie, Ananaspflanze.
Heimat/Herkunft: Süd-Afrika.
Wuchsform: Zwiebelpflanze mit flach ausgebreiteten linealischen bis lanzettlichen Blättern und langem Schaft mit lockertraubigem Blütenstand. Endständig finden wir grüne zugespitzte Blätter zu einem Schopf vereinigt.
Pflanzenhöhe: 60 bis 90 cm.
Blütenfarbe: Grünlich, Purpur bis Braun.
Natürliche Blütezeit: Juni bis Juli.
Zeitraum des Angebotes: Mai bis Juli.
Schnittreife: Wenn praktisch alle Blüten geöffnet sind.
Haltbarkeit: 10 bis 14 Tage.
Kühllagerung: Möglich.
Besondere Pflege: Viel Wasser verabreichen.
Verwendung: Spezielle floristische Arbeiten.
Besonderheiten: Die aparten Farben bringen eigenwillige Möglichkeiten zum Einsatz.

Hyacinthoides hispanica ♃ ✂ ▽ ∧

Synonym: Scilla hispanica, S. campanulata, Hyacinthus campanulatus, Endymion campanulatus, E. hispanicus.
Familie: Hyacinthaceae.
Handelsname: Glockenhyazinthe, Spanisches Hasenglöckchen.
Heimat/Herkunft: Portugal, westliches Spanien.
Wuchsform: Zwiebelpflanze mit linealischen Blättern in dichten Büscheln. Aus dem Zentrum entwickelt sich ein langer Schaft, an dem sich eine dichte Blütentraube entwickelt. Die Glockenblütchen sind hängend.
Pflanzenhöhe: 30 bis 40 cm.
Blütenfarbe: Weiß, Rosa, Blau.
Natürliche Blütezeit: Mai bis Juni.
Zeitraum des Angebotes: März bis Juni.
Schnittreife: Wenn die Blütenknospen gut ausgefärbt sind und sich die ersten unteren Blüten öffnen.
Haltbarkeit: 10 bis 15 Tage.
Kühllagerung: Möglich.
Besondere Pflege: –.
Verwendung: Begleitelement. Gemäßigter Geltungsanspruch.
Besonderheiten: Die neueren Zuchtformen sind wesentlich reichblühender als die Wildformen.

△ 123a Hyazinthoides hispanica
▽ 123b Hyacinthus orientalis

Hyacinthus orientalis ♃ D Ⓝ

Synonym: –.
Familie: Hyacinthaceae.
Handelsname: Hyazinthe.
Heimat/Herkunft: Östliche Mittelmeer-Länder, Südwest-Alpen.
Wuchsform: Zwiebelpflanze. Grundständige länglich-lanzettliche Blätter. Der runde Blütenschaft trägt 10 bis 20 trichterförmige Blüten an einem traubigen Blütenstand.
Pflanzenhöhe: 20 bis 25 cm.
Blütenfarbe: Weiß, Cremegelb, Rosa, Rot, Blau, Violett und viele Zwischentöne.
Natürliche Blütezeit: April bis Mai.
Zeitraum des Angebotes: Durch Präparieren der Zwiebeln und Treiberei im Gewächshaus ab November bis April.
Schnittreife: Wenn 5 bis 8 Blüten geöffnet sind.
Haltbarkeit: 12 bis 15 Tage.
Kühllagerung: Bis 4 Tage ohne Wasser möglich.
Besondere Pflege: In wenig Wasser stellen.
Verwendung: Die Einzelblüten können für Haarkränzchen und andere montierte floristische Arbeiten eingesetzt werden.
Besonderheiten: Sehr starker Duft.

△ 124a Muscari armeniacum
▽ 124b Ornithogalum arabicum

Muscari armeniacum ♃ ▽

Synonym: M. botryoides. M. polyanthum.
Familie: Hyacinthaceae.
Handelsname: Traubenhyazinthe, Trommelschlägeli, Träubel, Armenische Traubenhyazinthe.
Heimat/Herkunft: Balkan, Klein-Asien, Kaukasus.
Wuchsform: Zwiebelpflanze mit grundständigen, schmalen, rinnenförmigen Blättern. Die Blütentraube ist pyramidal ausgebildet mit vielen eiförmigen hängenden Glockenblüten.
Pflanzenhöhe: 15 bis 20 cm.
Blütenfarbe: Tiefblau mit hellem Blütensaum.
Natürliche Blütezeit: April.
Zeitraum des Angebotes: März bis August.
Schnittreife: Wenn der unterste Blütenkranz aufgeblüht ist.
Haltbarkeit: 6 bis 10 Tage.
Kühllagerung: 1 bis 2 Tage auch ohne Wasser möglich.
Besondere Pflege: Wenig Wasser verabreichen.
Verwendung: Feine Frühlingsbindereien.
Besonderheiten: Muscari werden oft mit Blättern geliefert, welche aber nicht als Schnittgrün verwendet werden können.

Ornithogalum arabicum ♃ (K) ✂

Synonym: O. corymbosum.
Familie: Hyacinthaceae.
Handelsname: Arabischer Milchstern, Vogelmilch.
Heimat/Herkunft: Mittelmeer-Länder, Portugal.
Wuchsform: Zwiebelpflanze mit relativ fleischigen, linealischen Blättern. Auf einem langen Schaft ist eine kompakte Traube ausgebildet,
die leicht zur Seite neigt.
Pflanzenhöhe: 30 bis 60 cm.
Blütenfarbe: Weiß mit schwarzem Griffel.
Natürliche Blütezeit: Mai.
Zeitraum des Angebotes: Durch das ganze Jahr.
Schnittreife: Wenn der unterste Blütenkranz aufgeblüht ist.
Haltbarkeit: 15 bis 20 Tage.
Kühllagerung: Möglich, 1 bis 2 Tage auch ohne Wasser.
Besondere Pflege: Die Schuppenblätter in der Traube sind zu entfernen. Sie kommen mit wenig Wasser aus.
Verwendung: Spezielle Binderei.
Besonderheiten: Die Einzelblüten können in der „montierten“ Floristik verwendet werden.

Ornithogalum thyrsoides

♃ Ⓚ ✂

Synonym: –.
Familie: Hyacinthaceae.
Handelsname: Milchstern.
Heimat/Herkunft: Süd-Afrika.
Wuchsform: Zwiebelpflanze. Grundständige, lanzettliche, aufstrebende Blätter bis 35 cm lang. Der Schaft ist aufrecht mit dichter endständiger Blütentraube.
Pflanzenhöhe: 30 bis 50 cm.
Blütenfarbe: Weiß.
Natürliche Blütezeit: Juni bis August.
Zeitraum des Angebotes: Durch das ganze Jahr.
Schnittreife: Wenn die erste Blüte einer Traube aufgeblüht ist.
Haltbarkeit: 20 bis 30 Tage.
Kühllagerung: Möglich, 1 bis 2 Tage auch ohne Wasser.
Besondere Pflege: Die Blütenschuppenblätter sind zu entfernen. Sie kommen mit wenig Wasser aus.
Verwendung: Feine Bindereien.
Besonderheiten: Die Einzelblüten können ideal für „montierte" Floristik verwendet werden.

△ 125a Ornithogalum thyrsoides
▽ 125b Ornithogalum thyrsoides var. dubium

Ornithogalum thyrsoides var. dubium

♃ Ⓚ ✂

Synonym: O. thyrsoides var. aureum, O. aureum, O. bicolor.
Familie: Hyacinthaceae.
Handelsname: Orangefarbener Milchstern, Straußblütige Vogelmilch.
Heimat/Herkunft: Süd-Afrika.
Wuchsform: Zwiebelpflanze mit grundständigen, lanzettlichen Blättern von 15 bis 25 cm Länge. Der runde Schaft ist kräftig und trägt endständig als Traube je 12 bis 15 sternförmige Blüten.
Pflanzenhöhe: 20 bis 50 cm.
Blütenfarbe: Leuchtend Orange mit schwarzem Grund.
Natürliche Blütezeit: April bis Mai.
Zeitraum des Angebotes: Dezember bis Mai.
Schnittreife: $^{3}/_{4}$ der Blüten sollten geöffnet sein.
Haltbarkeit: Sehr gut.
Kühllagerung: Ja.
Besondere Pflege: Das Wasser muss täglich gewechselt werden. Sie kommen mit wenig Wasser aus.
Verwendung: Für Frühlingsbinderei.

△ 126a Ornithogalum umbellatum – Stern von Bethlehem
▽ 126b Hydrangea macrophylla

Ornithogalum umbellatum

Synonym: –.
Familie: Hyacinthaceae.
Handelsname: Stern von Bethlehem, Milchstern.
Heimat/Herkunft: Urform aus Süd-Afrika, züchterische Verbesserung der Art.
Wuchsform: Zwiebelpflanze, grundständige, lanzettlich aufstrebende Blätter bis 40 cm lang. Der runde Schaft ist stärker ausgebildet als die Wildart O. thyrsoides, die Blüten sind größer und öffnen sich besser.
Pflanzenhöhe: 40 bis 60 cm.
Blütenfarbe: Weiß.
Natürliche Blütezeit: Juni bis August.
Zeitraum des Angebotes: Durch das ganze Jahr.
Schnittreife: Wenn die ersten Blüten geöffnet sind.
Haltbarkeit: 20 bis 30 Tage.
Kühllagerung: Möglich, auch 1 bis 2 Tage ohne Wasser.
Besondere Pflege: Die Schuppenblätter unterhalb der Blüten sind zu entfernen. Sie kommen mit wenig Wasser aus.
Verwendung: Feine Bindereien.
Besonderheiten: Die Einzelblüten können als Begleitelement für „montierte" Floristik eingesetzt werden.

Hydrangea macrophylla

Synonym: H. macrophylla var. normalis, H. maritima, H. hortensis, H. macrophylla subsp. macrophylla.
Familie: Hydrangeaceae.
Handelsname: Hortensie.
Heimat/Herkunft: Japan.
Wuchsform: Halbstrauch mit aufrechtem Wuchs und gegenständigen, zugespitzt eiförmigen dunkelgrünen Blättern, die am Rande gezähnt sind. Endständig bilden sich große, meist halbkugelige Scheindolden, die rispig aufgebaut sind. Die eigentlichen Blüten im Zentrum sind klein, sie sind von farbigen Hochblättern umgeben.
Pflanzenhöhe: Je nach Sorte 30 bis 60 cm.
Blütenfarbe: Weiß, Rosa, Rot und durch Alaunzugaben auch Blau.
Natürliche Blütezeit: Juni bis August. Durch Frühtreiberei im Gewächshaus ab April bis Mai.
Zeitraum des Angebotes: April bis September.
Schnittreife: Wenn die Blütenstände gut ausgereift und ausgefärbt sind.
Haltbarkeit: Ca. 10 bis 14 Tage.
Kühllagerung: Ja.
Besondere Pflege: Möglichst viele Blätter entfernen.
Verwendung: Sträuße, Dekorationen. Die Einzelblüten können „aufgefädelt" werden.
Besonderheiten: Aufgeblühte Blütenbälle können auch getrocknet werden.

Crocosmia × crocosmiiflora ♃ ✂ ∧

Synonym: Montbretia crocosmiiflora.
Familie: Iridaceae.
Handelsname: Montbretie, Garten-Montbretie.
Heimat/Herkunft: Kreuzung aus C. aurea × C. pottsii, die Wildarten stammen aus Süd-Afrika.
Wuchsform: Knollenpflanze mit schwertförmigen Blättern. Die weit geöffneten Blüten sitzen wechselständig an einer gekrümmten Ähre.
Pflanzenhöhe: 60 bis 80 cm.
Blütenfarbe: Gelb, Orange, Orangerot.
Natürliche Blütezeit: Juli bis Oktober.
Zeitraum des Angebotes: Durch das ganze Jahr.
Schnittreife: Wenn die unterste Knospe gut ausgefärbt, aber noch nicht geöffnet ist.
Haltbarkeit: 7 bis 10 Tage.
Kühllagerung: Nicht zu empfehlen.
Besondere Pflege: Gut anschneiden, z. T. die unteren Blätter entfernen.
Verwendung: Allgemeine Sommerbinderei.
Besonderheiten: Unbedingt die Schnittreife beachten. Die Fruchtstände eignen sich bestens für die Herbstfloristik.

△ 127a Crocosmia × crocosmiiflora
▽ 127b Freesia-refracta-Cultivars

Freesia-refracta-Cultivars Ⓚ ✂

Synonym: F.-Hybriden, F. refracta.
Familie: Iridaceae.
Handelsname: Freesie.
Heimat/Herkunft: Süd-Afrika.
Wuchsform: Knollenpflanze mit aufrechtem Wuchs und langen, schwertförmigen Blättern. Endständig sitzen 8 bis 15 Blüten auf einem „Kamm" aufrecht. Einfache und gefüllte Sorten.
Pflanzenhöhe: 40 bis 50 cm.
Blütenfarbe: Weiß, Gelb, Orange, Rot, Blau, Violett.
Natürliche Blütezeit: Juni bis Oktober.
Zeitraum des Angebotes: Januar bis Dezember.
Schnittreife: Wenn die erste Blüte einer Traube voll ausgefärbt, aber noch nicht geöffnet ist.
Haltbarkeit: 12 bis 18 Tage.
Kühllagerung: Möglich.
Besondere Pflege: Seitentriebe nicht wegwerfen, starke Knospen können sich noch öffnen.
Verwendung: Allgemeine feine Binderei.
Besonderheiten: Angenehmer Duft.

△ 128a Gladiolus murielae
▽ 128b Gladiolus-Cultivars

Gladiolus murielae

♃ (K) D

Synonym: Acidanthera bicolor var. murielae, A. murielae, Gladiolus callianthus.
Familie: Iridaceae.
Handelsname: Stern-Gladiole.
Heimat/Herkunft: Abessinien.
Wuchsform: Aus zwiebelartigen Knollen mit je nur einem Schaft entsprießen steife und lineale grüne Blätter. Am Schaft sitzen die bis 10 kelchigen Blüten relativ locker mit dunklen Flecken im Schlund.
Pflanzenhöhe: 50 bis 100 cm.
Blütenfarbe: Weiß, Gelb und Rot.
Natürliche Blütezeit: Juli bis August.
Zeitraum des Angebotes: Juni bis Oktober.
Schnittreife: Bei den zwei unteren Blüten sollte die Farbe gut entwickelt sein.
Haltbarkeit: Die einzelne Blüte 2 bis 3 Tage.
Kühllagerung: Möglich.
Besondere Pflege: –.
Verwendung: Lockere Sommerfloristik.
Besonderheiten: –.

Gladiolus-Cultivars

♃ ✂

Synonym: G.-Hybriden.
Familie: Iridaceae.
Handelsname: Gladiole.
Heimat/Herkunft: Süd-Afrika.
Wuchsform: Knollenpflanze mit straff aufrechtem Wuchs und langem Blütentrieb. Die Blätter sind schwertförmig. Der lange Blütenschaft trägt einseitig gewendete Trichterblüten als Traube.
Pflanzenhöhe: 80 bis 120 cm.
Blütenfarbe: Weiß, Gelb, Orange, Rosa, Rot, Violett, oft auch mit andersfarbigem Schlund.
Natürliche Blütezeit: Juli bis September.
Zeitraum des Angebotes: Durch Treiberei und Import durch das ganze Jahr.
Schnittreife: Wenn die unterste Blütenknospe gut ausgefärbt, aber noch nicht geöffnet ist.
Haltbarkeit: 12 bis 15 Tage.
Kühllagerung: Möglich, auch 1 bis 3 Tage ohne Wasser.
Besondere Pflege: –
Verwendung: Dekorationen, große Sträuße.
Besonderheiten: Einzelne Blütenblätter können auch für die Brautbinderei verwendet werden.

Iris × germanica

♃ ✂ ▽ Ⓝ

Synonym: I. germanica var. germanica.
Familie: Iridaceae.
Handelsname: Deutsche Schwertiris oder Schwertlilie.
Heimat/Herkunft: Süd-Europa bis Südwest-Asien.
Wuchsform: Dicke kriechende Grundsprosse (Rhizome), breite schwertförmige Blätter, grundständig und aufrecht. Die Blütentriebe sind endständig mit je 3 bis 6 großen Blüten besetzt.
Pflanzenhöhe: 40 bis 80 cm.
Blütenfarbe: Weiß, Gelb, Rosa, Braun, Bronze, Blau, Violett, ein- bis mehrfarbig.
Natürliche Blütezeit: Mai bis Juli.
Zeitraum des Angebotes: Mai bis Juli.
Schnittreife: Die am meisten entwickelte Blüte soll kurz vor dem Aufblühen sein.
Haltbarkeit: 5 bis 12 Tage, die seitlichen Knospen blühen nach, die verblühten sind zu entfernen.
Kühllagerung: Möglich, 1 bis 2 Tage auch ohne Wasser.
Besondere Pflege: Wenig Wasser verabreichen.
Verwendung: Allgemeine Binderei.
Besonderheiten: Der Samenstand kann auch in der Trockenbinderei verwendet werden.

△ 129a Iris germanica
▽ 129b Iris × hollandica

Iris × hollandica

♃ ✂

Synonym: I.-Hollandica-Hybriden.
Familie: Iridaceae.
Handelsname: Holländische Iris.
Heimat/Herkunft: Durch Kreuzungen aus I. xiphium, I. tingitana und I. lusitanica entstanden.
Wuchsform: Zwiebelpflanze mit straff aufrechtem Wuchs, unverzweigt mit schmalen, zugespitzten Blättern und endständig je einer Blüte.
Pflanzenhöhe: 50 bis 70 cm.
Blütenfarbe: Weiß, Gelb, Rosa, Hellblau, Dunkelblau, ein- bis zweifarbig.
Natürliche Blütezeit: Mai bis Juli.
Zeitraum des Angebotes: Januar bis Dezember.
Schnittreife: Je nach Sorte unterschiedlich. Meist müssen die Blütenknospen gut ausgefärbt sein.
Haltbarkeit: Je nach Reifestadium 4 bis 12 Tage.
Kühllagerung: Möglich, 1 bis 2 Tage auch ohne Wasser.
Besondere Pflege: Wenig Wasser verabreichen.
Verwendung: Allgemeine Binderei. Die Blätter können als Schnittgrün eingesetzt werden.
Besonderheiten: Der getrocknete Samenstand ist auch in der Trockenbinderei verwendbar. Bei großer Wärme Haltbarkeit nicht optimal.

△ 130a Ixia-Cultivars
▽ 130b Tritonia crocata

Ixia-Cultivars

♃ Ⓚ ✂

Synonym: I.-Hybriden.
Familie: Iridaceae.
Handelsname: Ixie, Klebschwertel.
Heimat/Herkunft: Kreuzung aus I. speciosa, I. maculata und I. viridiflora.
Wuchsform: Knollenpflanze, schlank aufrecht mit linealischen bis schwertförmigen Blättern. Die dünnen Blütenschäfte sind drahtig fest. Endständig sitzen die 8 bis 12 graziösen Blüten an schlanken Trauben.
Pflanzenhöhe: 30 bis 40 cm.
Blütenfarbe: Weiß, Cremegelb, Gelb, Rosa, Rot.
Natürliche Blütezeit: April bis Juni.
Zeitraum des Angebotes: Ab Februar bis Juni.
Schnittreife: Wenn die unteren 2 bis 3 Knospen gut entwickelt und ausgefärbt sind.
Haltbarkeit: 10 bis 12 Tage.
Kühllagerung: Möglich.
Besondere Pflege: –.
Verwendung: Allgemeine feine Binderei.
Besonderheiten: Alle Knospen öffnen sich bei genügend Wasservorrat.

Tritonia crocata

♃ Ⓚ

Synonym: Ixia crocata, T. hyalina.
Familie: Iridaceae.
Handelsname: Tritonie, Safranfarbige Tritonie.
Heimat/Herkunft: Süd-Afrika.
Wuchsform: Knollenpflanze mit aufrechtem Wuchs und schwertförmigen bis breitlinealischen Blättern. Auf schlanken Schäften sitzen 6 bis 8 kelchförmig geöffnete Blüten in wechselständigen Trauben bis Ähren.
Pflanzenhöhe: 50 cm.
Blütenfarbe: Weiß, Rosa, Rot.
Natürliche Blütezeit: Juli bis August.
Zeitraum des Angebotes: Mai bis August und November bis Januar.
Schnittreife: Wenn über 50 % der Blüten geöffnet sind.
Haltbarkeit: 14 bis 18 Tage.
Kühllagerung: Möglich.
Besondere Pflege: In reines Wasser stellen, Schnittblumennahrung beifügen.
Verwendung: Allgemeine Binderei.
Besonderheiten: Der Fruchtstand kann auch in der Trockenbinderei verwendet werden.

Leonotis leonurus ♄ (K)

Synonym: –.
Familie: Lamiaceae.
Handelsname: Löwenohr, Großblättriges Löwenohr.
Heimat/Herkunft: Süd-Afrika.
Wuchsform: Halbstrauch, aufrechter Wuchs, verzweigt, gegenständige lanzettliche Blätter. Die röhrenförmigen Blüten sitzen dicht in achselständigen Scheinquirlen.
Pflanzenhöhe: 100 bis 120 cm.
Blütenfarbe: Orangerot.
Natürliche Blütezeit: September bis November.
Zeitraum des Angebotes: Juni bis November.
Schnittreife: Wenn der untere Blütenkranz gut entwickelt und am Aufblühen ist.
Haltbarkeit: 5 bis 8 Tage.
Kühllagerung: Nicht zu empfehlen.
Besondere Pflege: Möglichst viele Verdunstungsflächen entfernen, sonst fallen die Blüten rasch zusammen.
Verwendung: Spezielle Herbstbindereien.
Besonderheiten: Der Fruchtstand kann auch in der Trockenbinderei verwendet werden.

△ 131a Leonotis leonurus
▽ 131b Monarda-Didyma-Cultivars

Monarda-Didyma-Cultivars ♃

Synonym: M.-Hybriden.
Familie: Lamiaceae.
Handelsname: Goldmelisse, Indianernessel, Monarde, Scharlach-Indianernessel.
Heimat/Herkunft: Aus Kreuzungen entstanden, an denen M. didyma und M. fistulosa beteiligt waren.
Wuchsform: Blütenstaude mit aufrechtem Wuchs, horstbildend. An den vierkantigen Trieben stehen die ovalen, behaarten grünen Blätter gegenständig angeordnet. Die großen Lippenblüten stehen endständig in dichten Quirlen. Angenehmer Duft.
Pflanzenhöhe: 70 bis 100 cm.
Blütenfarbe: Rot, Rosa,Violett.
Natürliche Blütezeit: Juni bis September.
Zeitraum des Angebotes: Ab Ende April bis September.
Schnittreife: Die Blütenstände müssen gut ausgebildet sein, also vollblühend.
Haltbarkeit: 5 bis 8 Tage.
Kühllagerung: Nein.
Besondere Pflege: Die Verdunstungsflächen sind stark zu reduzieren.

△ 132a Phlomis russeliana
▽ 132b Physostegia virginiana

Phlomis russeliana ♃ ♄ Ⓚ

Synonym: –.
Familie: Lamiaceae.
Handelsname: Brandkraut.
Heimat/Herkunft: Griechenland, Klein-Asien.
Wuchsform: Staude mit breitbuschiger Ausbreitung. Die großen, grünen, herz- bis pfeilförmigen Blätter sind behaart und weich. An den straff aufrechten Trieben stehen die Blüten an den Knoten quirlig angeordnet.
Pflanzenhöhe: Ca. 80 bis 120 cm je nach Standort.
Blütenfarbe: Blassgelb.
Natürliche Blütezeit: Juni bis Juli.
Zeitraum des Angebotes: Juni bis Juli.
Schnittreife: Auf allen Etagen sollten Blüten geöffnet sein.
Haltbarkeit: 8 bis 10 Tage.
Kühllagerung: Möglich.
Besondere Pflege: Kurz in heißes Wasser stellen. Sie benötigen viel Wasser.
Verwendung: Interessante Sommerfloristik.
Besonderheiten: Die getrockneten Fruchtstände finden auch Verwendung in der Trockenbinderei.

Physostegia virginiana ♃ ✂

Synonym: –.
Familie: Lamiaceae.
Handelsname: Gelenkblume, Physostegie.
Heimat/Herkunft: Östlicher Teil der USA.
Wuchsform: Staude mit schlank aufrechtem Wuchs, verzweigt mit vierkantigem Spross. Die Blätter sind im unteren Bereich eirund, oben mehr lanzettlich. Die röhrenförmigen Blüten sitzen dicht in pyramidalen Ähren zusammengefasst.
Pflanzenhöhe: 60 bis 120 cm.
Blütenfarbe: Hellrosa, Weiß, Rot.
Natürliche Blütezeit: Juli bis September.
Zeitraum des Angebotes: Januar bis März und Juni bis Oktober.
Schnittreife: Wenn die ersten Blüten einer Ähre gut entwickelt sind.
Haltbarkeit: 15 bis 20 Tage.
Kühllagerung: Möglich.
Besondere Pflege: Möglichst viele Verdunstungsflächen entfernen.
Verwendung: Allgemeine Sommerbindereien.
Besonderheiten: Die einzelnen Blüten können bewegt werden; daher der Name Gelenkblume.

Salvia farinacea ⊙–⊙ ♃ ♄ ♄ Ⓚ

Synonym: –.
Familie: Lamiaceae.
Handelsname: Mehliger Salbei.
Heimat/Herkunft: Südliche USA, Texas.
Wuchsform: Krautig bis halbstrauchig, aufrechter Wuchs mit dichter Verzweigung und gegenständigen, lanzettlichen Blättern. Die kleinen Blüten sitzen zahlreich an schlanken Ähren.
Pflanzenhöhe: 60 bis 80 cm.
Blütenfarbe: Tiefblau, Weiß.
Natürliche Blütezeit: Juni bis Oktober.
Zeitraum des Angebotes: Juni bis Oktober.
Schnittreife: Wenn etwa 30 % der unteren Blüten geöffnet und die Blütenstiele gut stabil sind.
Haltbarkeit: 10 bis 14 Tage.
Kühllagerung: Nicht zu empfehlen.
Besondere Pflege: Möglichst viele Verdunstungsflächen entfernen.
Verwendung: Allgemeine Sommerbindereien.
Besonderheiten: Nicht ideal zum Stecken in die Steckmasse. Für eine gute Haltbarkeit ist ein genügender Wasservorrat erforderlich.

△ 133a Salvia farinacea
▽ 133b Salvia viridis

Salvia viridis ⊙–⊙ ♃

Synonym: S. horminum.
Familie: Lamiaceae.
Handelsname: Buntschopfsalbei, Schopfsalbei.
Heimat/Herkunft: Südost-Europa.
Wuchsform: Krautig aufrecht, ästig verzweigt mit gegenständigen, unten länglich-ovalen, oben herzförmigen Blättern. Die eigentlichen Blüten sind unscheinbar, um so mehr sind die farbigen, dichtstehenden Hochblätter am Sprossende sehr dekorativ.
Pflanzenhöhe: 60 bis 80 cm.
Blütenfarbe: Hochblätter Weiß, Rosa und Blau.
Natürliche Blütezeit: Juli bis Oktober.
Zeitraum des Angebotes: Juli bis Oktober.
Schnittreife: Wenn die Blütentriebe eine genügende Farbe erreicht haben und gut ausgereift sind.
Haltbarkeit: 12 bis 15 Tage.
Kühllagerung: Möglich.
Besondere Pflege: –.
Verwendung: Allgemeine feine Bindereien.
Besonderheiten: Die Blätter sauber entfernen im unteren Bereich, sonst kommt es zu Stängelfäulnis.

△ 134a Fritillaria imperialis
▽ 134b Fritillaria imperialis

▽ 134c Fritillaria meleagris

Fritillaria imperialis ♃ ▽ ☠

Synonym: –.
Familie: Liliaceae.
Handelsname: Kaiserkrone.
Heimat/Herkunft: Mittel-Asien bis Himalaja.
Wuchsform: Schuppenzwiebelpflanze, straff aufrechter Spross mit unten zahlreichen lanzettlichen, leicht überhängenden Blättern. Über einem blattlosen Schaft ist ein grüner Blattschopf ausgebildet, aus dem sich hängende Glockenblüten entwickeln.
Pflanzenhöhe: Bis 100 cm.
Blütenfarbe: Rot, Gelb.
Natürliche Blütezeit: Ende März bis Mai.
Zeitraum des Angebotes: Durch Importe ab Anfang März bis Mai.
Schnittreife: Wenn die Blüten zu 60 bis 70 % geöffnet sind.
Haltbarkeit: 10 bis 12 Tage.
Kühllagerung: Möglich, mit Risiko von Fäulnisherden.
Besondere Pflege: Viel Wasser verabreichen.
Verwendung: Eigenwillige floristische Arbeiten.
Besonderheiten: Unbedingt die Schnittreife beachten!

Fritillaria meleagris ♃ ▽ ☠

Synonym: –.
Familie: Liliaceae.
Handelsname: Schachbrettblume, Kiebitzblume, Kiebitzei.
Heimat/Herkunft: Mittel-, Ost- und Süd-Europa, Kaukasus.
Wuchsform: Zwiebelpflanze mit schmallinealen, rinnigen Blättern und einem aufstrebenden Schaft, der meist nur von 1 bis 2 hängenden, glockigen Blüten besetzt ist. Die Blüten weisen würfelförmige Schattierungen auf.
Pflanzenhöhe: 30 cm.
Blütenfarbe: Weiß, Rosa, Violett bis Purpur.
Natürliche Blütezeit: April bis Mai.
Zeitraum des Angebotes: April bis Mai.
Schnittreife: Die Blüten müssen gut Farbe zeigen.
Haltbarkeit: Bis 8 Tage.
Kühllagerung: Möglich, aber nicht ideal.
Besondere Pflege: Ein guter Anschnitt ist wichtig.
Verwendung: Kleine, feine Bindereien.
Besonderheiten: Liebhaber-Blume.

Fritillaria persica

♃ ▽

Synonym: –.
Familie: Liliaceae.
Handelsname: Persische Kaiserkrone.
Heimat/Herkunft: Mittel-Asien.
Wuchsform: Schuppenzwiebel. Staude mit aufrechtem Spross, der im unteren Bereich mit graugrünen, länglich-lanzettlichen Blättern besetzt ist. Die Blüten sind glockig überhängend und bilden eine lockere Traube.
Pflanzenhöhe: 60 bis 100 cm.
Blütenfarbe: Blauviolett.
Natürliche Blütezeit: Ende April bis Anfang Mai.
Zeitraum des Angebotes: April bis Mitte Mai.
Schnittreife: Wenn 60 bis 70 % der Blüten geöffnet sind.
Haltbarkeit: Bis 10 Tage.
Kühllagerung: Möglich, wegen Fäulnisgefahr aber nicht ideal.
Besondere Pflege: Guter Anschnitt, handwarmes Wasser verwenden.
Verwendung: Spezielle Binderei.
Besonderheiten: Der Spross ist oft etwas schwach.

△ 135a Fritillaria persica
▽ 135b Fritillaria uva-vulpis

Fritillaria uva-vulpis

♃ ▽

Synonym: F. assyriaca.
Familie: Liliaceae.
Handelsname: Assyrische Fritillarie.
Heimat/Herkunft: Türkei, Iran, Irak.
Wuchsform: Krautig aufrecht mit langlanzettlichen, graugrünen Blättern. Endständig entwickeln sich ei- bis glockenförmige Blüten, die überneigen.
Pflanzenhöhe: 20 bis 30 cm.
Blütenfarbe: Grauviolett mit gelborangem Rand.
Natürliche Blütezeit: April bis Juni.
Zeitraum des Angebotes: April bis Mitte Mai.
Schnittreife: $^{2}/_{3}$ der Blüten müssen geöffnet sein.
Haltbarkeit: Bis 14 Tage.
Kühllagerung: Ja.
Besondere Pflege: Verdunstungsflächen reduzieren, dies verlängert die Haltbarkeit.
Verwendung: Dekorative Sträuße.
Besonderheiten: Der Spross ist relativ weich.

△ 136a Lilium auratum
▽ 136b Lilium candidum

Lilium auratum ♃ ▽

Synonym: L.-Auratum-Hybriden.
Familie: Liliaceae.
Handelsname: Goldband-Lilie.
Heimat/Herkunft: Zuchtform, Wildform aus Japan.
Wuchsform: Schuppenzwiebelpflanze. Schlank aufrechter Wuchs, Spross mit schmallanzettlichen Blättern. Endständig 1 bis 10 große, flach ausgebreitete Blüten mit etwas zurückgebogener Blütenblattspitze.
Pflanzenhöhe: 80 bis 180 cm.
Blütenfarbe: Weiß mit je einem goldgelben Mittelband pro Blütenblatt sowie zahlreiche rote bis purpurrote Punkte. Neu auch rosa Sorten.
Natürliche Blütezeit: Juni bis August.
Zeitraum des Angebotes: Januar bis Dezember.
Schnittreife: Wenn sich die erste Blütenknospe gerade öffnet.
Haltbarkeit: 10 bis 15 Tage.
Kühllagerung: Möglich.
Besondere Pflege: –.
Verwendung: Spezielle Binderei, großzügige edle Binderei.
Besonderheiten: Die Staubgefäße sollten je nach Verwendung entfernt werden. Verschmutzung.

Lilium candidum ♃ D ✂ ▽

Synonym: –.
Familie: Liliaceae.
Handelsname: Madonnen-Lilie, Weiße Lilie, Oster-Lilie.
Heimat/Herkunft: Östliche Mittelmeer-Länder bis Südwest-Asien.
Wuchsform: Schuppenzwiebelpflanze. Straff aufrechtstrebende Triebe, die im mittleren Bereich dicht belaubt sind. Die Blätter sind unten linealisch, oben lanzettlich. An lockeren Blütentrauben sitzen 6 bis 20 Blüten, die unteren nicken, die oberen stehen waagrecht.
Pflanzenhöhe: 90 bis 150 cm.
Blütenfarbe: Reinweiß.
Natürliche Blütezeit: Juni bis Juli.
Zeitraum des Angebotes: Ab Mai bis Juli.
Schnittreife: Wenn sich die erste Blüte geöffnet hat.
Haltbarkeit: 10 bis 14 Tage.
Kühllagerung: Möglich.
Besondere Pflege: –.
Verwendung: Spezielle floristische Arbeiten.
Besonderheiten: Je nach Verwendung des Werkstoffes sollten die Staubgefäße entfernt werden. Verschmutzung. Angenehmer Duft.

Lilium longiflorum

♃ D (K) ✂ ▽

Synonym: –.
Familie: Liliaceae.
Handelsname: Langblütige Lilie, Longiflorum-Lilie.
Heimat/Herkunft: Japan, China.
Wuchsform: Schuppenzwiebelpflanze. Aufrechte Sprosse mit zerstreuten lanzettlichen Blättern. Die relativ wenigen Blüten stehen waagrecht nach außen und bilden einen langen Trichter von bis 20 cm Länge.
Pflanzenhöhe: 50 bis 120 cm.
Blütenfarbe: Weiß mit grünlichem Einschlag.
Natürliche Blütezeit: Juli bis September.
Zeitraum des Angebotes: Durch das ganze Jahr.
Schnittreife: Die Blütenknospen müssen gut ausgefärbt, aber noch geschlossen sein.
Haltbarkeit: 8 bis 10 Tage.
Kühllagerung: Möglich, jedoch mit Vorsicht, die Blütenknospen können „sitzenbleiben".
Besondere Pflege: –.
Verwendung: Allgemeine bis spezielle Binderei.
Besonderheiten: Eventuell Staubgefäße entfernen. Mit Einzelblüten können ebenfalls interessante Gestaltungen angefertigt werden.

△ 137a Lilium longiflorum
▽ 137b Lilium maculatum

Lilium maculatum

♃ ▽

Synonym: L.-Maculatum-Hybriden.
Familie: Liliaceae.
Handelsname: Lilie, Japan-Lilie.
Heimat/Herkunft: Zuchtform aus L. bulbiferum × L. croceum und anderen Wildformen.
Wuchsform: Schuppenzwiebelpflanze. Straff aufrechte Sprosse mit schmallanzettlichen Blättern. Traubige Blütenstände mit aufrechten bis seitlich gestellten mittelgroßen Blüten.
Pflanzenhöhe: Je nach Sorte 80 bis 120 cm.
Blütenfarbe: Weiß, Cremegelb, Gelb, Orange, Rot.
Natürliche Blütezeit: Juni bis Juli.
Zeitraum des Angebotes: Januar bis Dezember.
Schnittreife: Wenn die untersten 3 Blütenknospen gut ausgefärbt, aber noch geschlossen sind.
Haltbarkeit: 10 bis 14 Tage.
Kühllagerung: 1 bis 2 Tage auch ohne Wasser möglich. Bei längerer Dauer können die Blütenknospen „sitzenbleiben".
Besondere Pflege: In lauwarmes Wasser stellen.
Verwendung: Allgemeine bis spezielle Bindereien.
Besonderheiten: Die vielen Farben und Formen dieser Gruppe bringen uns viele interessante Kombinationen. Vorsicht Staubbeutel!

Lilium regale ♃ D ✂ △

Synonym: –.
Familie: Liliaceae.
Handelsname: Königs-Lilie.
Heimat/Herkunft: West-China.
Wuchsform: Schuppenzwiebelpflanze. Aufrechte Sprosse, im unteren Bereich blattlos, im mittleren Bereich linealische Blätter. Oben 3 bis 20 Blüten zu einer doldigen Traube vereinigt. Die Blüten stehen waagrecht nach außen.
Pflanzenhöhe: 80 bis 150 cm.
Blütenfarbe: Außen Lila, innen Mattweiß mit gelbem Schlund.
Natürliche Blütezeit: Juli bis August.
Zeitraum des Angebotes: Ab Juni bis August.
Schnittreife: Wenn die größten Knospen gut ausgefärbt sind und sich bald öffnen.
Haltbarkeit: 10 bis 14 Tage.
Kühllagerung: Möglich.
Besondere Pflege: Viel Wasser verabreichen.
Verwendung: Spezielle floristische Arbeiten.
Besonderheiten: Eventuell Staubgefäße entfernen. Die Einzelblüten können dank der langen Blütenstiele auch separat eingesetzt werden.

△ 138a Lilium regale
▽ 138b Lilium speciosum

Lilium speciosum ♃ D ✂ ▽

Synonym: L.-Speciosum-Hybriden.
Familie: Liliaceae.
Handelsname: Pracht-Lilie, Prächtige Lilie.
Heimat/Herkunft: Zuchtformen, besonders aus L. speciosum × L. auratum. Wildformen aus China, Korea, Japan.
Wuchsform: Schuppenzwiebelpflanze. Sprosse aufrecht bis überneigend, Blätter lanzettlich, grün glänzend. Die einzelnen großen und oft hängenden Blüten sitzen als lockere Trauben bis Rispen. Die Blütenblätter sind nach außen zurückgebogen.
Pflanzenhöhe: 80 bis 150 cm.
Blütenfarbe: Rosa, mit purpurfarbenen Flecken übersät.
Natürliche Blütezeit: August bis September.
Zeitraum des Angebotes: Mai bis März.
Schnittreife: Wenn die untersten 1 bis 2 Blüten geöffnet sind.
Haltbarkeit: 10 bis 14 Tage.
Kühllagerung: Möglich.
Besondere Pflege: –.
Verwendung: Allgemeine bis spezielle Binderei.
Besonderheiten: Die Staubgefäße unbedingt entfernen, sie verschmutzen die Blüten stark!

△ 139a Lilium 'Maxwell'
▽ 139c Lilium pumilum

△ 139b Lilium lancifolium
▽ 139d Lilium 'Enchantement'

Tulipa-Cultivars

♃ ✂ ▽

Synonym: Tulipa-Hybriden.
Familie: Liliaceae.
Handelsname: Tulpen, Gesners Tulpe.
Heimat/Herkunft: Zuchtformen, Wildformen aus dem Orient.
Wuchsform: Zwiebelpflanze, am Spross 3 bis 4 breit-lanzettliche Blätter. Endständig einfache bis gefüllte Blüten in verschiedenen Formen.
Pflanzenhöhe: Je nach Sorte und Klasse 30 bis 60 cm.
Blütenfarbe: Weiß, Gelb, Orange, Rot, Rosa, Purpur, zum Teil auch zweifarbig.
Natürliche Blütezeit: Je nach Klasse April bis Anfang Juni.
Zeitraum des Angebotes: Dezember bis Mai.
Schnittreife: Je nach Klasse und Sorte verschieden. Der Stiel muss fest und die Farbe ausgeprägt, die Blüte jedoch noch geschlossen sein.
Haltbarkeit: 5 bis 8 Tage.
Kühllagerung: Möglich, bis 4 Tage ohne Wasser.
Besondere Pflege: Unterste Blätter entfernen, nur in wenig Wasser einstellen.
Verwendung: Frühlingsbinderei.
Besonderheiten: Möglichst nicht mit Narzissen einstellen. Die Schleimabsonderung der Narzissen schadet den Tulpen.

△ 140a Tulipa-Cultivars
▽ 140b Gefüllte Tulpen

△ 140c Lilienblütige Tulpen
▽ 140d Tulipa-Cultivars gefüllte Sorte

△ 141a Tulipa greigii
▽ 141c Tulpen im Schlosspark Morges (CH)

△ 141b Schlosspark Morges (CH)

△ 142a Lavatera trimestris
▽ 142b Musa × paradisiaca

Lavatera trimestris ⊙

Synonym: –.
Familie: Malvaceae.
Handelsname: Lavatera, Trichter-Malve, Becher-Malve, Garten-Strauchpappel.
Heimat/Herkunft: Süd-Europa.
Wuchsform: Krautig aufrecht, breitverzweigt. Die unteren Blätter sind herzförmig, die oberen z. T. dreilappig. Aus den Blattachseln entwickeln sich breitgeöffnete Trichterblüten.
Pflanzenhöhe: 60 bis 100 cm.
Blütenfarbe: Rosa, Weiß.
Natürliche Blütezeit: Juni bis Oktober.
Zeitraum des Angebotes: Juni bis Oktober.
Schnittreife: Wenn pro Stiel 1 bis 2 Blüten geöffnet sind.
Haltbarkeit: 12 bis 15 Tage.
Kühllagerung: Wegen Flecken an den Blüten nicht zu empfehlen.
Besondere Pflege: Möglichst viele Verdunstungsflächen entfernen. Verblühte Blumen auskneifen.
Verwendung: Sommerbindereien.
Besonderheiten: Die Farbe zeigenden Knospen blühen in der Vase nach.

Musa × paradisiaca ♃ Ⓦ Ⓝ

Synonym: M. × sapientum, M. × paradisiaca var. sapientum, M. rosacea.
Familie: Musaceae.
Handelsname: Rosablühende Banane, Ess-Banane.
Heimat/Herkunft: Ost-Asien, Zuchtform M. acuminata × M. balbisiana.
Wuchsform: Aus verdicktem Grundstamm entwickeln sich ausladende, breitlanzettliche Blätter. Aus der Triebspitze bilden sich die Blüten- und Fruchttriebe. Die gelben Blüten sind von großen rosafarbenen Hüllblättern umgeben.
Pflanzenhöhe: Ausgewachsen bis 8 m hoch.
Blütenfarbe: Hochblätter Rosa, Röhrenblüten Gelb.
Natürliche Blütezeit: Januar bis Dezember.
Zeitraum des Angebotes: Januar bis Dezember.
Schnittreife: Wenn sich die ersten Bananenfrüchte entwickelt haben und sich an der Triebspitze noch Blüten entfalten.
Haltbarkeit: 10 bis 20 Tage.
Kühllagerung: Nicht zu empfehlen.
Besondere Pflege: Die farbigen Hüllblätter nach dem Verblühen der Blüten entfernen.
Verwendung: Spezielle Bindereien.
Besonderheiten: –.

Nelumbo nucifera

♃ ≋ (N)

Synonym: Nelumbium nelumbo, Nelumbo speciosum.
Familie: Nelumbonaceae.
Handelsname: Lotosblume, Indische Lotosblume.
Heimat/Herkunft: Kaspisches Meer, Iran, Indien, Japan, Australien.
Wuchsform: Wasserpflanze mit dickem Grundspross und langen Blattstielen, die über die Wasserfläche hinausragenden Blätter sind kreisrund. Die 20 bis 30 cm großen Einzelblüten stehen über dem Blattwerk.
Pflanzenhöhe: Ab Wurzelstock 150 bis 180 cm.
Blütenfarbe: Rosa.
Natürliche Blütezeit: April bis August.
Zeitraum des Angebotes: April bis August.
Schnittreife: Kurz vor dem Aufblühen.
Haltbarkeit: 2 bis 5 Tage, sie benötigen eine relativ hohe Luftfeuchtigkeit.
Kühllagerung: Nicht zu empfehlen.
Besondere Pflege: Die Blütenknospen von Hand öffnen. Warmes Wasser verwenden.
Verwendung: Spezielle Binderei.
Besonderheiten: Der Fruchtstand findet auch in der Basisarbeit und in der Trockenbinderei Verwendung.

△ 143a Nelumbo nucifera
▽ 143b Nymphaea-Cultivars

Nymphaea-Cultivars

♃ ≋

Synonym: –.
Familie: Nymphaeaceae.
Handelsname: Seerosen.
Heimat/Herkunft: Auf der ganzen Erde verbreitet, nunmehr farbintensivere Zuchtformen.
Wuchsform: Wasserpflanze. Kurzer grundständiger Spross mit 50 bis 100 cm langen aufstrebenden Blattstielen. Die auf dem Wasser aufliegenden Blätter sind kreisrund.
Pflanzenhöhe: 50 bis 100 cm.
Blütenfarbe: Weiß, Rosa, Rot, Blau.
Natürliche Blütezeit: Juni bis August.
Zeitraum des Angebotes: Durch Importe ab Februar bis August.
Schnittreife: Knospig, vor dem Aufblühen.
Haltbarkeit: 5 bis 8 Tage.
Kühllagerung: Nicht empfehlenswert.
Besondere Pflege: Möglichst lang und tief ins Wasser stellen. Unter fließendem Wasser anschneiden. In warmes Wasser einstellen.
Verwendung: Spezielle Binderei.
Besonderheiten: Wenn zu früh geschnitten, öffnen sich die Blüten oft nicht.

Calanthe-Cultivars ♃

Synonym: –.
Familie: Orchidaceae.
Handelsname: Calanthe, Schönorchis, Schön-Orchidee.
Heimat/Herkunft: Hinter-Indien.
Wuchsform: Grundständige Erdorchidee mit bis zu 12 cm hohen Pseudobulben und langen, lanzettlichen Blättern, die in der Ruhezeit abfallen. An langen behaarten Schäften sind je 6 bis 12 Blüten zu einer Traube angeordnet.
Pflanzenhöhe: 40 bis 60 cm.
Blütenfarbe: Weiß, Rosa.
Natürliche Blütezeit: Dezember bis Februar.
Zeitraum des Angebotes: Dezember bis Februar.
Schnittreife: Wenn rund 70 % der Blüten aufgeblüht sind.
Haltbarkeit: 10 bis 20 Tage.
Kühllagerung: Nicht geeignet.
Besondere Pflege: Unter fließendem Wasser anschneiden.
Verwendung: Brautbinderei und andere spezielle floristische Arbeiten.
Besonderheiten: Kein Durchzug. In Steckmasse gesteckt nicht sehr haltbar, besser im Wasser.

△ 144a Calanthe-Cultivars
▽ 144b Cattleya-Cultivars

Cattleya-Cultivars ♃

Synonym: C.-Hybriden.
Familie: Orchidaceae.
Handelsname: Cattleya-Orchidee.
Heimat/Herkunft: Urformen aus den Tropen Süd-Amerikas.
Wuchsform: Epiphytische Orchidee mit langen zylindrischen Pseudobulben, die an ihrer Spitze 2 bis 3 dicke, breitlanzettliche bis langovale Blätter tragen. Endständig brechen aus einer schützenden Scheide eine bis mehrere prächtige Blüten hervor.
Pflanzenhöhe: 20 bis 40 cm.
Blütenfarbe: Weiß, Gelb, Orange, Lilarosa, oft mit prächtig gefärbter Lippe.
Natürliche Blütezeit: Im Gewächshaus das ganze Jahr.
Zeitraum des Angebotes: Januar bis Dezember.
Schnittreife: Wenn die Blumen an der Pflanze 7 Tage aufgeblüht sind.
Haltbarkeit: 7 bis 10 Tage.
Kühllagerung: Nicht geeignet.
Besondere Pflege: Nie unter 15 °C halten.
Verwendung: Spezielle Bindereien.
Besonderheiten: Kein Durchzug.

Cymbidium-Cultivars ♃ (K)

Synonym: C.-Hybriden.
Familie: Orchidaceae.
Handelsname: Cymbidie, Kahn-Orchidee, Kahn-Orchis.
Heimat/Herkunft: Subtropen Ost-Asiens.
Wuchsform: Erdorchidee mit sehr kurzem Grundstamm und dicken Pseudobulben. Die schmalen, langlanzettlichen Blätter sind gefaltet und aufwärtsstrebend, z. T. überhängend.
Pflanzenhöhe: Großblumige Sorten 80 bis 150 cm, kleinblumige Sorten 50 bis 80 cm.
Blütenfarbe: Reiches Farbenspiel in Weiß, Creme, Gelb, Rosa, Rot, Purpur, Braunrot und Grün.
Natürliche Blütezeit: Januar bis Juni.
Zeitraum des Angebotes: Ganzes Jahr.
Schnittreife: Wenn mit Ausnahme der letzten Knospe alle Blüten geöffnet sind.
Haltbarkeit: Großblumige Sorten 20 bis 40 Tage, kleinblumige Sorten 14 bis 25 Tage.
Kühllagerung: Nicht geeignet.
Besondere Pflege: Unter fließendem Wasser anschneiden.
Verwendung: Spezielle und allgemeine Bindereien.
Besonderheiten: Die Einzelblüten eignen sich ideal für kleinere floristische Arbeiten.

△ 145a Cymbidium-Cultivars
▽ 145b Dendrobium-Cultivars

Dendrobium-Cultivars ♃ (W)

Synonym: D.-Hybriden.
Familie: Orchidaceae.
Handelsname: Dendrobie-Orchidee.
Heimat/Herkunft: Urformen aus Australien bis Indo-China. Meist Zuchtformen im Handel.
Wuchsform: Epiphytische Orchidee mit 30 cm langen Pseudobulben mit langlanzettlichen Blättern. Aus der Triebspitze entwickeln sich lange Blütentrauben.
Pflanzenhöhe: 30 bis 50 cm.
Blütenfarbe: Weiß, Dunkellila, Rosa.
Natürliche Blütezeit: Januar bis Dezember.
Zeitraum des Angebotes: Januar bis Dezember.
Schnittreife: Wenn 30 % der Blüten geöffnet sind.
Haltbarkeit: 8 bis 12 Tage.
Kühllagerung: Nicht zu empfehlen.
Besondere Pflege: Nicht unter 15 °C aufstellen und lagern. Unter fließendem, lauwarmem Wasser anschneiden.
Verwendung: Brautbinderei und andere allgemeine bis spezielle Floristik.
Besonderheiten: Knospen, die noch nicht geöffnet sind, können oft welken und abfallen.

△ 146a Odontoglossum-Cultivars
▽ 146b Oncidium-Cultivars

Odontoglossum-Cultivars

♃ (K)

Synonym: O.-Hybriden.
Familie: Orchidaceae.
Handelsname: Odontoglossum-Orchidee.
Heimat/Herkunft: Zentral- bis Süd-Amerika, je nach Art.
Wuchsform: Aus kurzen und dicken Pseudobulben von 5 bis 10 cm Höhe entwickeln sich je 1 bis 2 lanzettliche Blätter. Aus der Bulbenbasis entsteigen lange, aber drahtige Blütentriebe, die in traubiger bis rispiger Anordnung ihre eleganten Blüten von oft herrlichem Farbenspiel tragen.
Pflanzenhöhe: Je nach Art 20 bis 60 cm.
Blütenfarbe: Je nach Art Weiß, Rosa, Gelb, Braun, Violett.
Natürliche Blütezeit: Durch das ganze Jahr.
Zeitraum des Angebotes: Durch das ganze Jahr.
Schnittreife: Wenn die letzte Blüte eines Blütenstandes sich zu öffnen beginnt.
Haltbarkeit: 8 bis 12 Tage.
Kühllagerung: Erträgt Temperaturen unter 15 °C schlecht.
Besondere Pflege: Sofort nach dem Schneiden ins Wasser stellen!
Verwendung: Hauptelement.
Besonderheiten: Durchzug vermeiden.

Oncidium-Cultivars

(K)–(W)

Synonym: O.-Hybriden.
Familie: Orchidaceae.
Handelsname: Oncidium, Schwielen-Orchidee, Schwielen-Orchis.
Heimat/Herkunft: Tropen von Zentral-Amerika.
Wuchsform: Aufstrebende lange Pseudobulben, die mit linealischen, langen Blättern besetzt sind. Aus der Bulbenbasis entwickeln sich lange und verzweigte, rispige Blütenschäfte, die die vielen Blüten locker verteilen.
Pflanzenhöhe: Je nach Art 60 bis 120 cm.
Blütenfarbe: Grundfarbe Gelb mit zum Teil braunen Flecken oder brauner Zeichnung.
Natürliche Blütezeit: Oktober bis Dezember.
Zeitraum des Angebotes: Januar bis Dezember.
Schnittreife: Wenn alle Einzelblüten einer Rispe geöffnet sind.
Haltbarkeit: 12 bis 15 Tage.
Kühllagerung: Nicht geeignet.
Besondere Pflege: Gut anschneiden.
Verwendung: Brautbinderei und andere spezielle Bindereien.
Besonderheiten: Auch als haltbare Topfpflanze im Handel.

Paphiopedilum callosum ♃ (W) ▽

Synonym: –.
Familie: Orchidaceae.
Handelsname: Frauenschuh, Callosum-Cypripedium, Venusschuh.
Heimat/Herkunft: Thailand, Indo-China.
Wuchsform: Grundständige Pflanze mit linealen Blättern von grüner Farbe mit dunklen Flecken. Auf einem 25 bis 35 cm hohen Schaft steht die bis 10 cm große Blüte hoch über dem Laub.
Pflanzenhöhe: 30 bis 35 cm.
Blütenfarbe: Fahne grünlichweiß mit purpurfarbenen Streifen. Der Schuh ist bräunlichpurpur.
Natürliche Blütezeit: März bis Juni.
Zeitraum des Angebotes: Januar bis Dezember.
Schnittreife: Wenn die Blüte gut aufgerichtet ist.
Haltbarkeit: 25 bis 30 Tage.
Kühllagerung: Nein.
Besondere Pflege: Im Wasser anschneiden. Durchzug vermeiden.
Verwendung: Als Hauptelement.
Besonderheiten: Gute Schnittreife beachten!

△ 147a Paphiopedilum callosum
▽ 147b Paphiopedilum insigne

Paphiopedilum insigne ♃ (K) ▽

Synonym: –.
Familie: Orchidaceae.
Handelsname: Frauenschuh, Insigne-Cypripedium, Venusschuh.
Heimat/Herkunft: Himalaja-Region.
Wuchsform: Grundständige Pflanze mit linealischen Blättern, 20 bis 25 cm lang und etwa 2 cm breit, grün. Auf dem 20 cm langen Schaft steht je eine einzelne Blüte. Die Fahne ist grünlichweiß mit braunen Flecken. Der Schuh ist gelbgrün.
Pflanzenhöhe: 20 bis 25 cm.
Blütenfarbe: Grün-Weiß.-Braun-Gelb.
Natürliche Blütezeit: Oktober bis Dezember.
Zeitraum des Angebotes: Januar bis Dezember.
Schnittreife: Wenn sich die Blüte gut aufgerichtet hat und der Schaft fest ist.
Haltbarkeit: Bei frischen Blumen 25 bis 30 Tage.
Kühllagerung: Nein.
Besondere Pflege: Die Schnittstiele sind unter Wasser anzuschneiden. Durchzug vermeiden.
Verwendung: Leit- bis Hauptelement, z. T. auch als Begleitelement.
Besonderheiten: Auch als Topfpflanze im Handel.

Paphiopedilum-Cultivars ♃ (W)

Synonym: P.-Hybriden.
Familie: Orchidaceae.
Handelsname: Frauenschuh-Orchidee, Venusschuh.
Heimat/Herkunft: Tropisches Ost-Asien.
Wuchsform: Grundständige Erdorchidee mit lang-linealen, gefalteten Blättern und teilweise marmorierter Zeichnung. Aus dem Sprosszentrum entsteigt ein behaarter Schaft, der endständig meist eine einzige Blüte von seltener Schönheit trägt.
Pflanzenhöhe: 20 bis 30 cm.
Blütenfarbe: Meist mehrfarbig gezeichnet in Weiß, Gelb, Rot, Rotbraun und Grün.
Natürliche Blütezeit: Januar bis Dezember.
Zeitraum des Angebotes: Januar bis Dezember.
Schnittreife: Wenn die Blüte sich gut geöffnet hat und aufrecht steht.
Haltbarkeit: 25 bis 40 Tage.
Kühllagerung: Nicht geeignet.
Besondere Pflege: Unter Wasser anschneiden. Stets genügend Wasservorrat verabreichen.
Verwendung: Spezielle Bindereien.
Besonderheiten: Durchzug vermeiden.

△ 148a Paphiopedilum-Cultivars
▽ 148b Paphiopedilum-Cultivars

▽ 148c Paphiopedilum-Cultivars

Phalaenopsis-Cultivars

♃ (W)

Synoym: Ph.-Hybriden.
Familie: Orchidaceae.
Handelsname: Phalaenopsis, Falter Orchidee, Malayenblume.
Heimat/Herkunft: Tropen Ost-Asiens, nunmehr viele Zuchtformen.
Wuchsform: Grundständig mit zweiseitig angeordneten, breiten langovalen, ledrigen Blättern. Auf einem langen Schaft entwickelt sich ein traubiger Blütenstand mit 5 bis 16 Blüten.
Pflanzenhöhe: Blühend 60 bis 80 cm.
Blütenfarbe: Weiß, Lilarosa, Orange, Gelb, z. T. mit andersfarbiger Lippe.
Natürliche Blütezeit: Januar bis Dezember.
Zeitraum des Angebotes: Januar bis Dezember.
Schnittreife: Wenn die letzte Knospe pro Traube noch nicht geöffnet ist.
Haltbarkeit: 15 bis 20 Tage.
Kühllagerung: Nicht geeignet.
Besondere Pflege: Unter laufendem Wasser anschneiden, in warmes Wasser einstellen.
Verwendung: Brautbinderei und andere spezielle floristische Arbeiten.
Besonderheiten: Erträgt keinen Durchzug. Wenn die Blüten welken, den ganzen Blütenstand ins Wasser legen.

△ 149a Phalaenopsis-Cultivars
▽ 149b × Renantanda-Cultivars

× Renantanda-Cultivars

♃ (W)

Synonym: × Aranda.
Familie: Orchidaceae.
Handelsname: Arachnis, Spinnen-Orchidee.
Heimat/Herkunft: Gattungskreuzung aus Vanda × Arachnis.
Wuchsform: Epiphytische Orchidee mit aufrechtem Spross und ledrigen, langovalen bis breitlinealen Blättern und dicken Luftwurzeln. Aus den Blattachseln erscheinen aufstrebende Blütentrauben mit je 10 bis 16 Blüten.
Pflanzenhöhe: 60 bis 80 cm.
Blütenfarbe: Rosa, Rot und Zwischentöne.
Natürliche Blütezeit: Durch das ganze Jahr.
Zeitraum des Angebotes: Januar bis Dezember.
Schnittreife: Wenn 80 % der Knospen geöffnet sind.
Haltbarkeit: 15 bis 20 Tage.
Kühllagerung: Vermeiden.
Besondere Pflege: Warmes Wasser geben.
Verwendung: Begleit- bis Hauptelement.
Besonderheiten: Nie unter 15 °C halten. Diese Orchideen werden meist mit Wasserampullen angeliefert.

△ 150a Vanda-Cultivars
▽ 150b × Vuylstekeara-Cultivars

Vanda-Cultivars

♃ (W)

Synonym: –.
Familie: Orchidaceae.
Handelsname: Vanda-Orchidee, Vanda-Orchis.
Heimat/Herkunft: Tropisches Ost-Asien.
Wuchsform: Epiphytische Orchidee mit aufrechtem Spross und zweiseitig angeordneten, langovalen und rinnigen Blättern sowie dicken Luftwurzeln. An seitlichen Trieben bilden sich gehämmerte bis gefleckte Blüten.
Pflanzenhöhe: 30 bis 80 cm.
Blütenfarbe: Blau, andere Vanda-Arten blühen auch in Weiß, Rosa, Orange, Bronze und Rot.
Natürliche Blütezeit: Durch das ganze Jahr.
Zeitraum des Angebotes: Durch das ganze Jahr.
Schnittreife: Die Blüten müssen voll entwickelt sein.
Haltbarkeit: 10 bis 14 Tage.
Kühllagerung: Nein.
Besondere Pflege: Unter Wasser anschneiden.
Verwendung: Feine Floristik.
Besonderheiten: Durchzug vermeiden. Die Stiele werden mit Wasserampullen gehandelt.

× Vuylstekeara-Cultivars

♃ (W)

Synonym: –.
Familie: Orchidaceae.
Handelsname: Cambria-Orchidee.
Heimat/Herkunft: Kreuzungsprodukt aus den Gattungen Cochlida × Miltonia × Odontoglossum.
Wuchsform: An der Basis bilden sich rundliche Pseudobulben als Reservespeicher. Die gefalteten Blätter sind grün, weich und länglichlineal, am Ende zugespitzt. An langen, dünnen und drahtigen Schäften bilden sich in lockeren Trauben bunt gemusterte große Blüten in unterschiedlichen Formen.
Pflanzenhöhe: 40 bis 60 cm.
Blütenfarbe: Die bis 6 cm großen Blüten sind auffallend gezeichnet. Auf weißem Grund dominieren die Farben Rosa, Dunkelrot und Gelb.
Natürliche Blütezeit: In den Wintermonaten.
Zeitraum des Angebotes: Dezember bis Januar.
Schnittreife: Wenn die Blüten zu $^{3}/_{4}$ geöffnet sind.
Haltbarkeit: Gut.
Kühllagerung: Nein.
Besondere Pflege: Die Blütenstängel sollten unter Wasser angeschnitten werden!
Verwendung: Edle Floristik.

Paeonia lactiflora ♃

Synonym: P.-Lactiflora-Hybriden.
Familie: Paeoniaceae.
Handelsname: Pfingstrose, Garten Pfingstrose, Chinesische Pfingstrose.
Heimat/Herkunft: Ost-Sibirien, China, Korea, Tibet.
Wuchsform: Staude mit aufrechtem, wenig verzweigtem Wuchs und dicken Wurzelknollen. Die großen Blätter sind geschlitzt bis tief eingebuchtet. Endständig stehen die prächtigen einfachen, halbgefüllten bis gefüllten großen Blüten.
Pflanzenhöhe: Je nach Sorte 60 bis 80 cm.
Blütenfarbe: Weiß, Rosa, Rot, z. T. zweifarbig.
Natürliche Blütezeit: Juni bis Juli.
Zeitraum des Angebotes: Mai bis Juli.
Schnittreife: Die große kugelige Knospe muss kurz vor dem Aufbrechen sein. Zu früh geschnittene Knospen blühen nicht auf.
Haltbarkeit: 10 bis 15 Tage.
Kühllagerung: Nicht zu empfehlen.
Besondere Pflege: Gut anschneiden, die Verdunstungsflächen nach Bedarf reduzieren.
Verwendung: Dekorative Arbeiten.
Besonderheiten: Die Blütenblätter sind für Blumenteppiche sehr gut geeignet.

△ 151a Paeonia lactiflora

Paeonia-Cultivars × Suffruticosa-Gruppe ♄

Synonym: P.-Suffruticosa-Hybriden.
Familie: Paeoniaceae.
Handelsname: Strauch-Päonie, Strauch-Pfingstrose.
Heimat/Herkunft: China, Tibet, Bhutan.
Wuchsform: Strauch mit dicken, wenig verzweigten Trieben. Die großen grünen Blätter sind mehrfach geteilt. Endständig entwickeln sich große, einfache bis gefüllte Blüten.
Pflanzenhöhe: 60 bis 150 cm, auch bis 250 cm hoch.
Blütenfarbe: Zartrosa, Rosa, Tiefrot.
Natürliche Blütezeit: Mai bis Juni.
Zeitraum des Angebotes: Mai bis Juni.
Schnittreife: Die große Blütenknospe muss gut ausgefärbt und vor dem Aufbrechen sein. Zu früh geschnittene Stiele blühen nicht mehr auf.
Haltbarkeit: 5 bis 8 Tage.
Kühllagerung: Möglich.
Besondere Pflege: Guter Anschnitt der Stiele. Verdunstungsflächen reduzieren.
Verwendung: Frühsommerbinderei, vorwiegend für Sträuße.
Besonderheiten: Die Blütenblätter sind für Blumenteppiche sehr geeignet.

△ 151b Paeonia-Cultivars × Suffruticosa-Gruppe
▽ 151c Paeonia-Cultivars × Suffruticosa-Gruppe

△ 152a Papaver nudicaule
▽ 152b Papaver orientale

Papaver nudicaule ♃ △

Synonym: –.
Familie: Papaveraceae.
Handelsname: Island-Mohn.
Heimat/Herkunft: Arktische bis antarktische Gebiete Asiens und Amerikas.
Wuchsform: Staude mit grundständigem Wuchs und schmalen, fiederschnittigen weichen Blättern. Die bis zu 50 cm langen Blütenschäfte sind behaart. Die seidigen Blüten stehen einzeln endständig.
Pflanzenhöhe: 50 cm.
Blütenfarbe: Weiß, Gelb, Orange, Lachsrosa.
Natürliche Blütezeit: Juni bis September.
Zeitraum des Angebotes: Januar bis September.
Schnittreife: Wenn die beiden grünen Kelchblätter geöffnet und die Blütenblätter gut ausgefärbt, aber noch geschlossen sind.
Haltbarkeit: 6 bis 10 Tage.
Kühllagerung: Nicht zu empfehlen.
Besondere Pflege: Die Schnittstellen anbrennen.
Verwendung: Feine Frühlingsbindereien.
Besonderheiten: Speziell vorbehandelte Schnittstellen sind nicht mehr nachzuschneiden.

Papaver orientale ♃ ✂

Synonym: P. bracteatum.
Familie: Papaveraceae.
Handelsname: Großer Mohn, Türkischer Mohn.
Heimat/Herkunft: Nord-Iran, Armenien, Kaukasus.
Wuchsform: Staude mit aufrechtem Wuchs und länglichen Blättern, die seitlich tief eingeschnitten sind. Borstige Behaarung. Die großen Blüten stehen auf hohen, schlanken Schäften.
Pflanzenhöhe: 80 cm.
Blütenfarbe: Lachsrosa, Zinnoberrot, Dunkelrot.
Natürliche Blütezeit: Mai bis Juni.
Zeitraum des Angebotes: Mai bis Juni.
Schnittreife: In knospigem Zustand, kurz vor dem Aufblühen.
Haltbarkeit: 5 bis 10 Tage.
Kühllagerung: Nicht zu empfehlen.
Besondere Pflege: Die Schnittstellen sind wegen des Milchsaftes anzubrennen.
Verwendung: Sommerbindereien.
Besonderheiten: Bereits vorbehandelte Schnittblumen sind nicht mehr anzuschneiden.

Goniolimon tataricum ♃ ✂

Synonym: Limonium tataricum, Statice tatarica.
Familie: Plumbaginaceae.
Handelsname: Statize.
Heimat/Herkunft: Balkan, Rumänien, Kaukasus.
Wuchsform: Staude mit grundständigen, länglich-spateligen bis verkehrt eirunden Blättern, in der Farbe dunkelgrün bis graugrün. Die niedrigen Blütenstände sind gabelig verästelt. Die Einzelblütchen sind klein und sitzen kurzgestielt an dünnen, rispigen Trieben.
Pflanzenhöhe: 20 bis 50 cm.
Blütenfarbe: Rosa bis Rot.
Natürliche Blütezeit: Juli bis September.
Zeitraum des Angebotes: Juni bis Oktober.
Schnittreife: $^{2}/_{3}$ des Blütenstandes muss geöffnet sein.
Haltbarkeit: 10 bis 20 Tage.
Kühllagerung: Ja.
Besondere Pflege: Keine.
Verwendung: Sträuße und allgemeine Floristik.
Besonderheiten: Zum Teil starker Duft. Auch für die Trockenbinderei geeignet.

△ 153a Goniolimon tataricum
▽ 153b Limonium ferulaceum

Limonium ferulaceum ♃ ▽ ∧

Synonym: –.
Familie: Plumbaginaceae.
Handelsname: Lilarosa Statize, Widerstoß, Meerlavendel.
Heimat/Herkunft: Mittelmeer-Region, Süd-Portugal.
Wuchsform: Staude mit grundständiger Blattrosette und aufrechten, verästelten Trieben, auf denen zahlreiche Blütchen nach oben gerichtet sitzen. Der Blütenstand ist eine rispige Ähre.
Pflanzenhöhe: 60 bis 70 cm.
Blütenfarbe: Lilarosa.
Natürliche Blütezeit: Juni bis Juli.
Zeitraum des Angebotes: April bis Dezember.
Schnittreife: Wenn die meisten Blütchen an den dünnen Zweigen geöffnet sind.
Haltbarkeit: 18 bis 21 Tage.
Kühllagerung: Nicht nötig.
Besondere Pflege: Verholzte Stängel sind entsprechend gut anzuschneiden.
Verwendung: Feine Bindereien.
Besonderheiten: Auch für die Trockenbinderei sehr gut geeignet.

△ 154a Limonium latifolium
▽ 154b Limonium perezii

Limonium latifolium ♃ ▽

Synonym: –.
Familie: Plumbaginaceae.
Handelsname: Schleierstatize, Strandflieder.
Heimat/Herkunft: Rumänien, Bulgarien bis Südwest-Russland.
Wuchsform: Staude mit großer, grundständiger Rosette. Die Blätter sind breit- bis länglich-oval. Die kleinen Blütchen sitzen auf nach oben gerichteten Ähren in feiner, rispiger Verzweigung.
Pflanzenhöhe: 40 bis 50 cm.
Blütenfarbe: Lavendelblau. Die Kelchblätter sind weiß.
Natürliche Blütezeit: Mai bis Juli.
Zeitraum des Angebotes: Durch das ganze Jahr.
Schnittreife: Für den Schnitt (grün), wenn die ersten Blütchen geöffnet sind. Für die Trockenbinderei, wenn alle Blütchen geöffnet sind.
Haltbarkeit: 18 bis 21 Tage, trocken unbegrenzt.
Kühllagerung: Möglich, aber nicht nötig.
Besondere Pflege: –.
Verwendung: Allgemeine bis spezielle Bindereien.
Besonderheiten: Als Trockenblume sehr gut geeignet.

Limonium perezii ♄ Ⓚ ▽

Synonym: Statice perezii.
Familie: Plumbaginaceae.
Handelsname: Violetter Widerstoß, Violette Statize, Strandflieder, Steppenschleier.
Heimat/Herkunft: Kanarische Inseln.
Wuchsform: Zweijährige Pflanze mit einer gedrungenen Blattrosette. Die Triebe sind im oberen Bereich in lockere Doldenrispen aufgegliedert.
Pflanzenhöhe: 60 cm.
Blütenfarbe: Hell- bis Dunkelviolett.
Natürliche Blütezeit: Juli bis Oktober.
Zeitraum des Angebotes: Januar bis Dezember.
Schnittreife: Wenn 60 bis 70 % der Blütchen eines Blütenstandes geöffnet sind.
Haltbarkeit: 20 Tage.
Kühllagerung: Nicht nötig.
Besondere Pflege: Diese Art ist auch ohne Wasser längere Zeit haltbar.
Verwendung: Allgemeine Bindereien, z. B. Strukturarbeiten.
Besonderheiten: Auch in der Trockenbinderei ideal. Mit der Zeit fallen einzelne Blütchen ab.

Limonium sinuatum

⊙–⊙ ♃ ✂

Synonym: Statice sinuata.
Familie: Plumbaginaceae.
Handelsname: Widerstoß, Meerlavendel, Bunte Statize, Strandflieder.
Heimat/Herkunft: Mittelmeer-Region, Süd-Portugal, Sahara.
Wuchsform: Krautig mit grundständiger Blattrosette. Die Triebe wachsen straff aufrecht, verzweigt und sie sind geflügelt. Endständig sitzen auf verzweigten Ähren dichtstehende Blüten.
Pflanzenhöhe: 50 bis 60 cm.
Blütenfarbe: Weiß, Gelb, Rosa, Rot, Blau. Farbig sind die Kelch- oder Hochblätter, während die Blütenblätter unscheinbar cremeweiß gefärbt sind.
Natürliche Blütezeit: Juli bis September.
Zeitraum des Angebotes: Durch das ganze Jahr.
Schnittreife: Wenn die meisten Blüten geöffnet sind.
Haltbarkeit: 12 bis 18 Tage.
Kühllagerung: Nicht nötig.
Besondere Pflege: Alle Blätter im unteren Stängelbereich entfernen.
Verwertung: Allgemeine Bindereien.
Besonderheiten: Sehr gut zum Trocknen geeignet.

△ 155a Limonium sinuatum

▽ 155b Limonium gmelinii

▽ 155c Limonium 'Emille'

△ 156a Phlox paniculata diverse Farben
▽ 156b Phlox paniculata

Phlox paniculata

4

Synonym: P. reniculata, P. decussata, P. × hortorum, P.-Paniculata-Hybriden, P.-Paniculata-Hybriden.
Familie: Polemoniaceae.
Handelsname: Stauden-Phlox, Flammenblume.
Heimat/Herkunft: USA, nunmehr Zuchtformen.
Wuchsform: Staude mit horstiger Ausbreitung. Die Triebe sind im Wuchs straff aufrecht und unverzweigt mit gegenständigen, lanzettlichen Blättern. Endständig breiter rispiger Blütenstand.
Pflanzenhöhe: 60 bis 80 cm.
Blütenfarbe: Weiß, Rosa, Orange, Rot, Lila, Purpur, z. T. auch zweifarbig.
Natürliche Blütezeit: Juni bis August.
Zeitraum des Angebotes: Mai bis Dezember.
Schnittreife: Wenn pro Blütenstand die ersten Blüten geöffnet sind.
Haltbarkeit: 6 bis 12 Tage.
Kühllagerung: Möglich.
Besondere Pflege: Möglichst viele Verdunstungsflächen entfernen.
Verwendung: Allgemeine Sommerbindereien.
Besonderheiten: Leicht süßlicher Duft.

Lysimachia clethroides ♃

Synonym: –.
Familie: Primulaceae.
Handelsname: Felberich, Lysimachie, Entenschnabel-Felberich.
Heimat/Herkunft: Japan, China, Mandschurei, Indochina.
Wuchsform: Staude mit aufrechtem, kräftigem Wuchs, horstbildend, eiförmige Blätter und endständig dichtstehende Blütentrauben, die in der oberen Hälfte seitlich abgeknickt sind.
Pflanzenhöhe: 80 cm.
Blütenfarbe: Weiß.
Natürliche Blütezeit: Juni bis September.
Zeitraum des Angebotes: Juni bis Oktober.
Schnittreife: Wenn die unteren Blüten der langen Traube geöffnet sind.
Haltbarkeit: 8 bis 12 Tage.
Kühllagerung: Möglich.
Besondere Pflege: Möglichst viele Verdunstungsflächen entfernen.
Verwendung: Als ausschwingende Bewegung in der allgemeinen und speziellen Binderei möglich.
Besonderheiten: Die Trauben blühen von unten nach oben.

△ 157a Lysimachia clethroides
▽ 157b Banksia coccinea

Banksia coccinea ♄ Ⓚ ✂

Synonym: –.
Familie: Proteaceae.
Handelsname: Coccinea-Banksie, Scharlachrote Banksie.
Heimat/Herkunft: Australien und Tasmanien.
Wuchsform: Breitverzweigter Strauch mit fingerdicken Endzweigen und breitlinealen, am Rande gezähnten, ledrigen Blättern. Die aparten Blütenstände sitzen endständig.
Pflanzenhöhe: Bis 10 m.
Blütenfarben: Rot, Gelb, Orange.
Natürliche Blütezeit: August bis Februar.
Zeitraum des Angebotes: Mai bis Februar.
Schnittreife: Wenn die Blütenkugel mindestens zu 35 % aufgeblüht ist.
Haltbarkeit: Bei frischer Anlieferung bis 30 Tage.
Kühllagerung: Nicht nötig.
Besondere Pflege: Nach Erhalt unten neu anschneiden. In warmes Wasser stellen.
Verwendung: Spezielle Binderei als Hauptmotiv.
Besonderheiten: Für die Trockenbinderei geeignet.

Banksia hookeriana

Synonym: –.
Familie: Proteaceae.
Handelsname: Banksie, Hookers Banksie.
Heimat/Herkunft: Australien.
Wuchsform: Baum bis Strauch mit etwas sparrigem Wuchs, breitverzweigt. Verholzte, dicke Triebe. Die Blätter sind langlineal mit starker Zähnung. Endständig konischer, bis 20 cm langer Blütenstand.
Pflanzenhöhe: 3 bis 5 m.
Blütenfarbe: Gelborange.
Natürliche Blütezeit: September bis Januar.
Zeitraum des Angebotes: Durch das ganze Jahr.
Schnittreife: Der Blütenstand muss zu 30 % aufgeblüht sein.
Haltbarkeit: In frischem Zustand ca. 14 Tage, anschließend ohne Wasser getrocknet über längere Zeit zu genießen.
Kühllagerung: Nicht nötig.
Besondere Pflege: Den meist eingetrockneten unteren Triebteil abschneiden und den Trieb ins warme Wasser stellen.
Verwendung: Als Haupt- oder Begleitmotiv in exotischen Gestaltungen.
Besonderheiten: Zum Trocknen geeignet. Verschiedene Arten im Handel.

△ 158a Banksia hookeriana
▽ 158b Banksia ashbyi

▽ 158c Banksia grandis

Leucadendron argenteum ♄ Ⓚ

Synonym: –.
Familie: Proteaceae.
Handelsname: Echter Silberbaum.
Heimat/Herkunft: Süd-Afrika.
Wuchsform: Strauch bis Baum mit dicht beblätterten Zweigen. Die zugespitzten, sitzenden Blätter sind 7 bis 15 cm lang, 12 bis 15 mm breit und silbrig behaart. Die Blütenköpfe sind kugelig und sitzen in einer weißfarbenen Hochblattrosette.
Pflanzenhöhe: 3 bis 5 m und mehr.
Blütenfarbe: Zuerst Blaugrau, später Gelb werdend.
Natürliche Blütezeit: Oktober bis Februar.
Zeitraum des Angebotes: Oktober bis Februar.
Schnittreife: Die oberen Blätter müssen nicht ausgereift sein.
Haltbarkeit: 14 bis 21 Tage.
Kühllagerung: Nicht nötig.
Besondere Pflege: –.
Verwendung: Besondere Bindereien.
Besonderheiten: Wird in der Floristik weniger wegen der Blüten, sondern wegen der silbrigen Blätter verwendet.

△ 159a Leucadendron argenteum
▽ 159b Leucadendron coniferum

Leucadendron coniferum ♄ Ⓚ ✂

Synonym: –.
Familie: Proteaceae.
Handelsname: Zapfentragender Leucadendron, Zapfen-Silberbaum.
Heimat/Herkunft: Süd-Afrika.
Wuchsform: Strauch bis Baum mit schlanken, aufrechten Trieben, die endständig mit Blütenständen oder Zapfen abschließen. In der Folge Triebverzweigung mit erneuten Blüten und Zapfen an den Enden. Die derben Blätter sind meist langoval, graugrün.
Pflanzenhöhe: 3 bis 5 m.
Blütenfarbe: Die Blüten und Zapfen sind weiß bis hellgrau und braun.
Natürliche Blütezeit: September bis Januar.
Zeitraum des Angebotes: Februar bis August.
Schnittreife: Wenn die Endtriebe ausgereift und die Hochblätter oder Zapfen ausgefärbt sind.
Haltbarkeit: 15 bis 20 Tage.
Kühllagerung: Nicht nötig.
Besondere Pflege: Verholzte Triebe anschneiden.
Verwendung: Als Begleitelement oder untergeordnet, z. B. für die Basisgestaltung.
Besonderheiten: Auch zum Trocknen geeignet. Verschiedene Arten im Handel.

△ 160a Leucadendron discolor
▽ 160c Leucospermum cordifolium

△ 160b Leucadendron laureoleum

Leucospermum cordifolium

Synonym: L. nutans.
Familie: Proteaceae.
Handelsname: Herzblättriger Silberbaum, Gärtner-Protee, Nadelkissenbaum.
Heimat/Herkunft: Süd-Afrika, Kap-Region.
Wuchsform: Strauch mit sparrigem, breitem Wuchs. Die Blätter sind relativ klein, rundlich bis oval mit gezackten Enden. Endständig bilden sich breite Blütenköpfe mit langen, auffallenden Fruchtblättern.
Pflanzenhöhe: Bis 1 m.
Blütenfarbe: Orangerot, Gelb.
Normale Blütezeit: August bis Mai.
Zeitraum des Angebotes: August bis Mai, Importe aus Australien, Israel und Süd-Afrika.
Schnittreife: Wenn die Blüten gut aufgeblüht sind.
Haltbarkeit: 30 bis 40 Tage.
Kühllagerung: Nicht nötig.
Besondere Pflege: Im warmen Wasser öffnen sich die Blüten besser, periodisch ergänzen.
Verwendung: Allgemeine Bindereien.
Besonderheiten: Sie eignen sich für die Schwerpunktbildung nicht sehr gut.

Protea barbigera

♄ K ✂

Synonym: –.
Familie: Proteaceae.
Handelsname: Barbigera-Protea, Wollige Protee.
Heimat/Herkunft: Süd-Afrika.
Wuchsform: Strauch mit breitem Wuchs und verholzten Trieben. Die dicht stehenden Blätter sind derb und langoval. Endständig bilden sich breite Blütenköpfe mit schwarzem Flaum auf den Blütenblättern. Das Zentrum ist schwach pyramidal gegliedert.
Pflanzenhöhe: Einige Meter.
Blütenfarbe: Leuchtendrot, Weiß mit schwarzer Mitte.
Natürliche Blütezeit: Oktober bis Januar.
Zeitraum des Angebotes: Oktober bis Juni.
Schnittreife: 25 bis 35 % eines Blütenstandes müssen geöffnet sein.
Haltbarkeit: 10 bis 30 Tage.
Kühllagerung: Nicht nötig.
Besondere Pflege: In warmes Wasser stellen, damit sich die Blüten gut öffnen.
Verwendung: Spezielle Binderei als Hauptmotiv.
Besonderheiten: Gut für Trockenbinderei.

△ 161a Protea barbigera
▽ 161b Protea cynaroides

Protea cynaroides

♄ K ✂

Synonym: –.
Familie: Proteaceae.
Handelsname: Königs-Protea, King-Protea.
Heimat/Herkunft: Süd-Afrika.
Wuchsform: Strauch mit breitem, sparrigem Wuchs. Die langovalen Blätter sind langgestielt. Endständig bilden sich prächtige breite Blüten. Die schönste und größte Proteenart.
Pflanzenhöhe: 1 bis 2 m.
Blütenfarbe: Reinrosa, Zentrum Hellrosa bis Weiß.
Natürliche Blütezeit: Oktober bis Januar.
Zeitraum des Angebotes: Zum Teil das ganze Jahr.
Schnittreife: Wenn die Blüte sich öffnet und gut ausgebildet ist.
Haltbarkeit: 10 bis 40 Tage, je nach Frische und Standort.
Kühllagerung: Nicht nötig.
Besondere Pflege: In warmes Wasser einstellen, die Blüten öffnen sich dann besser.
Verwendung: Spezielle Binderei, exotisch als Hauptmotiv.
Besonderheiten: Auch in der Trockenbinderei verwendbar.

△ 162a Protea grandiceps
▽ 162b Protea longiflora

Protea grandiceps

♄ Ⓚ ✂

Synonym: –.
Familie: Proteaceae.
Handelsname: Grandiceps-Protea, Pfirsich-Protee.
Heimat/Herkunft: Süd-Afrika.
Wuchsform: Strauch mit sparrigem Wuchs und ovalen, grausilbrigen Blättern. Die eiförmigen Blüten stehen endständig, z. T. noch mit Blättern umhüllt, sie werden 7 bis 10 cm lang.
Pflanzenhöhe: 3 bis 4 m.
Blütenfarbe: Leuchtendrot mit Behaarung.
Natürliche Blütezeit: September bis Dezember.
Zeitraum des Angebotes: September bis Dezember.
Schnittreife: Wenn die Blüten halb geöffnet sind.
Haltbarkeit: 10 bis 30 Tage.
Kühllagerung: Nicht nötig.
Besondere Pflege: In warmes Wasser gestellt öffnen sich die Blüten besser.
Verwendung: Allgemeine bis spezielle Bindereien.
Besonderheiten: Beschränkt auch in der Trockenbinderei verwendbar.

Protea longiflora

♄ Ⓚ ✂

Synonym: –.
Familie: Proteaceae.
Handelsname: Langblütige Protea.
Heimat/Herkunft: Süd-Afrika.
Wuchsform: Strauch mit behaarten, verholzten Zweigen. Die eirunden, steifen Blätter sind ungestielt und in der Jugend seidig behaart. Die länglichen, röhrenförmigen Blüten sind deutlich geschuppt.
Pflanzenhöhe: Bis 2 m.
Blütenfarbe: Ockergelb bis Rosa.
Natürliche Blütezeit: März bis Mai.
Zeitraum des Angebotes: Zum Teil ab Januar bis August.
Schnittreife: Wenn die Blütenknospen gut entwickelt und ausgefärbt, aber noch nicht aufgeblüht sind.
Haltbarkeit: 10 bis 30 Tage.
Kühllagerung: Nicht nötig.
Besondere Pflege: In warmes Wasser stellen, die Blüten öffnen sich dann besser.
Verwendung: Allgemeine bis spezielle Bindereien.
Besonderheiten: Auch in der Trockenbinderei verwendbar.

Protea neriifolia

ħ Ⓚ ✂

Synonym: –.
Familie: Proteaceae.
Handelsname: Oleanderblättrige Protea, Oleander-Protee.
Heimat/Herkunft: Süd-Afrika.
Wuchsform: Baumartiger Strauch mit aufrechtem, verzweigtem Wuchs und linealischen, oleanderähnlichen, oberseits filzigen Blättern. Endständig sitzen 6 bis 8 cm lange, kreiselförmige Blütenköpfe mit silbrigweiß oder schwarz behaarten Hüllblättern.
Pflanzenhöhe: 2 bis 4 m.
Blütenfarbe: Purpurrot mit silbrigweißen Hüllblättern.
Natürliche Blütezeit: Oktober bis Januar.
Zeitraum des Angebotes: Durch das ganze Jahr.
Schnittreife: Wenn der Blütenstand gut entwickelt ist, kurz vor dem Öffnen der Blütenblätter.
Haltbarkeit: 15 bis 20 Tage.
Kühllagerung: Nicht nötig.
Besondere Pflege: Guter Anschnitt der verholzten Triebe, evtl. ins warme Wasser einstellen.
Verwendung: Besondere Floristik mit exotischem Einschlag.
Besonderheiten: Auch für die Trockenbinderei geeignet.

△ 163a Protea neriifolia
▽ 163b Protea obtusifolia

Protea obtusifolia

ħ Ⓚ ✂

Synonym: –.
Familie: Proteaceae.
Handelsname: Ansehnliche Protea, Schillerbaum.
Heimat/Herkunft: Süd-Afrika.
Wuchsform: Strauch bis Baum mit aufrechtem, verzweigtem Wuchs. Die bläulich grünen Blätter sind länglich verkehrt eiförmig und 8 bis 10 cm lang. Endständig sitzen behaarte längliche Blütenköpfe.
Pflanzenhöhe: 2 bis 3 m.
Blütenfarbe: Purpurrot mit dunklem Flaum sowie auch eine hellgelbe Abart.
Natürliche Blütezeit: Oktober bis Januar.
Zeitraum des Angebotes: Durch das ganze Jahr.
Schnittreife: Wenn die Blüten gut entwickelt sind, kurz vor dem Öffnen der Blütenblätter.
Haltbarkeit: 15 bis 20 Tage.
Kühllagerung: Nicht nötig.
Besondere Pflege: Guter Anschnitt der verholzten Triebe sowie evtl. ins warme Wasser stellen.
Verwendung: Allgemeine bis spezielle Bindereien.
Besonderheiten: Auch für die Trockenbinderei.

△ 164a Protea repens
▽ 164c Protea 'Lady Di'

△ 164b Protea compacta
▽ 164d Protea 'Sheila'

Aconitum carmichaelii var. carmichaelii

♃ ▽ ✂ ☠

Synonym: A. arendsii.
Familie: Ranunculaceae.
Handelsname: Eisenhut, Sturmhut.
Heimat/Herkunft: Mittel-China.
Wuchsform: Kräftig aufrecht wachsende Staude mit knolligem Wurzelstock. Die dunkelgrün glänzenden Blätter sind tief eingeschnitten bis geteilt. Die hohen Blütentrieben sind rispig verzweigt mit helmartigen Einzelblüten.
Pflanzenhöhe: 100 bis 120 cm.
Blütenfarbe: Dunkelblau.
Natürliche Blütezeit: September bis Oktober.
Zeitraum des Angebotes: Juni bis Oktober.
Schnittreife: Wenn pro Blütentrieb 3 bis 5 Blüten geöffnet sind.
Haltbarkeit: 12 bis 15 Tage.
Kühllagerung: Möglich.
Besondere Pflege: Nicht zu lange ohne Wasser lagern, sonst gerne Blütenfall. Die Blätter sollten nicht mit Wasser in Berührung kommen.
Verwendung: Allgemeine Sommer- bis Herbstbinderei. Dekorative und formlineare Gestaltungen.
Besonderheiten: Auch kurze Blütentriebe sind gut verwendbar.

△ 165a Aconitum carmichaelii var. carmichaelii
▽ 165b Aconitum napellus subsp. napellus

Aconitum napellus subsp. napellus

♃ ✂ ☠

Synonym: –.
Familie: Ranunculaceae.
Handelsname: Blauer Eisenhut, Wolfshut.
Heimat/Herkunft: West- bis Mittel-Europa, im Norden bis Schweden.
Wuchsform: Staude mit straff aufrechten Trieben, horstbildend. Handförmig geteilte Blätter. Die helmförmigen Blüten stehen dicht übereinander und bilden eine Traube.
Pflanzenhöhe: 100 bis 110 cm.
Blütenfarbe: Tiefblau.
Natürliche Blütezeit: Juni bis August.
Zeitraum des Angebotes: April bis Oktober.
Schnittreife: Wenn pro Traube 3 bis 5 Blüten geöffnet sind.
Haltbarkeit: 12 bis 15 Tage.
Kühllagerung: Möglich.
Besondere Pflege: Nicht zu lange ohne Wasser halten, sonst fallen die Blüten gerne ab. Die Blätter sollten nicht im Wasser stehen.
Verwendung: Allgemeine Sommerbinderei. Dekorative und formallineare Gestaltungen.
Besonderheiten: Auch kurzstielige Aconitum sind im Handel.

Anemone coronaria ♃ ✂

Synonym: –.
Familie: Ranunculaceae.
Handelsname: Kronen-Anemone.
Heimat/Herkunft: Mittelmeer-Länder bis West-Asien.
Wuchsform: Aus einer dunkelbraunen, flachen Knolle entwickeln sich krautige aufrechte Triebe mit tief eingeschnittenen Blättern. Direkt unter der Blüte sitzen noch 2 Blätter.
Pflanzenhöhe: 25 bis 30 cm.
Blütenfarbe: Weiß, Rosa, Rot, Blau, Violett, z. T. mit weißem Ring im Zentrum.
Natürliche Blütezeit: März bis Mai.
Zeitraum des Angebotes: August bis Mai.
Schnittreife: Sobald die Blüte gut ausgefärbt und ausgebildet, aber noch etwas geschlossen ist.
Haltbarkeit: 8 bis 10 Tage.
Kühllagerung: Möglich, zugleich bei der Lagerung dunkel halten, die Blüten öffnen sich dann weniger schnell.
Besondere Pflege: In wenig Wasser einstellen.
Verwendung: Frühlingsbindereien.
Besonderheiten: Anemonen nicht mit Narzissen kombiniert einstellen. Die Schleimabsonderung der Narzissen schadet den Anemonen.

△ 166a Anemone coronaria
▽ 166b Anemone 'Mona Lisa' ™

Anemone 'Mona Lisa' ™ ♃ ✂

Synonym: –.
Familie: Ranunculaceae.
Handelsname: Großblumige Kronen-Anemone.
Heimat/Herkunft: Zuchtform aus der Art A. coronaria.
Wuchsform: Knollenpflanze. Daraus entwickeln sich aufsteigende Triebe mit tief eingeschnittenen Blättern und langen runden Schäften, die endständig je eine große, runde Blüte tragen. Unter der Blüte sind noch 2 Blätter sitzend.
Pflanzenhöhe: 25 bis 40 cm.
Blütenfarbe: Weiß, Rosa, Rot, Blau, Violett.
Natürliche Blütezeit: März bis Mai.
Zeitraum des Angebotes: Dezember bis Mai.
Schnittreife: Die Blüten müssen noch knospig, aber ausgefärbt sein.
Haltbarkeit: 5 bis 10 Tage.
Kühllagerung: Ja, aber eingepackt.
Besondere Pflege: Benötigt relativ wenig Wasser.
Verwendung: Frühlingsbinderei.
Besonderheiten: Der Schaft ist relativ weich! Vorsicht!

Aquilegia caerulea ♃ ✂ ▽

Synonym: A. × cultorum, A.-Hybriden.
Familie: Ranunculaceae.
Handelsname: Garten-Akelei.
Heimat/Herkunft: Urformen aus den USA, nunmehr Zuchtformen.
Wuchsform: Staude mit aufrechtem Wuchs, horstbildend. Das Blatt ist doppelt dreizählig geteilt. Die langgespornten Blüten sitzen in lockeren Rispen angeordnet.
Pflanzenhöhe: 70 bis 80 cm.
Blütenfarbe: Weiß, Gelb, Orange, Rot, Blau, oft auch zweifarbig.
Natürliche Blütezeit: Mai bis Juni.
Zeitraum des Angebotes: April bis Juli.
Schnittreife: Pro Trieb müssen 3 bis 4 Blüten geöffnet sein.
Haltbarkeit: 5 bis 10 Tage.
Kühllagerung: Nicht zu empfehlen.
Besondere Pflege: Ein guter Anschnitt ist erforderlich.
Verwendung: Duftige Sommerbindereien.
Besonderheiten: Einzelne Blütenblätter fallen beim Verblühungsprozess ab.

△ 167a Aquilegia caerulea
▽ 167b Consolida ajacis

Consolida ajacis ⊙ ✂

Synonym: Delphinium ajacis, C. ambigua.
Familie: Ranunculaceae.
Handelsname: Einjähriger Rittersporn, Sommer-Rittersporn, Hyazinthenblütiger Rittersporn.
Heimat/Herkunft: Mittelmeer-Region.
Wuchsform: Krautig, straff aufrecht mit oben lockerer Verzweigung und sehr feingefiedertem Laub. Die Blüten sitzen traubig angeordnet an schlanken Trieben.
Pflanzenhöhe: 60 bis 80 cm.
Blütenfarbe: Weiß, Rosa, Hellblau, Dunkelblau.
Natürliche Blütezeit: Juni bis August.
Zeitraum des Angebotes: Aus Gewächshauskultur das ganze Jahr.
Schnittreife: Wenn pro Blütentraube 6 bis 8 Blüten geöffnet sind.
Haltbarkeit: 8 bis 12 Tage.
Kühllagerung: Möglich, jedoch gerne Fäulnisgefahr.
Besondere Pflege: Die Verdunstungsflächen und Seitentriebe bewusst reduzieren.
Verwendung: Allgemeine Bindereien. Die Einzelblüten lassen sich für Rankenbinderei sehr gut verwenden.
Besonderheiten: Auch zum Trocknen sehr gut geeignet, Trockenbinderei.

△ 168a Delphinium-Cultivars
▽ 168b Helleborus foetidus

Delphinium-Cultivars ♃ ▽

Synonym: D. × cultorum, D.-Hybriden.
Familie: Ranunculaceae.
Handelsname: Mehrjähriger Rittersporn, Hoher Rittersporn.
Heimat/Herkunft: Zuchtform, Urform meist aus den Karpaten, aus Russland und Asien.
Wuchsform: Staude mit kräftigem Wuchs, straff aufrechten, wenig verzweigten Trieben und spitzgelappten, weichen Blättern. Die langen Blütenstände sind traubig.
Pflanzenhöhe: Bis 1,8 m.
Blütenfarbe: Weiß, Hellblau, Mittelblau, Dunkelblau, Rosa, z. T. auch zweifarbig.
Natürliche Blütezeit: Juni bis September.
Zeitraum des Angebotes: Mai bis Oktober.
Schnittreife: Wenn pro Blütentraube 1 bis 3 Blüten geöffnet sind.
Haltbarkeit: 10 bis 12 Tage.
Kühllagerung: Nicht zu empfehlen.
Besondere Pflege: Möglichst viele Verdunstungsflächen entfernen.
Verwendung: Sommerbinderei, Dekorationen. Die Einzelblüten eignen sich auch für die montierte Binderei.
Besonderheiten: Gut aufgeblühte Blütenstände sind auch in der Trockenbinderei verwendbar.

Helleborus foetidus ♃ ♄ ▽ ☠

Synonym: –.
Familie: Ranunculaceae.
Handelsname: Stinkende Nieswurz, Palmblatt-Nieswurz.
Heimat/Herkunft: Südwest- bis Mittel-Europa.
Wuchsform: Winterharte Staude mit aufrechten, immergrünen Stämmchen. Das dunkelgrüne, glänzende Blatt ist groß und tief eingeschnitten, es können bis 11 Blattsegmente gezählt werden. Die glockigen Blüten erscheinen endständig in lockeren Rispen.
Pflanzenhöhe: 40 bis 50 cm.
Blütenfarbe: Hellgrün mit oft purpurfarbigen Spitzen oder Rändern.
Natürliche Blütezeit: Februar bis März.
Zeitraum des Angebotes: Dezember bis Mai.
Schnittreife: Die Blüten müssen zu $^3/_4$ geöffnet sein.
Haltbarkeit: In Wasser eingestellt gut, gesteckt hingegen nicht sehr haltbar.
Kühllagerung: Möglich.
Besondere Pflege: Anbrennen der Stiele verlängert die Haltbarkeit.
Verwendung: Bunte Sträuße.
Besonderheiten: Überflüssige Verdunstungsflächen entfernen.

Helleborus niger subsp. niger

♃ ✂ ▽ ☠

Synonym: –.
Familie: Ranunculaceae.
Handelsname: Christrose.
Heimat/Herkunft: Ost-Alpen, Karpaten, Jugoslawien, Apenninen.
Wuchsform: Staude mit verdicktem Wurzelstock. Die fingerförmig geteilten Blätter sind grundständig. Auf dicken Schäften sitzen 1 bis 3 einseitig gewendete Blüten resp. Knospen.
Pflanzenhöhe: 20 bis 30 cm.
Blütenfarbe: Weiß mit grüner Mitte.
Natürliche Blütezeit: Dezember bis März.
Zeitraum des Angebotes: November bis März.
Schnittreife: Wenn die erste Blüte sich geöffnet hat.
Haltbarkeit: 8 bis 12 Tage.
Kühllagerung: Möglich.
Besondere Pflege: Gut anschneiden.
Verwendung: Advents- und Weihnachtsbinderei.
Besonderheiten: Die Blüten ertragen auch Frosttemperaturen.

△ 169a Helleborus niger subsp. niger

Helleborus orientalis subsp. orientalis

♃ ✂ ▽ ☠

Synonym: H. polychromus.
Familie: Ranunculaceae.
Handelsname: Orientalische Nieswurz.
Heimat/Herkunft: Türkei, Ost-Bulgarien, Griechenland.
Wuchsform: Locker buschig mit grundständigen, langstieligen und wintergrünen Blättern. Diese sind fächerförmig in 5 bis 11 Teilblättchen geteilt, in der Farbe dunkelgrün und am Rande doppelt gesägt und matt glänzend.
Pflanzenhöhe: 25 bis 30 cm.
Blütenfarbe: In vielen Sorten. Grünlich, Rot, Rosa oder Weiß.
Natürliche Blütezeit: Februar bis April.
Zeitraum des Angebotes:
Schnittreife: Wenn die erste Blüte geöffnet ist.
Haltbarkeit: 8 bis 10 Tage.
Kühllagerung: Möglich.
Besondere Pflege: Schräg anschneiden.
Verwendung: Advents-, Weihnachts- und Winterbinderei.
Besonderheiten: Die Blüten ertragen auch Fröste, daher sind sie auch gut für den Grabschmuck geeignet.

△ 169b Helleborus orientalis subsp. orientalis
▽ 169c Helleborus orientalis subsp. orientalis

Nigella damascena

⊙ ⚘

Synonym: –.
Familie: Ranunculaceae.
Handelsname: Jungfer im Grünen, Braut in Haaren, Schwarzkümmel, Gretel im Busch.
Heimat/Herkunft: Mittelmeer-Region, Klein-Asien, Kanarische Inseln.
Wuchsform: Krautig, straff aufrecht mit lockerer, breiter Verzweigung. Die Blättchen sind fein gefiedert. Endständig sitzen die aparten Blüten und später aufgeblasene, große Samenkapseln.
Pflanzenhöhe: Bis 50 cm.
Blütenfarbe: Weiß. bis Blau.
Natürliche Blütezeit: Juni bis September.
Zeitraum des Angebotes: Juni bis September.
Schnittreife: Wenn eine erste Blüte pro Trieb gut ausgebildet ist und die Stiele fest sind.
Haltbarkeit: 2 bis 6 Tage.
Kühllagerung: Möglich.
Besondere Pflege: Möglichst viele Verdunstungsflächen entfernen, auch weiche Seitentriebe.
Verwendung: Feine Bindereien.
Besonderheiten: Der Fruchtstand ist ein beliebtes Trockenbindereimaterial.

△ 170a Nigella damascena
▽ 170b Ranunculus asiaticus großblumige

Ranunculus asiaticus

♃ Ⓚ ✂

Synonym: R. hortensis, R. africanus.
Familie: Ranunculaceae.
Handelsname: Ranunkel, Turban-Ranunkel.
Heimat/Herkunft: Kreta, Südwest-Asien.
Wuchsform: Aus einer harten, flachen Knolle sprießen aufrechte Triebe mit endständigen, gefüllten Blüten. Die Blätter sind z. T. grundständig, z. T. sitzen sie an den Stängeln und weisen unterschiedliche Formen auf.
Pflanzenhöhe: 15 bis 20 cm.
Blütenfarbe: Leuchtendrot (kleinblumig) und Pastelltöne von Weiß, Rosa, Lachs bis Orange.
Natürliche Blütezeit: Mai bis Juni.
Zeitraum des Angebotes: Dezember bis Juni.
Schnittreife: Wenn die Hauptblüte eines Triebes gut ausgebildet ist und sich zu öffnen beginnt.
Haltbarkeit: 8 bis 15 Tage.
Kühllagerung: Möglich.
Besondere Pflege: Die weichen Seitentriebe und die Blätter bewusst größtenteils entfernen.
Verwendung: Allgemeine bis spezielle Frühlingsbinderei.
Besonderheiten: Bei weichen Stielen Vorsicht beim Einführen in die Steckmasse.

△ 171a Ranunculus asiaticus
▽ 171b Reseda odorata

Reseda odorata

⊙ ⊙⊙ ♃ **D** Ⓝ

Synonym: –.
Familie: Resedaceae.
Handelsname: Garten-Reseda.
Heimat/Herkunft: Mittelmeer-Region.
Wuchsform: Krautiger Wuchs, verzweigt mit meist niederliegenden Trieben und länglichen Blättern. Die stark duftenden Blütchen sitzen an aufwärtsstrebenden, dichten, pyramidalen Trauben.
Pflanzenhöhe: 20 bis 30 cm.
Blütenfarbe: Gelbgrün bis Rot.
Natürliche Blütezeit: Juli bis September.
Zeitraum des Angebotes: Ab Februar bis September.
Schnittreife: Wenn die Triebe genügend stark sind und sich die ersten unteren Blütchen öffnen.
Haltbarkeit: 10 bis 12 Tage.
Kühllagerung: Infolge Fäulnisgefahr möglichst Vorsicht walten lassen, die Triebe dürfen nicht nass sein.
Besondere Pflege: Möglichst viele Verdunstungsflächen entfernen.
Verwendung: Kleine Bindereien. Auch geeignet für die Basisgestaltung.
Besonderheiten: Die relativ weichen Triebe vorsichtig in die Steckmasse stecken.

Alchemilla mollis ♃

Synonym: A. acutiloba.
Familie: Rosaceae.
Handelsname: Frauenmantel, Weicher Frauenmantel.
Heimat/Herkunft: Ost-Karpaten, Kaukasus, West-Asien.
Wuchsform: Staude mit aufrechtem bis breitverzweigtem Wuchs und runden, gelappten bis gefingerten Blättern und schein- oder trugdoldigen Blütenständen mit kleinen Blütchen.
Pflanzenhöhe: 30 bis 40 cm.
Blütenfarbe: Gelbgrün.
Natürliche Blütezeit: Juni bis Juli.
Zeitraum des Angebotes: April bis Juli.
Schnittreife: Wenn 60 bis 70 % der Blütchen geöffnet sind.
Haltbarkeit: 10 bis 12 Tage.
Kühllagerung: Möglich.
Besondere Pflege: –.
Verwendung: Allgemeine bis spezielle Bindereien. Die Blätter sind ideal für die Basisgestaltung.
Besonderheiten: Auch für die Trockenbinderei geeignet.

△ 172a Alchemilla mollis
▽ 172b Rosa-Cultivar 'Esparance'

Rosa-Cultivars ♄–♄ D

Synonym: R. floribunda, R. grandiflora, R.-Floribunda-Grandiflora-Hybriden.
Familie: Rosaceae.
Handelsname: Edelrose, Floribunda-Rose.
Heimat/Herkunft: Zuchtformen.
Wuchsform: Halbstrauch bis Strauch mit aufrechtem Wuchs, mäßiger Verzweigung und unpaarig gefiederten Blättern. Die Triebe und Blattstiele sind mehr oder weniger mit Stacheln besetzt.
Pflanzenhöhe: Bis 2 m hoch im Gewächshaus.
Blütenfarbe: Weiß, Gelb, Orange, Rot, Rosa, Lila, Mauve, z. T. auch zweifarbig.
Natürliche Blütezeit: Juni bis Oktober (im Freien).
Zeitraum des Angebotes: Durch das ganze Jahr.
Schnittreife: Je nach Sorte etwas unterschiedlich in Knospe vor dem Öffnen der Blütenblätter.
Haltbarkeit: Je nach Sorte und Standort 8 bis 18 Tage.
Kühllagerung: Möglich.
Besondere Pflege: Tief und gut ins Wasser einstellen, gut anschneiden.
Verwendung: Für alle floristischen Arbeiten.
Besonderheiten: Unbedingt nach dem Erhalt der Rosen eine Erholungsphase beachten.

△ 173a Rosa-Cultivars englische Duftrosen

△ 173b Rosa-Cultivars Edelrose
▽ 173c Rosa multiflora

Rosa multiflora

Synonym: Rosa polyantha, R.-Polyantha-Hybriden.
Familie: Rosaceae.
Handelsname: Polyantha-Rose, Vielblütige Rose.
Heimat/Herkunft: Zuchtformen.
Wuchsform: Halbstrauch bis Strauch mit aufrechtem Wuchs und z. T. breiter Verzweigung mit unpaarig gefiederten Blättern. Meist rispig verzweigte Blütenstände mit mehreren kleinen bis mittelgroßen Blüten.
Pflanzenhöhe: 40 bis 60 cm.
Blütenfarbe: Weiß, Gelb, Orange, Rot, Rosa, Lila.
Natürliche Blütezeit: Juni bis Oktober.
Zeitraum des Angebotes: Durch das ganze Jahr.
Schnittreife: Je nach Sorte etwas unterschiedlich. Als Regel gilt, wenn sich die Kelchblätter gelöst haben und die größten Knospen aufspringen.
Haltbarkeit: 8 bis 18 Tage, je nach Sorte.
Kühllagerung: Möglich.
Besondere Pflege: –.
Verwendung: Allgemeine bis spezielle Bindereien, geeignet auch für feine Brautbindereien u. a.
Besonderheiten: Verblühte Blüten ausschneiden.

Bouvardia-Cultivars

Synonym: B. × domestica, B. × hybrida, B.-Hybriden.
Familie: Rubiaceae.
Handelsname: Bouvardie.
Heimat/Herkunft: Zuchtformen.
Wuchsform: Halbstrauch bis Strauch mit aufrechtem verzweigtem Wuchs, gegenständigen breitlanzettlichen, weichen Blättern und endständigem, trugdoldigem Blütenstand. Blüten einfach, halbgefüllt bis gefüllt.
Pflanzenhöhe: 40 bis 100 cm.
Blütenfarbe: Weiß, Rot, Rosa.
Natürliche Blütezeit: Juli bis September.
Zeitraum des Angebotes: Aus Gewächshauskultur durch das ganze Jahr.
Schnittreife: Wenn aus einer Scheindolde 3 bis 5 Blüten aufgeblüht sind.
Haltbarkeit: 20 bis 22 Tage.
Kühllagerung: Nicht zu empfehlen.
Besondere Pflege: Möglichst viele Verdunstungsflächen entfernen. Guter Stielanschnitt, sonst fallen die Blüten zusammen.
Verwendung: Spezielle bis allgemeine Bindereien.
Besonderheiten: Die Blütenstände sind oft vom Transport beschädigt, daher unbedingt gut kontrollieren.

△ 174a Bouvardia-Cultivars
▽ 174b Bouvardia longiflora

Bouvardia longiflora

Synonym: B. humboldtii.
Familie: Rubiaceae.
Handelsname: Langblütige Bouvardie.
Heimat/Herkunft: Mexiko.
Wuchsform: Halbstrauch bis Strauch mit aufrechtem, verzweigtem Wuchs und gegenständigen, lanzettlichen, glänzenden Blättern. Endständig an trugdoldigem Bütenstand je 5 bis 10 Blüten mit dünner, langer Röhre.
Pflanzenhöhe: 50 bis 80 cm.
Blütenfarbe: Reinweiß, stark duftend.
Natürliche Blütezeit: August bis November (Gewächshaus).
Zeitraum des Angebotes: Durch Spezialkulturen das ganze Jahr erhältlich.
Schnittreife: Die Blütenknospen müssen sehr gut entwickelt und teilweise aufgeblüht sein.
Haltbarkeit: 5 bis 8 Tage.
Kühllagerung: Nicht zu empfehlen.
Besondere Pflege: Guter Anschnitt ist wegen der verholzenden Stiele nötig.
Verwendung: Spezielle Bindereien.
Besonderheiten: Einzelblüten können abfallen.

Sarracenia flava

♃ (K) ⩘

Synonym: –.
Familie: Sarraceniaceae.
Handelsname: Gelbe Schlauchpflanze.
Heimat/Herkunft: Südliche USA.
Wuchsform: Staude mit aufstrebenden, nach oben sich ausweitenden röhrigen Blattschläuchen, gelbgrün mit deutlich hervortretenden roten Blattnerven im Schlunde. Ein runder Deckel wölbt sich über die Öffnung.
Pflanzenhöhe: 30 bis 100 cm.
Blütenfarbe: Gelb. Verwendung finden die dekorativen schlauchartigen Blätter.
Natürliche Blütezeit: August bis Dezember.
Zeitraum des Angebotes: Juli bis Januar.
Schnittreife: Wenn die Blätter gut ausgereift sind.
Haltbarkeit: 5 bis 8 Tage.
Kühllagerung: Nicht zu empfehlen wegen Fäulnisgefahr.
Besondere Pflege: Nur in wenig Wasser einstellen.
Verwendung: Spezielle Bindereien.
Besonderheiten: Vorsicht im Umgang mit den Schlauchpflanzen, sie sind leicht verletzlich!

△ 175a Sarracenia flava
▽ 175b Astilbe × arendsii

Astilbe × arendsii

♃

Synonym: A.-Arendsii-Hybriden.
Familie: Saxifragaceae.
Handelsname: Astilbe, Garten-Astilbe.
Heimat/Herkunft: Zuchtform.
Wuchsform: Staude mit verdicktem Wurzelstock, horstbildend, straff aufrecht, leicht verzweigte Triebe mit dreifach dreiteiligen Blättern. Die kleinen Blütchen sitzen an kräftigen, rispigen Blütenständen.
Pflanzenhöhe: Je nach Sorte 50 bis 100 cm.
Blütenfarbe: Weiß, Rosa, Rot.
Natürliche Blütezeit: Juli bis September.
Zeitraum des Angebotes: April bis Oktober.
Schnittreife: Die vielen Blütchen einer Rispe müssen zum größten Teil aufgeblüht sein.
Haltbarkeit: 5 bis 8 Tage.
Kühllagerung: Nicht zu empfehlen wegen Fäulnisgefahr.
Besondere Pflege: Möglichst viele Verdunstungsflächen entfernen. Guter Stielanschnitt, ins warme Wasser stellen.
Verwendung: Allgemeine Sommerbindereien.
Besonderheiten: Eine gute Schnittreife beachten!

Antirrhinum majus subsp. **majus** ⊙ ♃ ✂

Synonym: –.
Familie: Scrophulariaceae.
Handelsname: Löwenmaul, Garten-Löwenmaul, Großes Löwenmaul.
Heimat/Herkunft: Südwest-Europa bis Nordwest-Afrika, Westasien.
Wuchsform: Krautig, straff aufrecht, an der Basis z. T. verzweigt, oben kurze Seitentriebe. Gegenständige, breitlanzettliche, weiche Blätter. Die Blüten sitzen rund um einen langen traubigen bis ährigen Blütenstand.
Pflanzenhöhe: Je nach Sorte 60 bis 100 cm.
Blütenfarbe: Weiß, Gelb, Orange, Rot, Rosa, z. T. auch zweifarbig.
Natürliche Blütezeit: Juni bis September.
Zeitraum des Angebotes: März bis Dezember.
Schnittreife: Wenn im unteren Teil einer Traube 3 bis 5 Blüten geöffnet sind.
Haltbarkeit: 8 bis 10 Tage.
Kühllagerung: Möglich.
Besondere Pflege: Möglichst viele weiche Seitentriebe und Blätter entfernen.
Verwendung: Allgemeine Sommerbindereien.
Besonderheiten: Die Blütenstände richten sich immer aufrecht, wenn sie schräg eingesetzt werden.

△ 176a Antirrhinum majus subsp. majus
▽ 176b Chelone obliqua

Chelone obliqua ♃

Synonym: –.
Familie: Scrophulariaceae.
Handelsname: Chelone, Schildblume, Schlangenkopf, Miesmäulchen.
Heimat/Herkunft: Südliche USA.
Wuchsform: Staude mit aufrechtem Wuchs und größtenteils breitlanzettlichen Blättern. Endständige, ährige Blütenstände mit 2 bis 3 cm langen röhrigen Blüten.
Pflanzenhöhe: 60 bis 80 cm.
Blütenfarbe: Purpurrosa, Weiß.
Natürliche Blütezeit: August bis September.
Zeitraum des Angebotes: März bis September.
Schnittreife: Wenn die erste Blüte einer Ähre geöffnet ist.
Haltbarkeit: 8 bis 12 Tage.
Kühllagerung: Möglich.
Besondere Pflege: Möglichst viele Verdunstungsflächen entfernen.
Verwendung: Allgemeine Bindereien.
Besonderheiten: Preiswerte Staudenschnittblume.

Digitalis purpurea subsp. purpurea

⊙ –♃ ☠

Synonym: –.
Familie: Scrophulariaceae.
Handelsname: Roter Fingerhut.
Heimat/Herkunft: West- bis Süd-Europa, Nord-Afrika.
Wuchsform: Zweijährige Pflanze bis mehrjährige Staude, die im ersten Jahr eine große Blattrosette mit eirunden bis lanzettlichen Blättern bildet. In den weiteren Jahren kräftig aufstrebende Sprosse mit dichtstehenden hängenden Glockenblüten in traubigem Blütenstand.
Pflanzenhöhe: 80 bis 120 cm.
Blütenfarbe: Purpurrot, Rosa, Weiß.
Natürliche Blütezeit: Juni bis August.
Zeitraum des Angebotes: Juni bis August.
Schnittreife: 60 bis 70 % der Blüten müssen geöffnet sein.
Haltbarkeit: 8 bis 12 Tage.
Kühllagerung: Nicht zu empfehlen, die Blüten fallen gerne ab.
Besondere Pflege: Möglichst viele Verdunstungsflächen entfernen.
Verwendung: Für große, dekorative floristische Arbeiten.
Besonderheiten: Digitalis benötigen sehr viel Wasser. Vorsicht beim Stecken in Steckmasse – genügend Wasserzufuhr!

△ 177a Digitalis purpurea subsp. purpurea
▽ 177b Pseudolysimachion longifolium subsp. longifolium

Pseudolysimachion longifolium subsp. longifolium

♃ ⩋ ▽

Synonym: Veronica exaltata var. longifolia.
Familie: Scrophulariaceae.
Handelsname: Ehrenpreis, Veronika, Langblättriger Blauweiderich.
Heimat/Herkunft: Nord- bis Mittel-Europa, Sibirien, Ost-Asien.
Wuchsform: Staude mit straff aufrechtem Wuchs, locker verzweigt, mit gegenständigen lanzettlichen und am Rande gesägten Blättern. Endständig lange und dichtstehende Blütentrauben.
Pflanzenhöhe: 60 bis 70 cm.
Blütenfarbe: Blau, Weiß.
Natürliche Blütezeit: Juli bis September.
Zeitraum des Angebotes: Durch das ganze Jahr.
Schnittreife: Wenn von unten her zirka 50 % der Blüten geöffnet und die Triebe genügend erstarkt sind.
Haltbarkeit: 5 bis 8 Tage.
Kühllagerung: Nicht zu empfehlen.
Besondere Pflege: Einen möglichst großen Teil der Verdunstungsflächen entfernen.
Verwendung: Allgemeine Binderei.
Besonderheiten: Die schöne Farbe und die edle Form ermöglichen vielfältige Kombinationen.

△ 178a Strelitzia reginae var. reginae
▽ 178b Typha latifolia

Strelitzia reginae var. reginae ♃ Ⓚ ✂

Synonym: –.
Familie: Strelitziaceae.
Handelsname: Paradiesvogel-Blume, Strelitzie, Königs-Strelitzie.
Heimat/Herkunft: Süd-Afrika.
Wuchsform: Grundständige Pflanze mit kurzem verholzendem Stamm mit aufrechtstehenden, breitlanzettlichen Blättern, die auf 1 m langen Stielen stehen. Aus den Blattachseln entwickeln sich runde Blütenschäfte, an deren Ende mehrere farbintensive Blüten aufstreben.
Pflanzenhöhe: 1 bis 2 m.
Blütenfarbe: Orange und Blau.
Natürliche Blütezeit: Januar bis März.
Zeitraum des Angebotes: Durch Gewächshauskultur Januar bis Dezember.
Schnittreife: Wenn sich pro Blütenstiel eine Blüte entfaltet hat.
Haltbarkeit: 10 bis 18 Tage.
Kühllagerung: Nicht nötig.
Besondere Pflege: Die Blüten müssen von Hand ganz geöffnet werden.
Verwendung: Spezielle Bindereien.
Besonderheiten: Die Blätter der Strelitzia eignen sich gut für die Trockenbinderei.

Typha latifolia ♃ ∿ Ⓝ

Synonym: –.
Familie: Typhaceae.
Handelsname: Rohrkolben, Breitblättriger Rohrkolben, Kanonenputzer.
Heimat/Herkunft: Europa, West-Asien, Nord-Afrika, Nord Amerika.
Wuchsform: Staude, Wasserpflanze mit straff aufrechtem Wuchs. Die schwertförmigen Blätter sind 2 cm breit. Endständig etwa 20 cm lange, schwarzbraune Kolben.
Pflanzenhöhe: 200 cm.
Blütenfarbe: Schwarzbraun.
Natürliche Blütezeit: Juli bis August.
Zeitraum des Angebotes: Juli bis August.
Schnittreife: Wenn die Kolben gut ausgebildet sind.
Haltbarkeit: Sehr gut, 20 bis 30 Tage, ohne Wasser, auch für die Trockenbinderei geeignet.
Kühllagerung: Nicht nötig.
Besondere Pflege: Vorsicht, im Wasser blüht der Kolben auf, die Einzelblütchen fallen auseinander.
Verwendung: Als aufstrebende Form.
Besonderheiten: Typha angustifolia ist ähnlich, besitzt aber einen schlanken, braunen Kolben.

Centranthus ruber ♃

Synonym: –.
Familie: Valerianaceae.
Handelsname: Centranthus, Spornblume, Rote Spornblume.
Heimat/Herkunft: Mittelmeer-Region, Portugal.
Wuchsform: Staude mit dicken Pfahlwurzeln und straff aufstrebendem Wuchs. Die gegenständigen Blätter sind breitlanzettlich. Die langgestreckten Blütenrispen sind im unteren Bereich ebenfalls gegenständig ausgebildet.
Pflanzenhöhe: 70 cm.
Blütenfarbe: Rot, Weiß.
Natürliche Blütezeit: Mai bis Juli mit geringerer Nachblüte bis Oktober.
Zeitraum des Angebotes: Mai bis September.
Schnittreife: Wenn die ersten Blüten einer Rispe aufgeblüht und die Stiele fest sind.
Haltbarkeit: 8 bis 12 Tage.
Kühllagerung: Möglich.
Besondere Pflege: Verdunstungsflächen soweit möglich reduzieren.
Verwendung: Leit- oder Begleitelement.
Besonderheiten: –.

△ 179a Centranthus ruber
▽ 179b Verbena bonariensis

Verbena bonariensis ⊙ ♃

Synonym: –.
Familie: Verbenaceae.
Handelsname: Hohe Verbene.
Heimat/Herkunft: Argentinien, Süd-Brasilien.
Wuchsform: Krautig, straff aufrecht, locker verzweigt mit schmallanzettlichen Blättern. Die Blüten stehen in endständigen Trugdolden.
Pflanzenhöhe: 100 bis 120 cm.
Blütenfarbe: Blauviolett.
Natürliche Blütezeit: Juli bis Oktober.
Zeitraum des Angebotes: Juli bis Oktober.
Schnittreife: Wenn die äußeren Trugdolden gut aufgeblüht und die Triebe genügend stark sind.
Haltbarkeit: 8 bis 14 Tage.
Kühllagerung: Nicht nötig.
Besondere Pflege: –.
Verwendung: Für verschiedene Sommerbindereien als Begleitmotiv.
Besonderheiten: Einzelne Blütenblätter fallen früh ab.

Viola odorata ♃ D ✂ Ⓝ

Synonym: –.
Familie: Violaceae.
Handelsname: Duft-Veilchen, März-Veilchen.
Heimat/Herkunft: West-Europa, Mittelmeer-Länder.
Wuchsform: Staude mit flacher Ausbreitung, grundständig, mit runden bis herzförmigen Blättern. Die einzelnen duftenden Blüten erscheinen aus den Blattachseln.
Pflanzenhöhe: 15 cm.
Blütenfarbe: Blauviolett.
Natürliche Blütezeit: März bis April, vereinzelt im September.
Zeitraum des Angebotes: Februar bis April.
Schnittreife: Wenn die Blüten voll aufgeblüht sind.
Haltbarkeit: 1 bis 3 Tage.
Kühllagerung: Möglich.
Besondere Pflege: Über die Nacht mit Vorteil ins Wasser legen.
Verwendung: Brautbinderei, liebliche kleine Sträußchen usw.
Besonderheiten: Infolge der weichen Stiele nicht gut zum Stecken in Steckmasse geeignet.

△ 180a Viola odorata
▽ 180b Alpinia purpurata

Alpinia purpurata ♄ Ⓦ ✂

Synonym: –.
Familie: Zingiberaceae.
Handelsname: Scharlachrote Alpinie, Roter Ingwer, Red Ginger.
Heimat/Herkunft: Malaya.
Wuchsform: Tropische Staude mit knolligen Rhizomen und aufstrebenden Trieben, die lanzettliche Blätter tragen. Aus der Sprossspitze erscheinen die leuchtendroten, ährenförmigen Blütenstände, die leicht abgeneigt sind.
Pflanzenhöhe: 150 bis 200 cm
Blütenfarbe: Hochblätter leuchtendrot, aus ihren Achseln entspringen reinweiße, eher unscheinbare Blüten.
Natürliche Blütezeit: Durch das ganze Jahr.
Zeitraum des Angebotes: Durch das ganze Jahr.
Schnittreife: Wenn der Blütenstand locker ausgebildet ist.
Haltbarkeit: 15 bis 20 Tage.
Kühllagerung: Nicht nötig.
Besondere Pflege: –.
Verwendung: Hauptelement, Begleitelement.
Besonderheiten: Die Blütenblätter sind empfindlich beim Transport.

Etlingera elatior

♃ Ⓦ

Synonym: Phaeomeria magnifica, Nicolaia elatior.
Familie: Zingiberaceae.
Handelsname: Porzellan-Rose, Malayischer Fackelingwer.
Heimat/Herkunft: Celebes, Java.
Wuchsform: Grundständige Pflanze mit aufstrebenden steifen Blattstielen. Die großen Blätter sind elliptisch und dunkelgrün. Aus der letzten Blattscheide entwickelt sich ein fleischiger, dicker Blütenstand, der einer Rose gleicht.
Pflanzenhöhe: 1 bis 2 m.
Blütenfarbe: Rosa, Lachs, Beige, Rot.
Natürliche Blütezeit: Juli bis August.
Zeitraum des Angebotes: Februar bis Oktober.
Schnittreife: Die Blütenfarbe muss ausgeprägt entwickelt sein.
Haltbarkeit: 10 bis 21 Tage.
Kühllagerung: Möglich.
Besondere Pflege: Die Blüten müssen teils von Hand geöffnet werden.
Verwendung: Spezielle Bindereien als Hauptmotiv.
Besonderheiten: Etlingera werden in der Regel ohne Blätter (abgeschnitten) angeliefert.

△ 181a Etlingera elatior
▽ 181b Zingiber spectabile

Zingiber spectabile

♃ Ⓝ

Synonym: –.
Familie: Zingiberaceae.
Handelsname: Gelber Ingwer, Nickender Ingwer.
Heimat/Herkunft: Malaysia.
Wuchsform: Tropische Staude mit kräftig aufwärtsstrebenden Trieben und breitlanzettlichen großen Blättern. Die eigenartigen koniferenzapfenähnlichen Blütenstände sind dachziegelartig aufgebaut.
Pflanzenhöhe: Bis 2 m.
Blütenfarbe: Die Hochblätter sind gelb, aus ihnen erscheinen gelblichweiße Blüten.
Natürliche Blütezeit: August bis September.
Zeitraum des Angebotes: April bis September.
Schnittreife: Wenn die Blütenstände gut ausgebildet sind und die Blüten noch nicht hervortreten.
Haltbarkeit: 15 bis 20 Tage.
Kühllagerung: Nicht nötig.
Besondere Pflege: –.
Verwendung: Haupt- oder Begleitelement.
Besonderheiten: Vorsicht, die Blütenblätter sind druckempfindlich.

Blütensträucher und Zierzweige

Acer palmatum ‘Atropurpureum’ ♄–♄

Synonym: A. polymorphum.
Familie: Aceraceae.
Handelsname: Schlitz-Ahorn, Japanischer Ahorn, Rotblättriger Fächer-Ahorn.
Heimat/Herkunft: Japan, China, Korea.
Wuchsform: Strauch mit breiter, lockerer Krone und prächtiger Herbstfärbung ins Dunkelrote.
Pflanzenhöhe: 3 bis 5 m.
Blattform und Größe: Mit 5 bis 11 spitzen Lappen. ∅ 5 bis 8 cm.
Zeitraum des Angebotes: Natürliche Rotfärbung ab August bis September.
Schnittreife: Die Zweige müssen ausgereift sein. Im Spätherbst vor dem natürlichen Blattfall.
Haltbarkeit: Bis 14 Tage.
Kühllagerung: Nicht nötig.
Besondere Pflege: Ein guter Anschnitt der verholzten Triebe ist notwendig.
Besonderheiten: Ein bewusstes Ausschneiden oder Auslichten der dicht verzweigten Triebe gibt der Gestaltung mehr Spannung.

△ 182a Acer palmatum ‘Atropurpureum’
▽ 182b Cotinus coggygria

Cotinus coggygria ♄ ⓝ

Synonym: Rhus cotinus.
Familie: Anacardiaceae.
Handelsname: Perückenstrauch.
Heimat/Herkunft: Süd- bis Mittel-Europa, Ukraine, China, Himalaja.
Wuchsform: Strauch mit breitbuschigem Wuchs und endständig 5 bis 6 cm langen, perückenartigen feinen Rispen. Das dunkelgrüne Laub verfärbt sich im Herbst orange bis rot.
Pflanzenhöhe: 2 bis 3 m.
Blattform und Größe: Kreisrund 5 bis 8 cm ∅.
Zeitraum des Angebotes: August bis Oktober.
Schnittreife: Wenn die Blätter gut entwickelt und dunkel gefärbt sind sowie mit Herbstfärbung.
Haltbarkeit: 5 bis 15 Tage.
Kühllagerung: Nicht nötig.
Besondere Pflege: Untere Blätter bewusst entfernen, sie welken dann weniger rasch.
Verwendung: Spezielle bis allgemeine Bindereien.
Besonderheiten: Verwendung: Blätter und flaumige Rispen.

Hedera helix (Altersform)

Synonym: H. canariensis, H. algeriensis.
Familie: Araliaceae.
Handelsname: Efeu (Altersform grün).
Heimat/Herkunft: Kanarische Inseln, Azoren, Portugal, Nordwest-Afrika.
Wuchsform: Kletterpflanze mit rötlichen Trieben und großen, wechselständigen Blättern. Grüne und panaschierte Sorten.
Pflanzenhöhe: Bis 2 m.
Blattform und Größe: Je nach Sorte und Standort 5 bis 12 cm groß. Herz- bis pfeilförmig mit leichter Lappenbildung.
Zeitraum des Angebotes: Durch das ganze Jahr.
Schnittreife: Die Blätter müssen gut ausgereift sein.
Haltbarkeit: Sehr gut.
Kühllagerung: Ja, auch ohne Wasser möglich.
Besondere Pflege: –.
Verwendung: Für allgemeine und spezielle Binderei und Dekorationen.
Besonderheiten: Einzelne Blätter können zum „Römern" von verschiedenen Formen verwendet werden. Hedera blühen und bilden Früchte aus, sobald die Altersform erreicht ist.

△ 183a Hedera helix (Altersform)
▽ 183b Hedera helix (Jugendform)

Hedera helix (Jugendform)

Synonym: –.
Familie: Araliaceae.
Handelsname: Gewöhnlicher Efeu.
Heimat/Herkunft: Europa, Türkei.
Wuchsform: Je nach Standort hängend, kriechend bis kletternd, mit Haftwurzeln ausgebildet. Die wechselständigen Blätter sind dunkelgrün mit heller Nervenzeichnung. Wir unterscheiden in Jugend- und Altersform. Die Altersform wächst strauchig breitverzweigt und bildet weiße Blüten und doldige Fruchtstände aus.
Pflanzenhöhe: Jugendform 20 bis 30 m an Bäumen kletternd. Altersform am Boden bis 2 m oder aus der Jugendform sich entwickelnd an Bäumen.
Blattform und Größe: In der Jugendform gelappt, 5 bis 8 cm groß. Altersform rautenförmig glänzend, wenig gelappt.
Zeitraum des Angebotes: Durch das ganze Jahr.
Schnittreife: Die Triebe und Blätter müssen gut ausgereift sein.
Haltbarkeit: Sehr gut.
Kühllagerung: Ja, auch ohne Wasser möglich.
Besondere Pflege: Nur gut ausgereifte Blätter verwenden.
Verwendung: Allgemeine und spezielle Binderei.
Besonderheiten: Im Herbst verfärben sich die Blätter dunkelgrün und rötlich.

Hedera helix ‘Erecta’

Synonym: –.
Familie: Araliaceae.
Handelsname: Aufrechter Efeu.
Heimat/Herkunft: Europa, Kulturform.
Wuchsform: Verholzt, straff aufrechtwachsend, mit sehr kurzen Internodien und verkleinerten, leicht gekrausten Blättern.
Pflanzenhöhe: 50 bis 80 cm.
Blattform und Größe: Typisch efeublättrig, jedoch etwas verbreitert und leicht gewellt am Rand. ∅ 2 bis 3 cm.
Zeitraum des Angebotes: Durch das ganze Jahr.
Schnittreife: Gut ausgereifte Triebe.
Haltbarkeit: 20 bis 40 Tage.
Kühllagerung: Möglich.
Besondere Pflege: –.
Verwendung: Haupt- oder Begleitelement.
Besonderheiten: Hedera können im Wasser Wurzeln bilden.

△ 184a Hedera helix ‘Erecta’
▽ 184b Hedera helix fo. poetarum ‘Sagittifolia’

Hedera helix fo. poetarum ‘Sagittifolia’

Synonym: –.
Familie: Araliaceae.
Handelsname: Efeu.
Heimat/Herkunft: Europa, verbreitet. Kulturform.
Wuchsform: In der Jugendform verholzend, kriechend, hängend bis kletternd. Wechselständige Blattstellung.
Pflanzenhöhe: Je nach Alter 30 bis 200 cm und mehr.
Blattform und Größe: Je nach Subvarietät und Sorte unterschiedlich. In der Grundform pfeilförmig. Je nach Sorte 5 bis 10 cm ∅.
Zeitraum des Angebotes: Durch das ganze Jahr.
Schnittreife: Die Triebe und Blätter müssen eine genügende Reife aufweisen und frei von Schädlingen sein (Rote Spinnen, Thrips, Schildläuse, Blattläuse).
Haltbarkeit: 10 bis 15 Tage.
Kühllagerung: Möglich.
Besondere Pflege: –.
Verwendung: Tischdekorationen, Brautsträuße, Sträuße und für weitere floristische Arbeiten: meist als verbindendes Element eingesetzt.
Besonderheiten: Es ist möglich, dass Efeuranken, welche längere Zeit im Wasser stehen, Wurzeln treiben und daher sehr lange haltbar sind.

Oreopanax nymphaeifolius ♄ ♄

Synonym: Aralia nymphaeifolia.
Familie: Araliaceae.
Handelsname: Bergaralie, Seerosenblättrige Aralie.
Heimat/Herkunft: Guatemala.
Wuchsform: Immergrüner Strauch mit sparriger Verzweigung. Die Blätter glänzen frischgrün.
Pflanzenhöhe: Je nach Alter 80 bis 150 cm und mehr.
Blattform und Größe: An langen Stielen zugespitzt eirund bis oval. Länge bis 20 cm, Breite 15 bis 18 cm.
Zeitraum des Angebotes: Durch das ganze Jahr.
Schnittreife: Die Blätter müssen gut ausgereift und dunkelgrün gefärbt sein und eine genügende Festigkeit besitzen.
Haltbarkeit: 10 bis 15 Tage.
Kühllagerung: Möglich.
Besondere Pflege: Ein guter Anschnitt der Blattstiele ist nötig.

△ 185a Oreopanax nymphaeifolius
▽ 185b Mahonia aquifolium

Mahonia aquifolium ♄

Synonym: Berberis aquifolium.
Familie: Berberidaceae.
Handelsname: Gewöhnliche Mahonie.
Heimat/Herkunft: Nord-Amerika.
Wuchsform: Strauch mit aufrechtem, verzweigtem Wuchs. Die immergrünen, einfach gefiederten Blätter sind glänzend grün, im Herbst bis Winter oft purpurrot angehaucht. Blütenstände gelb.
Pflanzenhöhe: 1 m.
Blattform und Größe: Das am Rande leicht bedornte Blatt wird bis 25 cm lang.
Zeitraum des Angebotes: August bis April.
Schnittreife: Die Neutriebe müssen gut ausgereift sein.
Haltbarkeit: Gut bis sehr gut.
Kühllagerung: Ja.
Besondere Pflege: –.
Verwendung: Allgemeine bis spezielle Binderei.
Besonderheiten: –.

△ 186a Mahonia bealei
▽ 186b Betula pendula

Mahonia bealei

ħ (K) D ∧

Synonym: Berberis japonica var. bealei, B. bealei.
Familie: Berberidaceae.
Handelsname: Schmuck-Mahonie, Beales Mahonie.
Heimat/Herkunft: China.
Wuchsform: Strauch mit dicken und aufrechten Trieben. Die langen, flach abstehenden Blätter sind immergrün und einfach gefiedert. Endständig bilden sich auch lange, gelbe Blütentrauben.
Pflanzenhöhe: 1,5 bis 2,5 m.
Blattform und Größe: Das einzelne Blatt wird 30 bis 40 cm lang. Die Einzelblättchen sind am Rande dornig gezähnt.
Zeitraum des Angebotes: August bis April.
Schnittreife: Die Blätter müssen gut ausgereift sein.
Haltbarkeit: Gut.
Kühllagerung: Ja.
Besondere Pflege: –.
Verwendung: Allgemeine und spezielle Binderei, oft als Abschlussgrün.
Besonderheiten: Die Blattränder sind leicht „stachelig“.

Betula pendula

ħ (N)

Synonym: B. alba, B. verrucosa.
Familie: Betulaceae.
Handelsname: Hänge-Birke, Sand-Birke, Warzen-Birke.
Heimat/Herkunft: Europa, Asien verbreitet.
Wuchsform: Baumartig mit aufstrebenden Ästen und dünnen, überhängenden Zweigen. Sehr variabel in der Form. Das dreieckige bis breitlanzettliche Blatt ist anfänglich frischgrün, später dunkelgrün mit gesägtem Rand.
Pflanzenhöhe: 20 bis 30 m.
Blütenfarbe: 5 cm lange gelbgrüne Kätzchen.
Natürliche Blütezeit: April bis Mai.
Zeitraum des Angebotes: Durch das ganze Jahr.
Schnittreife: Wenn die Blätter ausgereift sind oder noch fehlen.
Haltbarkeit: Gut.
Kühllagerung: Ja.
Besondere Pflege: –.
Verwendung: Zweige ohne Blätter für Grundaufbauten in der Floristik.

Corylus avellana ♄ ♄ Ⓝ

Synonym: –.
Familie: Betulaceae.
Handelsname: Gewöhnliche Haselnuss.
Heimat/Herkunft: Europa, Klein-Asien, Kaukasus.
Wuchsform: Strauch mit aufstrebenden, starken Trieben, die eine schirmförmige Krone bilden. Das weiche, große Blatt ist breitrund, dunkelgrün und am Rande gesägt.
Pflanzenhöhe: 3 bis 5 m.
Blütenfarbe: Die männlichen Blüten sind als gelbe Kätzchen ausgebildet. Einhäusige Pflanze.
Natürliche Blütezeit: Februar bis März.
Zeitraum des Angebotes: Siehe unter Schnittreife.
Schnittreife: Mit ausgebildeten Kätzchen oder wenn die Blätter gut ausgebildet sind.
Haltbarkeit: Gut.
Kühllagerung: Ja.
Besondere Pflege: –.
Verwendung: Speziell für natürliche Floristik.
Besonderheiten: Laublose Zweige für Aufbauarbeiten. Sehr gut ohne Blätter mit Kätzchen verwendbar.

△ 187a Corylus avellana
▽ 187b Corylus avellana 'Contorta'

Corylus avellana 'Contorta' ♄ Ⓝ

Synonym: C. avellana var. avellana.
Familie: Betulaceae.
Handelsname: Korkenzieher-Hasel.
Heimat/Herkunft: Gartenform des gewöhnlichen Haselstrauches. Wildart aus Europa, Klein-Asien, Kaukasus.
Wuchsform: Strauch mit korkenzieherhaft gedrehten Trieben und Ästen und rundlichen bis herzförmigen Blättern. Einhäusige Pflanze.
Pflanzenhöhe: Bis 2 m.
Blütenfarbe: Gelbe lange Kätzchen.
Natürliche Blütezeit: Februar bis März.
Zeitraum des Angebotes: November bis März.
Schnittreife: Kann jederzeit geschnitten werden, außer Vegetationszeit = zu weiche Triebe.
Haltbarkeit: Ohne Blätter und Kätzchen auch im Trockenzustand über Monate.
Kühllagerung: Nicht nötig.
Besondere Pflege: Angetriebene Zweige möglichst ins warme Wasser stellen.
Verwendung: Meistens als Hauptelement in formalen, linearen Gestaltungen oder als auflösendes Element in kompakten floristischen Arbeiten.
Besonderheiten: Zur Treiberei gut geeignet.

Buxus sempervirens ♄–♄ ▽ ⚘ Ⓝ

Synonym: B. sempervirens var. arborescens, B. sempervirens var. sempervirens.
Familie: Buxaceae.
Handelsname: Buchsbaum.
Heimat/Herkunft: Südliches bis mittleres Europa, Nord-Afrika, West-Afrika.
Wuchsform: Strauch bis Baum mit straff aufrechtem Wuchs und dichter Verzweigung mit immergrünen z. T. panaschierten Blättern.
Pflanzenhöhe: Bis 3 m.
Blattform und Größe: Eirund bis breitoval, 1 bis 2 cm ∅, glänzend und dichtbelaubt.
Zeitraum des Angebotes: Durch das ganze Jahr, mit Ausnahme im Frühjahr.
Schnittreife: Wenn die Triebe nach dem Austrieb eine genügende Festigkeit erreicht haben.
Haltbarkeit: Bis 30 Tage.
Kühllagerung: Möglich, auch einige Tage ohne Wasser.
Besondere Pflege: –.
Verwendung: Trauerbindereien, Girlanden, allgemeine Sommer- und Herbstbindereien.
Besonderheiten: Zum Verarbeiten in der Floristik können die Zweige gut gebrochen statt geschnitten werden.

△ 188a Buxus sempervirens
▽ 188b Buxus sempervirens 'Rotundifolia'

Buxus sempervirens 'Rotundifolia' ♄ ♄ ⚘ ▽ Ⓝ

Synonym: B. sempervirens var. arborescens, B. sempervirens var. sempervirens.
Familie: Buxaceae.
Handelsname: Rundblättriger Buchs.
Heimat/Herkunft: Südwest- bis Mittel-Europa, Nord-Afrika, West-Asien.
Wuchsform: Dicht verzweigter Strauch bis Kleinbaum mit betont aufrechtem Wuchs und breiter Krone. Zwischen den dunkelgrün-glänzenden, lederigen Blättern erscheinen im April/Mai gelbgrüne, eher unscheinbare Blütchen.
Pflanzenhöhe: 3 bis 5 m.
Blattform und Größe: Bei der Sorte 'Rotundifolia' sind die Blätter relativ groß, bis 2 cm lang, oval bis eiförmig.
Zeitraum des Angebotes: August bis April.
Schnittreife: Der Neuaustrieb muss gut ausgereift sein.
Haltbarkeit: Gut.
Kühllagerung: Ja, auch ohne Wasser möglich.
Besondere Pflege: –.
Verwendung: Trauerfloristik, Girlanden, Formbinderei.
Besonderheiten: Angenehmer Duft.

Humulus lupulus

♃ ⌇ Ⓝ

Synonym: –.
Familie: Cannabaceae.
Handelsname: Gewöhnlicher Hopfen.
Heimat/Herkunft: Europa, Kaukasus, West-Sibirien, Klein-Asien, in den USA eingebürgert.
Wuchsform: Stark kletternde, krautige Staude mit schlingendem Wuchs und dünnen Trieben. Die rauen Blätter sind in der Grundform herzförmig in 3 bis 5 Lappen ausgebildet. Es gibt männliche und weibliche Pflanzen.
Pflanzenhöhe: Bis 8 m.
Blütenfarbe: Die weiblichen Pflanzen bilden gelbliche Schuppenkätzchen aus, die auch in der Binderei gefragt sind.
Natürliche Blütezeit: Juli bis September.
Zeitraum des Angebotes: Juli bis September, getrocknet durch das ganze Jahr.
Schnittreife: Wenn die Blüten frisch geöffnet sind.
Haltbarkeit: Wird getrocknet verarbeitet und ist dadurch sehr haltbar.
Kühllagerung: Ja.
Besondere Pflege: Blätter entfernen und zum Teil auch die Blütenstände, da sie zerfallen und dadurch eine unsaubere Wahrnehmung auslösen.
Verwendung: Geeignet für Herbstfloristik.
Besonderheiten: Die windenden Sprosse eignen sich sehr gut für Türkränze und für großzügigen Raumschmuck.

△ 189a Humulus lupulus
▽ 189b Viburnum opulus 'Roseum'

Viburnum opulus 'Roseum'

♄ ✂ Ⓝ

Synonym: –.
Familie: Caprifoliaceae.
Handelsname: Gewöhnlicher Schneeball.
Heimat/Herkunft: Europa, Nord- und West-Asien.
Wuchsform: Strauch mit breitverzweigtem Wuchs. Die Blätter stehen gegenständig und sind 3- bis 5-lappig. Endständig trugdoldige Blütenkugeln.
Pflanzenhöhe: 1 bis 4 m.
Blütenfarbe: Grünlichweiß mit Rosaschimmer.
Natürliche Blütezeit: Mai bis Juni.
Zeitraum des Angebotes: Durch Treiberei ab Januar bis Mai.
Schnittreife: Wenn die runden Blütenbälle entwickelt, aber noch grün sind.
Haltbarkeit: 10 bis 14 Tage.
Kühllagerung: Möglich.
Besondere Pflege: Möglichst viele Verdunstungsflächen (Blätter) entfernen.
Verwendung: Vor allem für die Basisgestaltung bei angetriebenem Schneeball. Sonst als Begleitelement in der Floristik.
Besonderheiten: Das Antreiben des Viburnum ist nur als ganze Pflanze möglich, indem sie in einem Treibhaus langsam angetrieben werden, um das frühere Blühen zu erreichen.

△ 190a Viburnum tinus
▽ 190b Euonymus japonicus

Viburnum tinus

Synonym: –.
Familie: Caprifoliaceae.
Handelsname: Immergrüner Schneeball, Lorbeer-Schneeball.
Heimat/Herkunft: Süd- bis Mittel-Europa, Klein-Asien, Nord-Afrika.
Wuchsform: Kompakter, immergrüner Strauch mit aufstrebendem Wuchs und ovalen, dunkelgrünen Blättern.
Pflanzenhöhe: Bis 3 m.
Blütenfarbe: Aus rosaroten Knospen entwickeln sich kompakte rispige Dolden mit zahlreichen weißen, sternförmigen Blüten. Später bilden sich daraus blaue Beeren.
Natürliche Blütezeit: Mai bis August.
Zeitraum des Angebotes: Durch das ganze Jahr, entweder blühend oder mit blauen Beeren besetzt.
Schnittreife: Wenn die Blüten geöffnet oder die Beeren ausgereift sind.
Haltbarkeit: Gut.
Kühllagerung: Ja.
Besondere Pflege: Möglichst langer Schrägschnitt.
Verwendung: Allgemeine Binderei.
Besonderheiten: Die blauen Beeren sind haltbar und eignen sich sehr gut für die Herbstfloristik.

Euonymus japonicus

Synonym: –.
Familie: Celastraceae.
Handelsname: Japanischer Spindelstrauch, Pfaffenhütchen.
Heimat/Herkunft: Japan, Korea, Riukiu-Inseln.
Wuchsform: Strauchig aufrecht mit langen, immergrünen Trieben. Grüne und panaschierte Formen. Die Blätter sind spiralig angeordnet.
Pflanzenhöhe: 1 bis 3 m.
Blattform und Größe: Oval und lebhaft grün, 2 bis 4 cm breit und 4 bis 7 cm lang.
Zeitraum des Angebotes: Ganzes Jahr.
Schnittreife: Die Zweige müssen ausgereift sein.
Haltbarkeit: 10 bis 14 Tage.
Kühllagerung: Möglich, auch 1 bis 5 Tage ohne Wasser.
Besondere Pflege: Die verholzten Triebe verlangen einen guten Anschnitt, evtl. junge Seitentriebe entfernen.
Verwendung: Allgemeine Bindereien.
Besonderheiten: Für feine Bindereien können auch nur einzelne Blätter verwendet werden.

Maireana sedifolia ♄

Synonym: –.
Familie: Chenopodiaceae.
Handelsname: Irrtümlicherweise als Kochia gehandelt.
Heimat/Herkunft: Süd-Australien, in Israel im Großen kultiviert.
Wuchsform: Strauchiger Wuchs mit verholzten, dünnen Trieben, die sehr dicht verzweigt sind. Dicht mit kleinen, ovalen, weißfilzigen Blättchen verziert.
Pflanzenhöhe: Einige Meter hoch.
Blattform und Größe: 5 bis 8 mm lang und 3 bis 5 mm breit, oval bis eirund.
Zeitraum des Angebotes: In der Regel das ganze Jahr.
Schnittreife: Gut entwickelte und ausgereifte Triebe.
Kühllagerung: Möglich.
Besondere Pflege: Verholzten Stängel aufschlitzen.
Verwendung: Begleit- und Hauptelement.
Besonderheiten: Gute Haltbarkeit, jedoch nicht zum Trocknen geeignet.

△ 191a Maireana sedifolia
▽ 191b Aucuba japonica var. japonica

Aucuba japonica var. japonica ♄

Synonym: –.
Familie: Cornaceae.
Handelsname: Japanische Aukube.
Heimat/Herkunft: Himalaja bis Japan, China.
Wuchsform: Immergrüner Strauch, breitverzweigt bis ausladend. Zweihäusige Pflanze. Im Herbst rote Beeren. Als Kübelpflanze beliebt.
Pflanzenhöhe: Bis 2 m und ebenso breit.
Blattform und Größe: Eiförmig bis breitlanzettlich mit grober Zähnung. Ledrig, dunkelgrün mit gelben Flecken. 15 cm lang und bis 8 cm breit.
Zeitraum des Angebotes: Durch das ganze Jahr.
Schnittreife: Wenn die Triebe genügend ausgereift und gut ausgefärbt sind.
Haltbarkeit: 5 bis 14 Tage.
Kühllagerung: Möglich.
Besondere Pflege: Die harten Zweige müssen gut angeschnitten werden.
Verwendung: Trauerbindereien, Sträuße, Dekorationen und weitere allgemeine bis spezielle Bindereien. Vorsicht, die gelbgrünen Blätter der Aukuben können in einer Arbeit sehr unruhig wirken.
Besonderheiten: Für einzelne Arbeiten können auch nur die Blätter verwendet werden.

△ 192a Cornus alba 'Sibirica'
▽ 192b Cornus mas

Cornus alba 'Sibirica'

Synonym: C. stolonifera, Swida sericea.
Familie: Cornaceae.
Handelsname: Tatarischer Hartriegel, Weißer Hartriegel.
Heimat/Herkunft: Nord-Russland, Sibirien, Nordost-China, Japan.
Wuchsform: Aufrecht wachsender Strauch mit unterirdischen Ausläufertrieben. Die gegenständigen Blätter sind eiförmig bis lanzettlich. Im Winter wirken die scharlachroten Zweige sehr dekorativ.
Pflanzenhöhe: Bis 2 m.
Blütenfarbe: Weiße, flache Trugdolden.
Natürliche Blütezeit: Mai bis Juni.
Zeitraum des Angebotes: Durch das ganze Jahr, Zierwert haben die leuchtendroten Zweige.
Schnittreife: Ausgereifte Zweige.
Haltbarkeit: Gut.
Kühllagerung: Ja.
Besondere Pflege: –.
Verwendung: Ohne Blätter für Gerüstaufbauten.
Besonderheiten: Zweige können geschnitten und so selber in der warmen Wohnung angetrieben werden, sodass der Cornus bereits im Februar zum Blühen kommt.

Cornus mas

Synonym: –.
Familie: Cornaceae.
Handelsname: Kornelkirschen-Blüten.
Heimat/Herkunft: Mittel- bis Süd-Europa, Klein-Asien, Kaukasus.
Wuchsform: Strauch mit sparrig verzweigtem, aufwärtsstrebendem Wuchs und elliptischen Blättern. Die Blüten erscheinen sehr früh in Dolden.
Pflanzenhöhe: 3 bis 6 m.
Blütenfarbe: Grünlichgelb.
Natürliche Blütezeit: März bis April.
Zeitraum des Angebotes: Februar bis April.
Schnittreife: Wenn die Blütenknospen Farbe zeigen, aber noch nicht geöffnet sind.
Haltbarkeit: 5 bis 12 Tage.
Kühllagerung: Nicht zu empfehlen, die Blüten vertrocknen.
Besondere Pflege: Die verholzten Triebe müssen gut angeschnitten und in warmes Wasser gestellt werden.
Verwendung: Dekorationen.
Besonderheiten: Zum Antreiben gut geeignet.

Calluna vulgaris ♄

Synonym: Erica vulgaris.
Familie: Ericaceae.
Handelsname: Besenheide, Heidekraut.
Heimat/Herkunft: Europa, Türkei, Nord-Afrika, neuerdings viele Kulturformen.
Wuchsform: Kleinstrauch mit dichtbuschiger, feiner und aufrechter Verzweigung. Die kleinen, schuppenförmigen Blättchen sind meist grün, teils auch gelb. Immergrüne Pflanze.
Pflanzenhöhe: Je nach Sorte und Alter 20 bis 80 cm.
Blütenfarbe: Rosa, Lila, Purpurrot, Weiß, je nach Sorte.
Natürliche Blütezeit: Juli bis August, spätere Sorten bis September.
Zeitraum des Angebotes: Juli bis September.
Schnittreife: Wenn die kleinen Blütchen zu $^2/_3$ geöffnet sind.
Haltbarkeit: Sehr gut haltbar.
Kühllagerung: Ja.
Besondere Pflege: Die harten Triebe müssen sehr schräg angeschnitten werden.
Verwendung: Für natürliche Gestaltungen.
Besonderheiten: Calluna werden oft auch in blütenlosem Zustand verwendet. Neuerdings auch Knospenblüher mit lange haltenden Blütenknospen.

△ 193a Calluna vulgaris
▽ 193b Erica carnea

Erica carnea ♄

Synonym: –.
Familie: Ericaceae.
Handelsname: Schnee-Heide.
Heimat/Herkunft: Europa.
Wuchsform: Zwergstrauch mit niederliegenden bis aufsteigenden Trieben. Die kleinen grünen Blättchen in Form von kurzen Nadeln stehen dicht am verholzten Trieb. Immergrüne Pflanze.
Pflanzenhöhe: 20 bis 40 cm.
Blütenfarbe: Weiß, Rosa und Rot in eirunden, kleinen Glockenblüten.
Natürliche Blütezeit: Februar bis April.
Zeitraum des Angebotes: Februar bis April.
Schnittreife: $^2/_3$ der Blüten sollten geöffnet sein.
Haltbarkeit: Gut.
Kühllagerung: Ja.
Besondere Pflege: Schräger Anschnitt verlängert die Haltbarkeit.
Verwendung: Natürliche Binderei.
Besonderheiten: Erica können auch ohne Blüten verarbeitet werden.

△ 194a Gaultheria shallon
▽ 194b Rhododendron catawbiense

Gaultheria shallon ♄

Synonym: –.
Familie: Ericaceae.
Handelsname: Scheinbeere, Shallon-Scheinbeere, Teppichbeere, Salal, Hohe Rebhuhnbeere.
Heimat/Herkunft: USA: Alaska bis Süd-Kalifornien.
Wuchsform: Strauch bis Halbstrauch, immergrün mit lockerer, breiter Verzweigung. Weiße Blüten in einseitigen Trauben im Juli/August, rote Beeren im Herbst.
Pflanzenhöhe: 60 bis 100 cm.
Blattform und Größe: Ei- bis herzförmig, ledrig, dunkelgrün. 5 cm lang und 3 cm breit.
Zeitraum des Angebotes: Durch das ganze Jahr, aber in unterschiedlichen Größen.
Schnittreife: Zweige müssen gut ausgereift sein.
Haltbarkeit: 4 bis 30 Tage.
Kühllagerung: Möglich, einige Tage auch ohne Wasser.
Besondere Pflege: Eventuell junge, weiche Seitentriebe entfernen.
Verwendung: Als Zweige oder einzelne Blätter in der speziellen und allgemeinen Binderei.
Besonderheiten: Durch bewusstes Ausschneiden von einzelnen Blättern an den Trieben sind interessante Gestaltungen möglich.

Rhododendron catawbiense ♄ ♄ ✂

Synonym: Rh.-Catawbiense-Hybriden.
Familie: Ericaceae.
Handelsname: Rhododendron, Großblumige Alpenrose.
Heimat/Herkunft: USA.
Wuchsform: Locker aufrechter bis dicht geschlossener Strauch mit immergrünen, breitelliptischen, dunkelgrünen Blättern.
Pflanzenhöhe: 1,5 bis 5 m Höhe, je nach Sorte und Alter.
Blütenfarbe: Weiß, Rosa, Rot bis Lila, oft mit Zeichnungen im Schlund. Die großen Blüten stehen in 7- bis 20-blütigen Trauben sehr dicht zusammen.
Natürliche Blütezeit: Mai bis Juni.
Zeitraum des Angebotes: Angetrieben ab Dezember bis Mai.
Schnittreife: $^1/_3$ der Blüten sollen geöffnet sein.
Haltbarkeit: Gut.
Kühllagerung: Ja.
Besondere Pflege: Guter schräger Anschnitt, das Holz ist hart.
Verwendung: Spezielle Binderei.
Besonderheiten: Die Hüllblätter der Blüten fallen ab. Die Blüte kann durch Antreiben verfrüht werden.

Rhododendron molle subsp. **japonicum**

♄ ☠

Synonym: R. mollis, R. japonicum, Azalea japonica.
Familie: Ericaceae.
Handelsname: Japanische Azalee.
Heimat/Herkunft: Japan.
Wuchsform: Strauch mit aufrechtem, breitverzweigtem, sparrigem Wuchs. Das sommergrüne Blatt ist lanzettlich, stumpfgrün und leicht behaart.
Pflanzenhöhe: Bis 2 m.
Blütenfarbe: Je nach Sorte in Weiß, Gelb, Orangerot in breiten Glockenblüten.
Natürliche Blütezeit: Im Mai vor dem Blattaustrieb.
Zeitraum des Angebotes: Ab Dezember (angetrieben) bis Mai.
Schnittreife: $^{1}/_{3}$ der Blüten sollen geöffnet sein.
Haltbarkeit: Gut.
Kühllagerung: Ja.
Besondere Pflege: Guter schräger Anschnitt.
Verwendung: Spezielle bis natürliche Binderei.
Besonderheiten: Diese Art blüht oft vor dem Blattaustrieb.

△ 195a Rhododendron molle subsp. japonicum
▽ 195b Vaccinium myrtillus

Vaccinium myrtillus

☺ ♄ ♧ Ⓝ

Synonym: –.
Familie: Ericaceae.
Handelsname: Heidelbeere, Blaubeere.
Heimat/Herkunft: Europa, Kaukasus, Nord-Asien, USA und Kanada. Nur auf saurem Boden.
Wuchsform: Zwergstrauch mit dünnen, grünen Ästen und feiner Verzweigung, aufrecht bis überhängend. Die frischgrünen Blättchen sind eiförmig bis oval. Aus den Blattachseln erscheinen rötliche Blüten und im Juli blauschwarze, aromatische Beerenfrüchte. Im Herbst verfärbt sich das Laub gelb bis rot.
Pflanzenhöhe: Bis 50 cm.
Blattform und Größe: Zirka 1 cm lang, oval.
Zeitraum des Angebotes: Mai bis Juli.
Schnittreife: Wenn die Blüten voll entwickelt sind oder im Juli, wenn die Beeren ausgefärbt sind. Im Herbst auch mit Herbstfärbung.
Haltbarkeit: 4 bis 10 Tage.
Kühllagerung: Möglich.
Besondere Pflege: Verholzte Stiele gut anschneiden oder aufschlitzen.
Verwendung: Natürliche bis naturnahe Binderei.
Besonderheiten: Auch Beerenzweige können eingesetzt werden.

Cytisus scoparius subsp. scoparius ♄ ☠ Ⓝ

Synonym: Sarothamnus scoparius, Genista scoparia.
Familie: Fabaceae.
Handelsname: Besenginster.
Heimat/Herkunft: Europa, viele Kultursorten.
Wuchsform: Strauch mit aufrechtem bis ausladendem Wuchs und dichter, dünner Verzweigung.
Pflanzenhöhe: 60 bis 200 cm.
Blattform und Größe: Zierwert im Winter als Schnittgrün haben die blattlosen, schlanken, dünnrutigen grünen Zweige.
Zeitraum des Angebotes: Oktober bis März, im April bis Juni als gelb blühende Blütenzweige.
Schnittreife: Im Winter, die Zweige sind dann genügend fest.
Haltbarkeit: Blattlos sehr gut, 20 bis 30 Tage.
Kühllagerung: Möglich, auch 3 bis 4 Tage ohne Wasser.
Besondere Pflege: Nicht zu dicht einstellen, sonst ergeben sich Fäulnisherde.
Verwendung: Als Haupt- oder Begleitelement.
Besonderheiten: Geeignet u. a. auch zum Flechten und Verändern, die Zweige sind sehr biegsam. Auch zum Trocknen geeignet.
Blütenlose Zweige finden gute Verwendung für Gerüstaufbauten.

△ 196a Cytisus scoparius subsp. scoparius
▽ 196b Cytisus scoparius subsp. scoparius

Fagus sylvatica ♄ Ⓝ

Synonym: –.
Familie: Fagaceae.
Handelsname: Rot-Buche.
Heimat/Herkunft: Europa.
Wuchsform: Großer Baum mit runder Krone, breitverzweigt. Die Blätter sind frischgrün glänzend, sie stehen wechselständig. Im Herbst bilden sich dreikantige Früchte, die Bucheckern, die ebenfalls in der Trockenbinderei verwendet werden.
Pflanzenhöhe: Im Alter 25 bis 30 m.
Blattform und Größe: Das Einzelblatt ist eiförmig mit leicht gewelltem Rand, 5 bis 10 cm lang. Herbstfärbung gelborange bis rotbraun.
Schnittreife: Nach dem Austrieb müssen die Blätter gut ausgereift sein.
Haltbarkeit: Gut.
Kühllagerung: Gut.
Verwendung: Kranz- und Dekorationsbinderei.
Besonderheiten: Im Herbst auch schöne Blattfärbung. Es gibt auch eine dunkelrotblättrige Art, die Blutbuche.

△ 197a Fagus sylvatica
▽ 197b Fagus sylvatica Herbstfärbung

▽ Quercus robur subsp. robur

Quercus robur subsp. robur ♄ Ⓝ

Synonym: Q. pedunculata.
Familie: Fagaceae.
Handelsname: Sommer-Eiche, Stiel-Eiche.
Heimat/Herkunft: Europa, Kaukasus.
Wuchsform: Großer Baum mit unregelmäßig lockerer Krone. Das Laub ist dunkelgrün und gelappt. Im Herbst bilden sich Eicheln zu 1 bis 3 zusammen.
Pflanzenhöhe: Im Alter 30 bis 35 m.
Blattform und Größe: Länglich eiförmig, 10 cm lang und 5 bis 6 cm breit. Herbstfarbe gelbbraun.
Zeitraum des Angebotes: August bis Oktober.
Schnittreife: Eine gute Ausreifung der Triebe und Blätter sind erforderlich.
Haltbarkeit: Gut.
Kühllagerung: Ja.
Besondere Pflege: –.
Verwendung: Kranz- und Dekorationsbinderei.
Besonderheiten: Fruchttragende Zweige sind in der Floristik noch etwas Spezielles.

△ 198a Ribes sanguineum
▽ 198b Hamamelis mollis

Ribes sanguineum ♄

Synonym: –.
Familie: Grossulariaceae.
Handelsname: Blut-Johannisbeere.
Heimat/Herkunft: USA, Britisch Kolumbien.
Wuchsform: Strauch mit breit aufrechtem, verzweigtem Wuchs. Das sommergrüne Blatt ist in der Form rundlich mit 3 bis 5 Lappen.
Pflanzenhöhe: 2 bis 3 m.
Blütenfarbe: Rosa bis Rot in hängenden Trauben.
Natürliche Blütezeit: April bis Mai.
Zeitraum des Angebotes: Ab März bis April.
Schnittreife: Die Blüten an den Trauben sollten zu $^2/_3$ geöffnet sein.
Haltbarkeit: Gut.
Kühllagerung: Ja.
Besondere Pflege: Guter Anschnitt, sowie die Verdunstungsflächen (Blätter) reduzieren.
Verwendung: Vor allem für Frühlingsbinderei.
Besonderheiten: Diese Art kann angetrieben werden.

Hamamelis mollis ♄

Synonym: –.
Familie: Hamamelidaceae.
Handelsname: Zaubernuss, Chinesische Zaubernuss.
Heimat/Herkunft: China.
Wuchsform: Großstrauch mit lockerer Verzweigung und eirunden Blättern, die sich im Herbst goldgelb verfärben. Die Blüten erscheinen einzeln an den Zweigen verstreut schon sehr früh.
Pflanzenhöhe: 3 bis 5 m.
Blütenfarbe: Goldgelb, auch rote Hybriden im Handel.
Natürliche Blütezeit: Januar bis März.
Zeitraum des Angebotes: Dezember bis März.
Schnittreife: Wenn die Blütenknospen geöffnet sind und die Blüten knapp Farbe zeigen.
Haltbarkeit: 5 bis 12 Tage.
Kühllagerung: Nicht zu empfehlen, da die Blüten „sitzen“bleiben.
Besondere Pflege: Der verholzte Trieb muss angeschnitten und ins warme Wasser gestellt werden.

Aesculus hippocastanum ♄ Ⓝ

Synonym: –.
Familie: Hippocastanaceae.
Handelsname: Gewöhnliche Rosskastanie.
Heimat/Herkunft: Griechenland, Albanien, Bulgarien.
Wuchsform: Großer Baum mit breit gewölbter Krone und dichter Verzweigung. Das 5- bis 7-teilige Blatt ist dunkelgrün und am Rande doppelt gesägt.
Pflanzenhöhe: Bis 25 m.
Blütenfarbe: Weiß mit gelbroten Flecken im Schlund. Die Blüten stehen an bis 30 cm langen, pyramidalen Rispen.
Natürliche Blütezeit: Mai.
Zeitraum des Angebotes: Mai.
Schnittreife: Wenn die Blüten zu $^2/_3$ geöffnet sind.
Haltbarkeit: Gut.
Kühllagerung: Ja.
Besondere Pflege: Die verholzten Triebe müssen schräg angeschnitten werden!
Verwendung: Exklusive Frühlingsbinderei und für Dekorationen.
Besonderheiten: Sehr starke Harzbildung.

△ 199a Aesculus hippocastanum
▽ 199b Laurus nobilis

Laurus nobilis ♄ D Ⓚ Ⓝ

Synonym: –.
Familie: Lauraceae.
Handelsname: Lorbeerbaum, Echter Lorbeer.
Heimat/Herkunft: Kanarische Inseln, Madeira, Azoren.
Wuchsform: Strauch mit pyramidalem, straff aufrechtem Wuchs. Dichte Verzweigung. Blätter stark duftend (Gewürzpflanze). In den Blattachseln im Frühjahr cremegelbe Blüten.
Pflanzenhöhe: Je nach Alter bis 10 m hoch.
Blattform und Größe: Dichtbeblättert. Das Blatt ist dunkelgrün, ledrig, länglich-lanzettlich, 7 bis 12 cm lang und 3 bis 5 cm breit.
Zeitraum des Angebotes: Durch das ganze Jahr.
Schnittreife: Nur gut ausgereifte Triebe verwenden.
Haltbarkeit: Sehr gut, 20 bis 30 Tage.
Kühllagerung: Möglich, auch einige Tage ohne Wasser.
Besondere Pflege: Im Frühjahr muss der weiche Neuaustrieb ausgeschnitten werden.
Verwendung: Trauerbindereien und Dekorationen, vor allem aber auch als dekorative Kübelpflanze in Kugel- und Pyramidenform.
Besonderheiten: Starker Duft. Die Pflanzen müssen frostfrei überwintert werden.

△ 200a Magnolia grandiflora
▽ 200b Magnolia × soulangiana

Magnolia grandiflora

♄ Ⓚ D Ⓝ

Synonym: –.
Familie: Magnoliaceae.
Handelsname: Immergrüne Magnolie, Großblättrige Magnolie.
Heimat/Herkunft: USA, südliche Staaten.
Wuchsform: Breitkegelförmiger, dicht verzweigter Baum mit großen, dunkelgrün glänzenden, breitlanzettlichen Blättern.
Pflanzenhöhe: Bis 10 m.
Blütenfarbe: Reinweiß, breitgeöffnete Blüten.
Natürliche Blütezeit: Juni bis August.
Zeitraum des Angebotes: Juni bis August.
Schnittreife: Die Blüte soll zu $^{1}/_{3}$ geöffnet sein.
Haltbarkeit: Blüten nur kurzfristig, die Blätter hingegen ausgezeichnet.
Kühllagerung: Ja.
Besondere Pflege: Langer, schräger Anschnitt.
Verwendung: Die Blätter für Trauerbinderei usw., die Blüten für exklusive Arbeiten.
Besonderheiten: Die Blattoberseite ist dunkelgrün, die Unterseite ist braun.

Magnolia × soulangiana

♄

Synonym: –.
Familie: Magnoliaceae.
Handelsname: Tulpen-Magnolie.
Heimat/Herkunft: Kreuzung aus M. denudata. × M. liliiflora.
Wuchsform: Breit ausladender Strauch mit lockerer Verzweigung und sparrigem Wuchs. Das grüne Blatt ist groß und verkehrt eiförmig.
Pflanzenhöhe: 4 bis 6 m.
Blütenfarbe: Weiß. bis Rosa, glockenförmig aufrecht.
Natürliche Blütezeit: März bis Mai.
Zeitraum des Angebotes: Ab Ende Februar bis Mai.
Schnittreife: Wenn $^{1}/_{3}$ der Blüten geöffnet sind.
Haltbarkeit: Die Blüten halten nur kurze Zeit.
Kühllagerung: Ja.
Besondere Pflege: Da verholzt, langer, schräger Anschnitt.
Verwendung: Die Blütenzweige für exklusive Floristik.
Besonderheiten: Die Blütenblätter fallen leicht ab.

Acacia dealbata

♄ (K) (N)

Synonym: A. decurrens var. dealbata.
Familie: Mimosaceae.
Handelsname: Mimose, Flockenmimose.
Heimat/Herkunft: Südost-Australien, Tasmanien.
Wuchsform: Strauch mit aufrechtem, breitverzweigtem Wuchs. Die Blätter sind doppelt gefiedert. Aus den endständigen Blattachseln entwickeln sich dichte, runde Blütenköpfchen.
Pflanzenhöhe: 3 bis 5 m, im Alter bis 30 m hoch.
Blütenfarbe: Gelb.
Natürliche Blütezeit: Februar bis März.
Zeitraum des Angebotes: Durch Importe aus Italien ab Januar bis März.
Schnittreife: Wenn sich die einzelnen Blüten gut ausfärben.
Haltbarkeit: 12 bis 15 Tage.
Kühllagerung: Möglich.
Besondere Pflege: Verholzte Stiele gut durchschneiden und in lauwarmes Wasser einstellen.
Verwendung: Frühlingsbinderei.
Besonderheiten: Die Blüten trocknen sehr schnell ein, aber fallen nicht ab und sind deshalb noch ansehnlich.

△ 201a Acacia dealbata
▽ 201b Acacia longifolia

Acacia longifolia

♄–♄

Synonym: –.
Familie: Mimosaceae.
Handelsname: Langblättrige Mimose, Sydney-Gold-Akazie.
Heimat/Herkunft: Ost-Australien.
Wuchsform: Breit ausladender Strauch bis Baum mit lockerem Wuchs. Die dunkelgrünen Blätter sind langlineal. Endständig bilden sich lange Blütenähren.
Pflanzenhöhe: Bis 6 m.
Blütenfarbe: Goldgelb.
Natürliche Blütezeit: Februar bis April.
Zeitraum des Angebotes: Oktober bis April.
Schnittreife: Sobald die Knospen Farbe zeigen.
Haltbarkeit: 6 bis 7 Tage.
Kühllagerung: Ja.
Besondere Pflege: Nach dem Eintreffen in einem Behälter in sehr warmes Wasser (40 bis 45 °C) ca. 8 Stunden einstellen.
Verwendung: Frühlingsbinderei.
Besonderheiten: In Folienbeuteln lagern.

Acacia saligna

Synonym: –.
Familie: Mimosaceae.
Handelsname: Schmalblättrige Mimose, Blaublättrige Akazie.
Heimat/Herkunft: Ost-Australien, an der Riviera eingeführt.
Wuchsform: Baum bis Strauch mit schlanken Ästen und aufrechtem bis breitverzweigtem Wuchs. Die Zweige sind grün und relativ dünn. Die Blätter sind matt, dunkel- bis graugrün, lineal und 3 bis 5 cm lang. Aus den Blattachseln erscheinen die lockeren, kugeligen Blüten an relativ kurzen Trauben bis Rispen.
Pflanzenhöhe: Als Baum bis 20 m.
Blütenfarbe: Gelb.
Natürliche Blütezeit: Februar bis April.
Zeitraum des Angebotes: Januar bis März.
Schnittreife: Wenn die Blütenknospen gut ausgefärbt, aber noch nicht geöffnet sind.
Haltbarkeit: 12 bis 15 Tage.
Kühllagerung: Möglich.
Besondere Pflege: Verholzte Stiele gut durchschneiden und in lauwarmes Wasser einstellen.
Verwendung: Lockere Frühlingsbinderei.
Besonderheiten: Auch die Seitentriebe sind gut verwendbar.

△ 202a Acacia saligna
▽ 202b Chamelaucium uncinatum

Chamelaucium uncinatum

Synonym: –.
Familie: Myrtaceae.
Handelsname: Wachspflanze, Wachsblume.
Heimat/Herkunft: West-Australien.
Wuchsform: Halbstrauch bis Strauch mit schlank aufrechtem, feinverzweigtem Wuchs. Nadelähnliche, ledrige Blättchen. Die 6 mm großen Blüten sitzen zahlreich in den Blattachseln.
Pflanzenhöhe: 150 bis 200 cm.
Blütenfarbe: Weiß, Rosa, Lilarosa, Violett.
Natürliche Blütezeit: März bis Juni.
Zeitraum des Angebotes: Dezember bis Juni.
Schnittreife: Wenn 35 bis 50 % der Blüten geöffnet sind.
Haltbarkeit: 12 bis 18 Tage.
Kühllagerung: Möglich.
Besondere Pflege: Unbedingt neu anschneiden und in 40 °C warmes Wasser einstellen.
Verwendung: In der Regel als Begleitelement.
Besonderheiten: Oft stellen wir durch den langen Transport starken Blütenfall fest.

Eucalyptus cinerea

Synonym: –.
Familie: Myrtaceae.
Handelsname: Cinerea-Eucalyptus.
Heimat/Herkunft: West-Australien.
Wuchsform: Strauch bis Baum mit aufstrebendem Wuchs und lockerer Verzweigung.
Pflanzenhöhe: In Australien bis 100 m hoch.
Blattform und Größe: Halbkreisförmig gegenständig an den Zweigen sitzend. ∅ 3 bis 4 cm.
Zeitraum des Angebotes: Durch das ganze Jahr.
Schnittreife: Gut ausgereifte Zweige mit schöner wachsiger Ausfärbung.
Haltbarkeit: 10 bis 20 Tage.
Kühllagerung: Möglich, ohne Wasser 3 bis 4 Tage.
Besondere Pflege: Guter Anschnitt der Schnittflächen. Weiche Seitenzweige entfernen.
Verwendung: Allgemeine Bindereien. Je nach Zweiggröße sind durch bewusstes Auslichten von Blättern und Seitentrieben spezielle Bindereien mit aparter Aussage möglich.
Besonderheiten: Eukalyptus kann nicht mit allen Schnittblumen in Verbindung gebracht werden, z. B. bei Tulpen, Anemonen und Gerbera kann die Haltbarkeit beeinträchtigt werden. Wird jedoch ein Zweig ohne frischen Anschnitt nach zirka 24 Stunden in eine Gestaltung eingebaut, ist nichts mehr zu befürchten.

△ 203a Eucalyptus cinerea
▽ 203b Eucalyptus gunnii

Eucalyptus gunnii

Synonym: –.
Familie: Myrtaceae.
Handelsname: Gunni-Eukalyptus, Mostgummi-Eukalyptus, Tasmanischer Eukalyptus.
Heimat/Herkunft: Tasmanien bis Australien.
Wuchsform: Strauch bis Baum mit aufstrebendem Wuchs und lockerer Verzweigung.
Pflanzenhöhe: In der Heimat bis 100 m hoch.
Blattform und Größe: Halbkreisförmig sitzend in gegenständiger Anordnung. ∅ 1 bis 2 cm.
Zeitraum des Angebotes: Durch das ganze Jahr.
Schnittreife: Gut ausgereifte Zweige mit typischer Ausfärbung verwenden.
Haltbarkeit: 10 bis 20 Tage.
Kühllagerung: Möglich, auch ohne Wasser 3 bis 4 Tage.
Besondere Pflege: Guter Anschnitt der Schnittflächen, evtl. junge Seitentriebe ausbrechen.
Verwendung: Allgemeine Bindereien. Je nach Zweigform und -größe sind spezielle Bindereien mit besonderem Charakter möglich.
Besonderheiten: Wie bei E. cinerea.

Eucalyptus nicholii ♄

Synonym: –.
Familie: Myrtaceae.
Handelsname: Nicholii-Eukalyptus.
Heimat/Herkunft: Australien.
Wuchsform: Strauch bis Baum mit aufstrebendem Wuchs und dichter Verzweigung. Die schmallanzettlichen langen Blätter sind zugespitzt und blaugrün.
Pflanzenhöhe: In Australien entwickeln sich große Bäume und Sträucher von bis 40 m Höhe.
Blütenfarbe: Weiß. bis Rosa, selten.
Natürliche Blütezeit: August bis Oktober.
Zeitraum des Angebotes: Durch das ganze Jahr.
Schnittreife: Die Blätter und Triebe müssen voll ausgereift sein!
Haltbarkeit: Sehr gut.
Kühllagerung: Ja.
Besondere Pflege: Keine.
Verwendung: Allgemeine bis spezielle Floristik.
Besonderheiten: Nicht alle Schnittblumenarten ertragen Eucalyptus als Beigrün, z. B. Gerbera.

△ 204a Eucalyptus nicholii
▽ 204b Eucalyptus polyanthemos (mit Früchten)

Eucalyptus polyanthemos ♄

Synonym: –.
Familie: Myrtaceae.
Handelsname: Polyanthemos-Eucalyptus, Gestielter Eucalyptus.
Heimat/Herkunft: Australien.
Wuchsform: Strauch bis Baum mit aufrechtem, locker verzweigtem Wuchs. Die äußeren Zweige sind leicht überhängend.
Pflanzenhöhe: Großer Baum 60 m und mehr hoch.
Blattform und Größe: Länglich oval mit Blattstiel, 4 bis 6 cm lang und 5 bis 8 mm breit.
Zeitraum des Angebotes: Durch das ganze Jahr.
Schnittreife: Nur gut ausgereifte Zweige verwenden, die auch schön ausgefärbt sind.
Haltbarkeit: 10 bis 20 Tage.
Kühllagerung: Möglich, ohne Wasser einige Tage.
Besondere Pflege: Guter Anschnitt der Schnittflächen. Junge Seitentriebe entfernen.
Verwendung: Allgemeine Bindereien. Je nach Zweigform und auch durch bewusstes Entfernen von Blättern und Zweigen sind spezielle Ausdrucksformen möglich.
Besonderheiten: Die Zweige mit den kleinen Früchten sind auch getrocknet, vor allem in der Weihnachtsbinderei, eine Bereicherung.

Leptospermum scoparium ♄–♄ [K] ✂

Synonym: –.
Familie: Myrtaceae.
Handelsname: Besen-/Südseemyrte, Neuseeländer Myrte.
Heimat/Herkunft: Neuseeland, Australien.
Wuchsform: Strauch bis Baum mit aufrechtem Wuchs, besenartig dicht verzweigt mit braunroten, dünnen Trieben. Die Blätter sind eirund bis lanzettlich, die äußeren Zweige hängend. Die bis zu 2 cm großen Blüten erscheinen meist an dünnen Seitentrieben oder an den Triebenden.
Pflanzenhöhe: 4 bis 6 m.
Blütenfarbe: Weiß, Rosa, Rot.
Natürliche Blütezeit: Mai bis Juni.
Zeitraum des Angebotes: Februar bis Juni.
Schnittreife: Wenn mindestens 60 % der Blüten geöffnet sind.
Haltbarkeit: Gut, 10 bis 14 Tage.
Kühllagerung: Nicht nötig.
Besondere Pflege: Guter Anschnitt der holzigen Triebe, in warmes Wasser stellen.
Verwendung: Begleitelement in speziellen floristischen Arbeiten.
Besonderheiten: Bei unsachgemäßer Pflege trocknen die Zweige rasch ein.

△ 205a Leptospermum scoparium
▽ 205b Myrtus communis

Myrtus communis ♄ [K] D

Synonym: –.
Familie: Myrtaceae.
Handelsname: Braut-Myrte.
Heimat/Herkunft: Mittelmeer-Region.
Wuchsform: Kleinstrauch bis Strauch mit aufrechtem, dichtbuschigem Wuchs und immergrüner, glänzender Belaubung. Weiße Blüten von April bis August.
Pflanzenhöhe: Je nach Alter 1 m und mehr.
Blattform und Größe: Lanzettlich zugespitzt, 1 bis 3 cm lang, dicht beblättert.
Zeitraum des Angebotes: Durch das ganze Jahr möglich, mit Blüten nur von April bis August.
Schnittreife: Gut ausgereifte Zweige verwenden.
Haltbarkeit: 10 bis 20 Tage.
Kühllagerung: Möglich, auch ohne Wasser in Folie bis 5 Tage.
Besondere Pflege: Guter Anschnitt der Zweige. Nicht voll ausgereifte Seitentriebe entfernen.
Verwendung: Brautschmuck und weitere zierliche Floristik, z. B. Haarschmuck.
Besonderheiten: Ausgereifte Blätter können für sehr feinen Körperschmuck verwendet werden.

△ 206a Forsythia × intermedia
▽ 206b Syringa vulgaris

Forsythia × intermedia ♄ ♄ ✂

Synonym: –.
Familie: Oleaceae.
Handelsname: Forsythie, Goldglöcklein.
Heimat/Herkunft: Kreuzung aus F. suspensa × F. viridissima.
Wuchsform: Strauch mit in der Jugend aufstrebenden Ruten. Später ausladender Wuchs. Die grünen Blätter sind gegenständig und lanzettlich. An den mehrjährigen Ruten zahlreiche Blüten.
Pflanzenhöhe: 2 bis 3 m.
Blütenfarbe: Goldgelb.
Natürliche Blütezeit: März bis April.
Zeitraum des Angebotes: November bis April.
Schnittreife: Sobald die gelben Blütenknospen sichtbar sind, sie müssen noch geschlossen sein.
Haltbarkeit: 10 bis 14 Tage.
Kühllagerung: Möglich.
Besondere Pflege: Guter, dem verholzten Spross entsprechender Anschnitt.
Verwendung: Oft für Dekorationen, für Bodenvasen und in der Frühlingsbinderei.
Besonderheiten: Guter Treibstrauch, d. h. Zweige ins warme Wasser stellen.

Syringa vulgaris ♄–♄ D Ⓝ

Synonym: Syringa-Vulgaris-Hybriden.
Familie: Oleaceae.
Handelsname: Flieder, Gewöhnlicher Flieder.
Heimat/Herkunft: Urformen aus Zentral- bis Südost-Europa.
Wuchsform: Großstrauch mit aufstrebendem Wuchs und starker Verzweigung. Die herzförmigen Blätter sind gegenständig. Die endständigen, dichten Blütenstände bilden eine Rispe.
Pflanzenhöhe: 4 bis 6 m.
Blütenfarbe: Weiß, Rosa, Lila, Purpurrot, Blauviolett. Einfach und gefüllt blühend.
Natürliche Blütezeit: Mai bis Juni.
Zeitraum des Angebotes: Durch Treiberei von vorkultivierten Pflanzen ab November bis Mai.
Schnittreife: Wenn sich die Blütenrispen ausfärben.
Haltbarkeit: 8 bis 14 Tage.
Kühllagerung: Möglich.
Besondere Pflege: Sofort nach dem Schnitt tief ins warme Wasser stellen. Den Anschnitt der verholzten Triebe optimal ausführen.
Verwendung: Frühlingsbindereien, hauptsächlich für Sträuße.
Besonderheiten: Die gute Schnittreife muss unbedingt beachtet werden!

Pittosporum crassifolium ♄–♄ (K)

Synonym: –.
Familie: Pittosporaceae.
Handelsname: Großblättriger Klebsame, Pittosporum.
Heimat/Herkunft: Neuseeland.
Wuchsform: Strauch mit breiter Verzweigung und immergrüner Belaubung. Die Blätter sind derbledrig und dunkelgrün glänzend. Dunkelrote Blüten in endständigen Büscheln.
Pflanzenhöhe: 2 bis 3 m.
Blattform und Größe: Verkehrt eiförmig, bis 8 cm lang und 2 bis 3 cm breit.
Zeitraum des Angebotes: Durch das ganze Jahr.
Schnittreife: Nur von ausgereiften Trieben. Nach dem Austrieb Jungtriebe entfernen.
Haltbarkeit: 20 Tage.
Kühllagerung: Möglich, auch ohne Wasser 2 bis 5 Tage.
Besondere Pflege: Im Frühjahr weiche Austriebe entfernen.
Verwendung: Allgemein als Basisgrün.
Besonderheiten: Durch bewusstes Einsetzen können aparte Wirkungen erzielt werden.

△ 207a Pittosporum crassifolium
▽ 207b Pittosporum tenuifolium

Pittosporum tenuifolium ♄ ♄ (K) D

Synonym: –.
Familie: Pittosporaceae.
Handelsname: Dunkelblättriger Klebsame, Pittosporum.
Heimat/Herkunft: Neuseeland.
Wuchsform: Strauch mit aufrechtem, locker verzweigtem Wuchs. Die verholzten Triebe sind schwarz, mit matt glänzenden Blättern.
Pflanzenhöhe: 2 bis 3 m.
Blattform und Größe: Elliptische Blätter, die am Rande leicht gewellt sind. 5 cm lang und 1 bis 1,5 cm breit.
Zeitraum des Angebotes: Durch das ganze Jahr.
Schnittreife: Nur gut ausgereifte Triebe verwenden!
Haltbarkeit: Bis 20 Tage.
Kühllagerung: Möglich, auch ohne Wasser bis 5 Tage.
Besondere Pflege: Guter Anschnitt. Im Frühjahr evtl. weiche Jungtriebe entfernen.
Verwendung: Als spezielles Grün zur Auflockerung einsetzen. Nicht als Füllgrün verwenden.
Besonderheiten: Die schwarzen Triebe wirken sehr eigenwillig.

Pittosporum tobira 'Variegata' ♄ D (K)

Synonym: –.
Familie: Pittosporaceae.
Handelsname: Panaschierter Klebsame, Pittosporum.
Heimat/Herkunft: Subtropen, China, Japan, Korea.
Wuchsform: Kompakt wachsender Strauch mit dichter, immergrüner Blattkrone.Von März bis Mai endständige weiße, stark duftende Blüten.
Pflanzenhöhe: 2 bis 4 m.
Blattform und Größe: Eiförmiges Blatt mit grüner Mittelfläche und weißpanaschiertem Rand.
Zeitraum des Angebotes: Durch das ganze Jahr.
Schnittreife: Gut ausgereifte Triebe verwenden.
Haltbarkeit: Bis 20 Tage.
Kühllagerung: Möglich, auch ohne Wasser bis 5 Tage.
Besondere Pflege: Guter Anschnitt der verholzten Triebe. Im Frühjahr weiche Jungtriebe entfernen.
Verwendung: Allgemein als Basisgrün einsetzen.
Besonderheiten: Interessante Zweige, eignen sich auch sehr gut für spezielle Arbeiten.

△ 208a Pittosporum tobira 'Variegata'
▽ 208b Podocarpus macrophyllus 'Maki'

Podocarpus macrophyllus 'Maki' ♄ (K)

Synonym: P. chinensis.
Familie: Podocarpaceae.
Handelsname: Steineibe, Emugras.
Heimat/Herkunft: Japan, Riukiu-Inseln.
Wuchsform: Straff aufrecht wachsender Baum mit langen, schlanken Trieben. Diese sind dicht beblättert und wirken sehr dekorativ.
Pflanzenhöhe: 3 bis 5 m und mehr.
Blattform und Größe: Langlineal bis nadelförmig, 4 bis 6 cm lang und 3 bis 5 mm breit.
Zeitraum des Angebotes: Durch das ganze Jahr.
Schnittreife: Nur ausgereifte Triebe verwenden.
Haltbarkeit: 10 bis 20 Tage.
Kühllagerung: Möglich, ohne Wasser bis 5 Tage.
Besondere Pflege: Guter Anschnitt der verholzten Triebe. Alle unteren Blätter, welche mit Wasser in Berührung kommen, unbedingt entfernen.
Verwendung: Allgemein als Leitgrün in verschiedenen Arbeiten.
Besonderheiten: Durch bewusstes Auslichten der Triebe ergeben sich neue interessante Einsatzmöglichkeiten.

Grevillea aspleniifolia

ħ–ħ (K)

Synonym: –.
Familie: Proteaceae.
Handelsname: Grevillea, Australische Silber-Eiche.
Heimat/Herkunft: Australien.
Wuchsform: Aufstrebender Baum mit lockerer Verzweigung und dünnen Zweigen.
Pflanzenhöhe: 10 bis 15 m.
Blattform und Größe: Die Blätter sind sehr schmal und lang, am Rande leicht gezähnt und unterseits wachsigweiß, oberseits dunkelgrün. Länge 10 cm.
Zeitraum des Angebotes: Durch das ganze Jahr.
Schnittreife: Von gut ausgewachsenen Pflanzen. Sie werden durch Importe schnittreif geliefert.
Haltbarkeit: 10 bis 20 Tage.
Kühllagerung: Möglich.
Besondere Pflege: Guter Anschnitt der verholzten Stiele.
Verwendung: Allgemeine bis spezielle Bindereien, meistens als auflockerndes, verspieltes Grün. Nicht als Füllmaterial verwenden.
Besonderheiten: Durch bewusstes Auslichten ergeben sich interessante Einsatzmöglichkeiten.

△ 209a Grevillea aspleniifolia
▽ 209b Clematis-Cultivars

Clematis-Cultivars

Synonym: Clematis-Hybriden.
Familie: Ranunculaceae.
Handelsname: Großblütige Waldrebe.
Heimat/Herkunft: Kultur- und Zuchtformen.
Wuchsform: Dünntriebige Kletterpflanze, die sich mit Hilfe der Blattstiele festklammert. Das meist dreiteilige Blatt ist dunkelgrün. Die großen, tellerförmigen Blüten weisen je nach Sorte 4 bis 8 Blütenblätter auf. In der Mitte zahlreiche, weiße Staubblätter.
Pflanzenhöhe: Bis 2,5 m.
Blütenfarbe: Weiß, Rosa, Rot, Blau bis Violett.
Natürliche Blütezeit: Juli bis September.
Zeitraum des Angebotes: Juni bis September.
Schnittreife: Die Blüten müssen gut Farbe zeigen.
Haltbarkeit: Ca. 8 bis 14 Tage.
Kühllagerung: Ja.
Besondere Pflege: –.
Verwendung: Spezielle Binderei.
Besonderheiten: Neue, sehr haltbare Sorten im Handel, vor allem blaue und violette Blütenfarben.

△ 210a Clematis vitalba
▽ 210b Phylica ericoides

Clematis vitalba

Synonym: –.
Familie: Ranunculaceae.
Handelsname: Gewöhnliche Waldrebe.
Heimat/Herkunft: Mittel- bis Süd-Europa, Klein-Asien, Kaspisches Meer, Algerien.
Wuchsform: Stark kletternde Liane, die an Sträuchern an Waldrändern hochklettert. Die dünnen Triebe besitzen gegenständige Blätter mit 3 bis 5 Fiederblättchen geteilt. Die Blüten erscheinen im Juni zahlreich an cremeweißen Trugdolden. Im Herbst bilden sich dekorative Fruchtstände.
Pflanzenhöhe: 5 bis 8 m.
Zeitraum des Angebotes: Ab Juli bis Oktober, teilweise durch den Winter.
Schnittreife: Die Fruchtstände müssen gut ausgereift sein.
Haltbarkeit: Ohne Fruchtstand, in getrocknetem Zustand, jahrelang.
Kühllagerung: Nicht nötig.
Besondere Pflege: Möglichst feucht verarbeiten, dann brechen sie weniger beim Formen.
Verwendung: Raumschmuck. Zum Aufbau von Gerüsten.
Besonderheiten: Die Ranken der wilden Clematis können im frischen wie im getrockneten Zustand eingesetzt werden. In verschiedenen Dicken und Längen erhältlich.

Phylica ericoides

Synonym: P. acerosa.
Familie: Rhamnaceae
Handelsname: Kapmyrte, Heideartige Kapmyrte.
Heimat/Herkunft: Südafrika, Kap Natal, Transvaal.
Wuchsform: Kleinstrauch mit linealen, nadelartigen Blättchen mit lockerer, breiter Verzweigung, wobei die Triebspitzen fast alle gleich hoch stehen. Endständig finden wir erbsengroße, runde Blütenköpfe. Die Pflanzen duften nach Mandeln.
Pflanzenhöhe: 30 bis 80 cm.
Blütenfarbe: Weiß.
Natürliche Blütezeit: November bis März.
Zeitraum des Angebotes: September bis März.
Schnittreife: $^{2}/_{3}$ des Blütenstandes muss geöffnet sein.
Haltbarkeit: Sehr gut.
Kühllagerung: Ja.
Besondere Pflege: –.
Verwendung: Gestecke für die Adventsbinderei.
Besonderheiten: Phylica sind auch in der Trockenbinderei vorzufinden.

Chaenomeles japonica var. japonica ♄ Ⓝ

Synonym: Ch.-Hybriden.
Familie: Rosaceae.
Handelsname: Japanische Scheinquitte.
Heimat/Herkunft: Japan, sowie Zuchtformen.
Wuchsform: Kleiner Strauch mit flach sich ausbreitenden, bedornten Zweigen. Die breiteiförmigen Blätter sind dunkelgrün glänzend. Aus dem alten Holz entwickeln sich große, einfache Blüten.
Pflanzenhöhe: 100 bis 150 cm.
Blütenfarbe: Rot, Rosa, Weiß.
Natürliche Blütezeit: April bis Mai.
Zeitraum des Angebotes: März bis Mai.
Schnittreife: Die Blütenknospen müssen gut ausgebildet und ausgereift sein.
Haltbarkeit: Gut.
Kühllagerung: Ja.
Besondere Pflege: Blätter weitgehend entfernen (Verdunstung).
Verwendung: Herbstbinderei (Früchte) und Frühlings-Arrangements (Blüten).
Besonderheiten: Interessante Wuchsform, zum Antreiben geeignet.

△ 211a Chaenomeles japonica var. japonica
▽ 211b Kerria japonica 'Pleniflora'

Kerria japonica 'Pleniflora' ♄

Synonym: –.
Familie: Rosaceae.
Handelsname: Japanisches Goldröschen, Kerrie, Ranunkelstrauch.
Heimat/Herkunft: West-China.
Wuchsform: Breiter Strauch mit grünen, aufstrebenden Trieben, die nach außen ausladen bis überhängen. Die hellgrünen Blätter sind oval zugespitzt und am Rande grob gesägt. Die dichtgefüllten Blüten sind über die langen Triebe gleichmäßig verteilt.
Pflanzenhöhe: Bis 2 m.
Blütenfarbe: Goldgelb.
Natürliche Blütezeit: Mai bis Juni.
Zeitraum des Angebotes: Mai bis Juni.
Schnittreife: Die Blüten müssen gut geöffnet sein.
Haltbarkeit: Gut.
Kühllagerung: Ja.
Besondere Pflege: Möglichst viele Blätter entfernen.
Verwendung: Frühlings-Dekorationen.
Besonderheiten: Im Verblühen fallen die Blütenblätter ab.

△ 212a Malus-Cultivars
▽ 212b Prunus glandulosa

Malus-Cultivars ♄–♄

Synonym: Malus-Hybriden.
Familie: Rosaceae.
Handelsname: Zier-Apfel.
Heimat/Herkunft: Japan.
Wuchsform: Breitausladender Baum bis Strauch mit breiter, dichter Krone und überhängenden Zweigen. Das grüne Blatt ist eiförmig und am Rande scharf gesägt. Die zahlreichen einfachen Blüten haben großen Zierwert.
Pflanzenhöhe: 4 bis 5 m.
Blütenfarbe: Je nach Sorte in Weiß, Rosa und Purpurrot.
Natürliche Blütezeit: April bis Mai.
Zeitraum des Angebotes: Februar bis Mai für die Blüten, August bis November für die Früchte.
Schnittreife: Die Blütenknospen müssen gut ausgereift sein.
Haltbarkeit: Gut.
Kühllagerung: Ja.
Besondere Pflege: –.
Verwendung: Die Blütenzweige für die Frühlingsbinderei, die Früchte für herbstliche Floristik, die Früchte sind sehr beliebt.
Besonderheiten: Zier-Malus lassen sich als Zweige gut antreiben.

Prunus glandulosa ♄

Synonym: –.
Familie: Rosaceae.
Handelsname: Drüsen-Kirsche.
Heimat/Herkunft: China.
Wuchsform: Rundlicher, offener Strauch mit eirunden bis länglich-lanzettlichen, grünen Blättern und meist gefüllten Blüten. Meist stehen 1 bis 3 Blüten zusammen.
Pflanzenhöhe: 60 bis 120 cm.
Blütenfarbe: Weiß, Rosa.
Natürliche Blütezeit: April bis Anfang Mai mit dem Blattaustrieb.
Zeitraum des Angebotes: Dezember bis Mai.
Schnittreife: $^2/_3$ des Blütenzweiges muss aufgeblüht sein.
Haltbarkeit: Gut.
Kühllagerung: Ja.
Besondere Pflege: Die Blätter sind weitgehend zu entfernen.
Verwendung: Frühlingsfloristik.
Besonderheiten: Beim Verblühungsprozess fallen die einzelnen Blütenblätter ab.

Prunus laurocerasus ♄ ☠ Ⓝ

Synonym: Laurocerasus officinalis, Cerasus laurocerasus.
Familie: Rosaceae.
Handelsname: Kirschlorbeer, Lorbeer-Kirsche.
Heimat/Herkunft: Balkan, Vorder-Asien, Kaukasus.
Wuchsform: Kleinstrauch bis Strauch mit breit verzweigtem Wuchs, immergrün. Je nach Sorte unterschiedliche Blattformen und -größen. Aufrechte weiße Blütentrauben im Mai/Juni.
Pflanzenhöhe: Je nach Sorte 1,20 bis 2 m hoch und meist breiter als hoch.
Blattform und Größe: Langlanzettlich bis langoval, 10 bis 15 cm lang, dunkelgrün glänzend.
Zeitraum des Angebotes: Januar bis Dezember.
Schnittreife: Gut ausgereifte Triebe verwenden. Im Frühjahr Neuaustrieb entfernen.
Haltbarkeit: Bis 20 Tage.
Kühllagerung: Möglich, auch ohne Wasser in Folien verpackt einige Tage.
Besondere Pflege: Guter Anschnitt der verholzten Triebe.
Verwendung: Die Zweige sind ideal für Trauerbinderei, Dekorationen u. a.
Besonderheiten: Blätter können zum „Römern" von Kranzunterlagen verwendet werden.

△ 213a Prunus laurocerasus
▽ 213b Prunus persica var. persica

Prunus persica var. persica ♄–♄ Ⓝ

Synonym: Amygdalus persica, A. pumila, Persica vulgaris, P. persica var. persica.
Familie: Rosaceae.
Handelsname: Pfirsichbaum.
Heimat/Herkunft: Nord- bis Mittel-China.
Wuchsform: Baum bis Strauch, in Kultur auch als Spalier an Hauswänden, mit breitverzweigtem, etwas sperrigem Wuchs. Die einfachen Blüten erscheinen vor dem Laub, das langlanzettlich ist.
Pflanzenhöhe: Als Baum bis 7 m hoch.
Blütenfarbe: Zartrosa.
Natürliche Blütezeit: April.
Zeitraum des Angebotes: Dezember bis April.
Schnittreife: Wenn pro Trieb 3 bis 5 Knospen am Aufblühen sind.
Haltbarkeit: 7 bis 8 Tage.
Kühllagerung: Nicht nötig.
Besondere Pflege: Den verholzten Spross gut anschneiden oder aufspalten, in warmes Wasser einstellen, die Blüten öffnen sich dann gleichmäßiger.
Verwendung: Frühlingsfloristik. Großer Wasserbedarf, daher zum Stecken in Steckmasse nicht gut geeignet.
Besonderheiten: –.

△ 214a Prunus serrulata
▽ 214b Prunus triloba var. triloba

Prunus serrulata ♄–♄ Ⓝ

Synonym: –.
Familie: Rosaceae.
Handelsname: Japanische Blüten-Kirsche, Grannen-Kirsche.
Heimat/Herkunft: Japan.
Wuchsform: Strauch bis Baum mit locker verzweigter Krone und wechselständigen, breitlanzettlichen Blättern. Die gefüllten Blüten stehen je zu 2 bis 5 in Büscheln an den Zweigen.
Pflanzenhöhe: 7 bis 10 m hoch werdend.
Blütenfarbe: Dunkelrosa.
Natürliche Blütezeit: April bis Mai.
Zeitraum des Angebotes: März bis Mai.
Schnittreife: Wenn die ersten Blüten eines Zweiges am Aufblühen sind.
Haltbarkeit: Zirka 10 Tage.
Kühllagerung: Nicht zu empfehlen.
Besondere Pflege: Verholzte Sprosse sind entsprechend zu behandeln.
Verwendung: Große Dekorationen mit Bodenvasen.
Besonderheiten: Die einzelnen Blütenblätter fallen gern ab.

Prunus triloba var. triloba ♄

Synonym: –.
Familie: Rosaceae.
Handelsname: Mandelzweige, Mandelbäumchen.
Heimat/Herkunft: China.
Wuchsform: Strauch bis Miniaturbaum mit kurzem Stamm (veredelt) und langen, schlanken Zweigen und verkehrt eiförmigen Blättern. Die gefüllten Blüten erscheinen je zu 2 aus den Blattachseln am ganzen Trieb verteilt.
Pflanzenhöhe: Bis 2,5 m.
Blütenfarbe: Rosa.
Natürliche Blütezeit: Ende April bis Mitte Mai.
Zeitraum des Angebotes: Dezember bis März/April.
Schnittreife: Wenn pro Trieb 1 bis 3 Knospen am Aufblühen sind.
Haltbarkeit: 7 bis 8 Tage.
Kühllagerung: Nicht nötig.
Besondere Pflege: Den verholzten Spross entsprechend anschneiden oder aufspalten. In warmes Wasser einstellen, die Blüten öffnen sich dann besser und gleichmäßiger.
Verwendung: Feine Frühlingsbinderei.
Besonderheiten: Großer Wasserbedarf, daher nicht gut geeignet zum Stecken in Steckmasse.

Spiraea × arguta ♄

Synonym: –.
Familie: Rosaceae.
Handelsname: Braut-Spierstrauch, Spitzblättriger Spierstrauch.
Heimat/Herkunft: Kreuzung aus S. multiflora × S. thunbergii.
Wuchsform: Strauch mit aufrechten bis überhängenden, dünnen Zweigen. Die lanzettlichen Blätter sind am Rande scharf gesägt. Die kleinen weißen Blütchen überdecken die Zweige im Frühjahr vollkommen.
Pflanzenhöhe: Bis 2 m.
Blütenfarbe: Weiß.
Natürliche Blütezeit: April bis Mai.
Zeitraum des Angebotes: Januar bis Mai.
Schnittreife: Wenn die Knospen gut ausgebildet sind, kurz vor der Blüte.
Haltbarkeit: Gut.
Kühllagerung: Ja.
Besondere Pflege: Möglichst viele Blätter entfernen.
Verwendung: Frühlingsbinderei.
Besonderheiten: Die Blütenblätter fallen während des Verblühungsprozesses ab. Ein Antreiben der Zweige ist möglich.

△ 215a Spiraea × arguta
▽ 215b Spiraea japonica 'Bumalda'

Spiraea japonica 'Bumalda' ♄

Synonym: S. × bumalda, S.-Bumalda-Hybriden.
Familie: Rosaceae.
Handelsname: Spierstrauch, Rote Sommer-Spiere.
Heimat/Herkunft: Kreuzung aus S. alba × S. japonica.
Wuchsform: Dicht verzweigter, halbkugeliger Kleinstrauch mit dunkelgrünen lanzettlichen Blättern, die am Rande doppelt gezähnt sind. Die Blüten sitzen endständig am Neuaustrieb in flachen doldigen Rispen sehr dicht.
Pflanzenhöhe: 80 cm.
Blütenfarbe: Karminrot.
Natürliche Blütezeit: Juli bis September.
Zeitraum des Angebotes: Juni bis September.
Schnittreife: $^2/_3$ des Blütenstandes (Doldenrispe) muss aufgeblüht sein.
Haltbarkeit: Gut.
Kühllagerung: Ja.
Besondere Pflege: Die Blätter sind weitgehend zu entfernen.
Verwendung: Sommer-Floristik.
Besonderheiten: Im Blütenstand finden wir verschiedene Farbabstufungen.

△ 216a Spiraea × vanhouttei
▽ 216b Danae racemosa

Spiraea × vanhouttei ♄

Synonym: –.
Familie: Rosaceae.
Handelsname: Belgischer Spierstrauch, Pracht-Spiere.
Heimat/Herkunft: Kreuzung aus S. cantonensis × S. trilobata.
Wuchsform: Breitbuschiger, leicht überhängender Strauch mit 3- bis 5-lappigen, runden grünen Blättern. Die Zweige sind dicht mit rundlichen Doldentrauben besetzt. Sie blühen am vorjährigen Holz.
Pflanzenhöhe: Bis 2 m.
Blütenfarbe: Reinweiß.
Natürliche Blütezeit: April bis Juni.
Zeitraum des Angebotes: April bis Juni.
Schnittreife: Die Blütenknospen müssen ausgefärbt und ausgereift sein.
Haltbarkeit: Gut.
Kühllagerung: Ja.
Besondere Pflege: Möglichst viele Blätter, sowie auch junge Triebe entfernen.
Verwendung: Frühlingsbinderei.
Besonderheiten: Während des Verblühungsprozesses fallen die Blütenblättchen ab.

Danae racemosa ♄ (K) ∧

Synonym: Ruscus racemosus, D. laurus.
Familie: Ruscaceae.
Handelsname: Alexandrinischer Lorbeer, Traubendorn.
Heimat/Herkunft: Nord-Syrien, Iran.
Wuchsform: Immergrüner Strauch mit starker Verzweigung und breitlanzettlicher, hell- bis mittelgrüner Belaubung. Aufrechter bis überhängender Wuchs.
Pflanzenhöhe: 80 bis 100 cm.
Blattform und Größe: Eirund bis lanzettlich, 4 bis 7 cm lang und 1 bis 1 $^1/_2$ cm breit.
Zeitraum des Angebotes: Durch das ganze Jahr.
Schnittreife: Wenn die Triebe und Blätter gut ausgereift sind.
Haltbarkeit: 15 bis 20 Tage.
Kühllagerung: Möglich, auch bis 3 Tage ohne Wasser.
Besondere Pflege: –.
Verwendung: Allgemein als Begleitelement.
Besonderheiten: An den Blättern hängen im Sommer orangerote Beeren.

Ruscus hypophyllum ♄ Ⓚ

Synonym: –.
Familie: Ruscaceae.
Handelsname: Großblättriger Mäusedorn, Ruskus.
Heimat/Herkunft: Nord-Italien, Österreich bis Krim, Südwest-Türkei.
Wuchsform: Strauchige Pflanze mit aufstrebenden, meist unverzweigten Trieben und immergrünen, glänzenden Blättern, die wechselständig angeordnet sind. Die weißen Blüten sitzen an der Blattunterseite.
Pflanzenhöhe: 60 bis 100 cm.
Blattform und Größe: Zugespitzt elliptisch, 10 cm lang und 4 bis 5 cm breit.
Zeitraum des Angebotes: Durch das ganze Jahr.
Schnittreife: Gut ausgereifte Triebe verwenden.
Haltbarkeit: 10 bis 20 Tage.
Kühllagerung: Möglich, auch ohne Wasser einige Tage.
Besondere Pflege: –.
Verwendung: Straußbinderei, Dekorationen.
Besonderheiten: Zum Teil etwas schwierig einzusetzen, da die Blätter allseitig um den Spross angeordnet und sehr aussagekräftig sind.

△ 217a Ruscus hypophyllum
▽ 217b Salix caprea

Salix caprea ♄ ♄ Ⓝ

Synonym: –.
Familie: Salicaceae.
Handelsname: Sal-Weide, Kätzchen-Weide.
Heimat/Herkunft: Europa, Sibirien, Mittel- bis Kleinasien.
Wuchsform: Strauch bis Baum mit breit-pyramidalem Wuchs und rotbraunen Trieben. Die Blätter sind zugespitzt eiförmig. Zweihäusige Pflanzenart, nur die männlichen Pflanzen tragen die schönen Kätzchen.
Pflanzenhöhe: Bis 8 m hoch.
Blütenfarbe: Grausilbrige Kätzchen.
Natürliche Blütezeit: März bis April.
Zeitraum des Angebotes: Dezember bis April.
Schnittreife: Wenn die Kätzchen aus den braunen Knospenhüllen hervortreten und noch rundlich und kurz sind.
Haltbarkeit: 10 bis 30 Tage.
Kühllagerung: Nicht nötig.
Besondere Pflege: Bei tiefen Temperaturen können sie auch ohne Wasser eingestellt werden.
Verwendung: Allgemeine Frühlingsbindereien.
Besonderheiten: Sie eignen sich ideal zum Antreiben.

△ 218a Salix matsudana 'Tortuosa'
▽ 218b Salix udensis 'Sekka'

Salix matsudana 'Tortuosa' ♄ Ⓝ

Synonym: S. babylonica var. pekinensis.
Familie: Salicaceae.
Handelsname: Korkenzieher-Weide.
Heimat/Herkunft: China, Korea, Mandschurei, Ost-Sibirien.
Wuchsform: Baum mit breiter, aufstrebender Krone und überhängenden Zweigen. Das Astwerk ist wie bei der Korkenzieher-Hasel skurril verschlungen. Die hellgrünen Blätter sind schmallanzettlich mit zulaufender Spitze.
Pflanzenhöhe: 5 bis 8 m.
Blütenfarbe: Zweihäusige Pflanze, die männlichen Bäume bilden silbriggraue Kätzchen aus.
Natürliche Blütezeit: April bis Mai.
Zeitraum des Angebotes: Die Zweige durch das ganze Jahr.
Schnittreife: Jederzeit möglich.
Haltbarkeit: Ausgezeichnet.
Kühllagerung: Ja.
Besondere Pflege: Alle Blätter sind zu entfernen, interessant sind die skurrilen Zweige.
Verwendung: Als Zweige ohne Blätter in diversen Bindereien beliebt.
Besonderheiten: Spielerische, interessante Bewegungen.

Salix udensis 'Sekka' ♄

Synonym: S. sachalinensis.
Familie: Salicaceae.
Handelsname: Sekka-Weide, Verbänderte Weide, Amur-Weide.
Heimat/Herkunft: Japan, Amur, Ussuri, Sachalin, Kamtschatka, Kurilen-Inseln.
Wuchsform: Sommergrüner Strauch mit breiter Verzweigung und leuchtendgrünen, lanzettlichen Blättern. Typisch sind die breiten Verbänderungen, die flachen Triebe sind dadurch zusätzlich rundlich gebogen. Sehr dekorativ wirken auch die zahlreichen silbrigen Kätzchen, die im Frühjahr vor dem Laub erscheinen.
Pflanzenhöhe: Bis 5 m.
Blütenfarbe: Silbergraue Kätzchen.
Natürliche Blütezeit: März bis April.
Zeitraum des Angebotes: Durch das ganze Jahr.
Schnittreife: Jederzeit möglich, ausgereifte Triebe verwenden.
Haltbarkeit: Sehr gut.
Kühllagerung: Ja.
Besondere Pflege: Ohne Blätter verwenden!
Verwendung: Interessantes Gestaltungsprodukt. Kann auch getrocknet werden.
Besonderheiten: Aparte Wuchsformen.

Salix viminalis ♄ ♄ Ⓝ

Synonym: –.
Familie: Salicaceae.
Handelsname: Hanf-Weide, Korb-Weide, Kopf-Weide, Band-Weide.
Heimat/Herkunft: Mittel-, Ost- bis Nordost-Europa, Nordost-Asien, Himalaja, China.
Wuchsform: Großstrauch bis Baum, breit aufrecht mit grünen bis graugelben Zweigen, die sehr rasch wachsen. Die Blätter sind schmallanzettlich bis 15 cm lang. Zweihäusige Pflanze.
Pflanzenhöhe: 2 bis 10 m.
Blüte: Die männlichen Pflanzen bilden vor dem Laubaustrieb Kätzchen aus, die zu Beginn seidig grau sind und später gelb werden.
Natürliche Blütezeit: März bis April.
Zeitraum des Angebotes: Durch das ganze Jahr.
Schnittreife: Jederzeit möglich, wenn die Triebe ausgereift sind.
Haltbarkeit: Gut, auch in getrocknetem Zustand.
Kühllagerung: Ja.
Besondere Pflege: Alle Blätter müssen entfernt werden!
Verwendung: Für spezielle Aufbauarbeiten und Bindereien.
Besonderheiten: Die dünnen Zweige sind sehr biegsam.

△ 219a Salix viminalis
▽ 219b Camellia japonica

Camellia japonica ♄ ♄ (K) Ⓝ

Synonym: –.
Familie: Theaceae.
Handelsname: Japanische Kamelie.
Heimat/Herkunft: Japan, Korea, Taiwan, Riukiu-Inseln.
Wuchsform: Aufwärtsstrebender, immergrüner Strauch mit verholzten Trieben und dunkelgrünen, glänzenden ovalen Blättern. Endständig und aus den äußeren Blattachseln bilden sich dicke Blütenknospen, aus denen sich einfache bis gefüllte, mittelgroße bis große Blüten entwickeln.
Pflanzenhöhe: Als Topfpflanze 30 bis 80 cm, als Strauch im Freien (Tessin) bis 5 m hoch.
Blütenfarbe: Je nach Sorte in Weiß, Rosa, Rot und gefleckt.
Natürliche Blütezeit: Januar bis April.
Zeitraum des Angebotes: Dezember bis April.
Schnittreife: Die Knospen müssen gut Farbe zeigen.
Haltbarkeit: Gut.
Kühllagerung: Ja.
Besondere Pflege: Die Blüten mit warmem Wasser besprühen, verlängert die Haltbarkeit.
Verwendung: Frühlingsbinderei.
Besonderheiten: Die Knospen fallen gerne ab bei zu warmen Standorten (über 15 °C)!

△ 220a Parthenocissus quinquefolia var. quinquefolia
▽ 220b Parthenocissus tricuspidata 'Veitchii'

Parthenocissus quinquefolia var. quinquefolia

Synonym: Ampelopsis hederacea, A. quinquefolia.
Familie: Vitaceae.
Handelsname: Wilder Wein, Fünfblättrige Jungfernrebe.
Heimat/Herkunft: Südliche USA, Mexiko.
Wuchsform: Kletterpflanze, selbsthaftend oder an Drähten gezogen, verholzend.
Pflanzenhöhe: 8 bis 15 m.
Blattform und Größe: Fingerförmig geteilt, 12 bis 15 cm ∅. Im Herbst purpurrote Blattfärbung.
Zeitraum des Angebotes: Oktober bis November.
Schnittreife: Gut ausgereifte Blätter, jedoch vor dem Blattfall, da sonst die Teilblätter abfallen.
Haltbarkeit: Bis 15 Tage.
Kühllagerung: Möglich.
Besondere Pflege: Guter Anschnitt der Blattstiele.
Verwendung: Allgemein in der Herbstbinderei als Ranken oder auch nur einzelne Blätter einsetzen. Als Farbe oder Abschlussgrün.
Besonderheiten: Die einzelnen Blätter können auch ohne Wasser 1 bis 2 Tage eingesetzt werden.

Parthenocissus tricuspidata 'Veitchii'

Synonym: Vitis veitchii, P. veitchii.
Familie: Vitaceae.
Handelsname: Veitchs Jungfernrebe, Dreilappige Jungfernrebe.
Heimat/Herkunft: Japan, Korea, China.
Wuchsform: Kletterpflanze mit starkem Wuchs. Die Blätter sind gelappt, dunkelgrün glänzend, im Herbst schöne Herbstfärbung.
Pflanzenhöhe: 12 bis 15 m.
Blattform und Größe: 12 bis 15 cm ∅. Im Herbst gelbe, orange bis purpurrote Farbtöne.
Zeitraum des Angebotes: Ab Mitte Oktober bis Ende November.
Schnittreife: Wenn die Blätter gut ausgefärbt sind, jedoch vor dem Blattfall.
Haltbarkeit: Bis 15 Tage.
Kühllagerung: Möglich.
Besondere Pflege: –.
Verwendung: Allgemein in der Herbstbinderei als Ranken oder auch nur die einzelnen Blätter.
Besonderheiten: Bewusstes Auslichten der Ranken bringt mehr Spannung in eine Gestaltung.

Schnittgrün

Grün ist die neutrale, natürliche, beruhigende und verbindende Farbe.
In unseren Gestaltungen hat das Schnittgrün immer eine große Bedeutung. Betrachten wir es nicht nur
- als Füllmaterial,
- als Beigabe,
- als notwendiges „Material",
- als teures „unnötiges Material",

sondern vielmehr als einen *gestalterisch hochwertigen Werkstoff.*
Das Angebot ist sehr umfangreich und beinhaltet interessantes und haltbares sowie auch ausdrucksvolles Schnittgrün. Es liegt nun an uns, zu den jeweiligen Gestaltungen mit Schnittblumen auch immer das passende Schnittgrün zu wählen.
Schnittgrün beeinflusst in der floristischen Arbeit technische und gestalterische Punkte:
- verzweigtes und buschiges Schnittgrün wird oft für den Halt und die Festigkeit in der Basis eingesetzt, vor allem in der Straußbinderei.
- Schnittgrün verfeinert und präzisiert die Aussage einer Gestaltung.
- Blätter dienen oft als Abschluss oder für das Gleichgewicht einer Arbeit.
- Schnittgrün kann auch ohne weiteres Ausgangspunkt einer floristischen Gestaltung sein (z. B. ein Philodendronblatt).

Platzierung
Die Platzierung, der Linienverlauf, der Bewegungsablauf und allgemein das gestalterische Einsetzen eines Schnittgrüns kann recht herausfordernd sein.
- Beobachten wir den gewählten Werkstoff!
- Suchen wir Möglichkeiten, Schnittgrün gestalterisch einzusetzen!
- Setzen wir unsere Idee mit einer richtigen und sauberen Technik in der Gestaltung um!

Schinus molle var. molle ♄ ♄ 🏠K Ⓝ

Synonym: –.
Familie: Anacardiaceae.
Handelsname: Pfefferbaum, Peruanischer Pfefferbaum.
Heimat/Herkunft: Mexiko bis Chile, Süd-Brasilien, Uruguay, Nordost-Argentinien.
Wuchsform: Immergrüner, rundkroniger Baum mit locker überhängenden Zweigen. Die bis 20 cm langen, unpaarig gefiederten Blätter stehen wechselständig und hängen leicht. Nach der Befruchtung bilden sich bis 30 cm lange Rispen mit korallenroten Beeren, die ätherische Öle enthalten und sehr dekorativ wirken.
Pflanzenhöhe: Bis 15 m.
Blütenfarbe: Gelblichweiß, jedoch eher unscheinbar.
Natürliche Blütezeit: Mai.
Zeitraum des Angebotes: Ab Juli mit grünen Beeren und gefiederten Blättern, ab August die roten Beeren.
Schnittreife: Wenn die runden Früchte gut ausgebildet sind.
Haltbarkeit: Gut.
Kühllagerung: Ja.
Besondere Pflege: Bei der Verwendung der Blätter sind die jungen Blätter zu entfernen.
Verwendung: Sommerliche Floristik, die Früchte für Herbstfloristik.
Besonderheiten: Die Früchte können getrocknet werden.

▽ 221a Schinus molle var. molle

△ 222a Bupleurum rotundifolium
▽ 222b Epipremnum pinnatum

Bupleurum rotundifolium

Synonym: –.
Familie: Apiaceae.
Handelsname: Durchwachsenes Hasenohr, Rundblättriges Hasenohr.
Heimat/Herkunft: Mittel- und Süd-Europa bis Russland, Kaukasus, Iran und Mittelmeer-Region.
Wuchsform: Einjährige krautige Pflanze mit lockerem, verzweigtem Wuchs. Die einzelnen Blätter sind oval bis rundlich, im unteren Pflanzenbereich sind sie den Trieb umfassend, im oberen Teil vom Trieb durchwachsen. Endständig bilden sich von gelbgrünen Hüllblättern umgeben Dolden mit je 5 bis 8 Blüten.
Pflanzenhöhe: 20 bis 60 cm.
Blütenfarbe: Weißlich-Gelb.
Natürliche Blütezeit: Juni bis Juli.
Zeitraum des Angebotes: Januar bis Oktober.
Schnittreife: Die Blüten müssen zur Hälfte geöffnet sein.
Haltbarkeit: Gut.
Kühllagerung: Ja.
Besondere Pflege: Die Triebe sollen tief ins Wasser gestellt werden.
Verwendung: Allgemeine Binderei.
Besonderheiten: Die Blütenmitte wird schnell braun.

Epipremnum pinnatum

Synonym: E. mirabile, E. aureum, Pothos aureus, Raphidophora aurea, Scindapsus aureus.
Familie: Araceae.
Handelsname: Efeutute, Gefleckte Efeutute.
Heimat/Herkunft: Pazifische Inseln.
Wuchsform: Kletter- bis Hängepflanze mit fingerdicken, unverzweigten Trieben. Die unsymmetrischen, langherzförmigen Blätter sind in der Jugendform klein und ganzflächig, in der Altersform bis 40 cm lang und eingeschnitten.
Pflanzenhöhe: Im Alter mehrere Meter lang.
Blattform und Größe: Mittlere Größe ∅ 20 cm lang und 15 cm breit.
Zeitraum des Angebotes: Durch das ganze Jahr.
Schnittreife: Die Blätter müssen gut ausgewachsen und ausgefärbt sein.
Haltbarkeit: Bis 20 Tage.
Kühllagerung: Möglich.
Besondere Pflege: Ein guter Anschnitt der Blattstiele verlängert die Lebensdauer.
Verwendung: Allgemein als grüner Abschluss oder als Verbindungselement.
Besonderheiten: Ideal sind längere Pflanzen, die zum Schneiden eingekauft werden.

Monstera deliciosa ♄ ⧗ Ⓚ–Ⓦ Ⓝ ✂

Synonym: Philodendron pertusum.
Familie: Araceae.
Handelsname: Großes Fensterblatt, Monstera.
Heimat/Herkunft: Mexiko.
Wuchsform: Der Stamm wird bis armdick und weist sehr kurze Internodien auf. Bleistiftdicke Luftwurzeln. An langen Blattstielen entwickeln sich riesige, dunkelgrün glänzende Blattflächen.
Pflanzenhöhe: Im Alter 2 bis 3 m hoch.
Blattform und Größe: 40 bis 100 cm ∅, eingeschnitten oval und stark durchlöchert. Dekorativ.
Zeitraum des Angebotes: Durch das ganze Jahr.
Schnittreife: Die großen Blätter müssen gut ausgereift und dunkelgrün gefärbt sein.
Haltbarkeit: 5 bis 21 Tage.
Kühllagerung: Möglich.
Besondere Pflege: Ein guter Anschnitt der Blattstiele ist nötig.
Verwendung: Für spezielle floristische Arbeiten.
Besonderheiten: Das richtige Einsetzen verlangt gutes floristisches Gespür.

△ 223a Monstera deliciosa
▽ 223b Monstera deliciosa 'Borsigiana'

Monstera deliciosa 'Borsigiana' ♄ ⧗ Ⓚ–Ⓦ Ⓝ ✂

Synonym: Philodendron pertusum, M. deliciosa var. borsigiana.
Familie: Araceae.
Handelsname: Kleines Fensterblatt.
Heimat/Herkunft: Mexiko.
Wuchsform: Kletterpflanze mit langen Luftwurzeln und wechselständig angeordneten, runden bis ovalen, dunkelgrün glänzenden Blättern.
Pflanzenhöhe: Im Alter 3 bis 5 m.
Blattform und Größe: Oval bis elliptisch in der Grundform mit tiefen Einschnitten und runden Löchern. ∅ 20 bis 30 cm.
Zeitraum des Angebotes: Durch das ganze Jahr.
Schnittreife: Das Blatt muss eine genügende Reife besitzen und gut abgehärtet sein.
Haltbarkeit: 5 bis 21 Tage.
Kühllagerung: Möglich.
Besondere Pflege: Ein guter Anschnitt.
Verwendung: Speziell für große Bindereien.
Besonderheiten: Dank der unterschiedlichen Blattgrößen sind für den Floristen viele Möglichkeiten in der Gestaltung offen.

Philodendron bipinnatifidum 'Xanadu'

Synonym: P. selloum.
Familie: Araceae.
Handelsname: Baumfreund, Xanadublätter.
Heimat/Herkunft: Süd-Brasilien.
Wuchsform: Aus einem kurzen Grundstamm entwickeln sich an lang ausladenden Blattstielen große, dunkelgrüne Blätter mit mattem Glanz.
Pflanzenhöhe: Im Alter bis 150 cm hoch und bis 200 cm breit.
Blattform und Größe: Lang herzförmig mit tiefen Einschnitten. ∅ 30 bis 80 cm.
Zeitraum des Angebotes: Durch das ganze Jahr.
Schnittreife: Nur voll ausgewachsene, dunkelgrüne Blätter verwenden.
Haltbarkeit: 5 bis 12 Tage.
Kühllagerung: Möglich.
Besondere Pflege: Ein guter Anschnitt der Blattstiele ist nötig.
Verwendung: Speziell für große Bindereien, z. B. für Raumschmuck. Die Blätter können als Hauptelement eingesetzt werden.
Besonderheiten: Wie bei Monstera.

△ 224a Philodendron bipinnatifidum 'Xanadu'
▽ 224b Syngonium podophyllum

Syngonium podophyllum

Synonym: –.
Familie: Araceae.
Handelsname: Syngonium, Purpurtute, Veränderliche Purpurtute.
Heimat/Herkunft: Mexiko, Zentral-Amerika.
Wuchsform: Hänge- bis Kletterpflanze mit ausgeprägt pfeilförmigen Blättern. Je nach Sorte gelbe bis weiße Blattzeichnungen.
Pflanzenhöhe: 60 bis 100 cm und mehr.
Blattform und Größe: Pfeilförmig, grün mit hellen Hauptadern und schöner Blattzeichnung, 15 bis 20 cm lang und 10 bis 12 cm breit.
Zeitraum des Angebotes: Durch das ganze Jahr.
Schnittreife: Nur untere, gut ausgereifte Blätter mit schöner Zeichnung verwenden.
Haltbarkeit: 5 bis 8 Tage.
Kühllagerung: Nicht nötig.
Besondere Pflege: Ein guter Anschnitt der Blattstiele ist notwendig.
Verwendung: Allgemeine Bindereien, auch als Abschlussgrün.
Besonderheiten: Syngoniumblätter eignen sich schlecht zum Stecken in die Steckmasse. Die Blätter fallen rasch zusammen.

Fatsia japonica

Synonym: Aralia japonica, A. sieboldii.
Familie: Araliaceae.
Handelsname: Zimmeraralie, Aralie, Fatsia.
Heimat/Herkunft: Japan, Süd-Korea, Riukiu-Inseln.
Wuchsform: Starkwachsender Strauch mit kräftigem Stammtrieb, meist unverzweigt. Die großen Blätter sind dunkelgrün glänzend und im Alter ledrig. Die weißen Blütenstände in Dolden erscheinen erst im Alter.
Pflanzenhöhe: 2 bis 5 m.
Blattform und Größe: In der Form rundlich, jedoch stark eingebuchtet mit 7 bis 9 Lappen.
Zeitraum des Angebotes: Durch das ganze Jahr.
Schnittreife: Das Blatt muss dunkelgrün ausgefärbt sein und eine feste Stabilität aufweisen.
Haltbarkeit: 5 bis 10 Tage.
Kühllagerung: Möglich, auch einige Tage ohne Wasser bei hoher Luftfeuchtigkeit.
Besondere Pflege: Ein guter Anschnitt der Blattstiele ist nötig.
Verwendung: Allgemeine Bindereien, geeignet als Abschlussgrün oder in speziellen Arbeiten.
Besonderheiten: Die Schnittreife unbedingt beachten.

△ 225a Fatsia japonicum
▽ 225b Hedera colchica

Hedera colchica

Synonym: –.
Familie: Araliaceae.
Handelsname: Kaukasischer Efeu, Kolchischer Efeu.
Heimat/Herkunft: Kaukasus, Nord-Anatolien, in Frankreich eingebürgert.
Wuchsform: Immergrüne Kriech- und Kletterpflanze, winterhart. Die großen, wechselständigen Blätter sind dunkelgrün.
Pflanzenhöhe: Kriechend bis 30 cm, kletternd bis 10 m.
Blattform und Größe: Groß, 10 bis 15 cm Durchmesser, breitoval und im Gegensatz zu anderen Hedera-Arten ohne Lappen. Sie sitzen an langen, rötlichen Stielen.
Zeitraum des Angebotes: Durch das ganze Jahr.
Schnittreife: Die Blätter müssen gut ausgereift und ausgefärbt sein, auch sollten sie keine Beschädigungen aufweisen.
Haltbarkeit: Sehr gut.
Kühllagerung: Ja, auch ohne Wasser.
Besondere Pflege: –.
Verwendung: Allgemeine Binderei.
Besonderheiten: Auch ohne Wasser bei ausgereiften Blättern 1 bis 3 Tage verwendbar.

△ 226a Asarum europaeum
▽ 226b Asparagus asparagoides

Asarum europaeum

Synonym: –.
Familie: Aristolochiaceae.
Handelsname: Haselwurz.
Heimat/Herkunft: Mittel- bis Nord-Europa.
Wuchsform: Staude mit kriechendem Wuchs, polsterbildend. Auf dünnen Stielen finden wir glänzendgrüne und leicht ledrige Blätter, immergrün. Die Blüten liegen auf dem Boden und sind unscheinbar.
Pflanzenhöhe: 10 cm.
Blattform und Größe: Nierenform mit hellerer Nervenzeichnung.
Zeitraum des Angebotes: Durch das ganze Jahr.
Schnittreife: Die Blätter müssen gut ausgereift sein.
Haltbarkeit: Sehr gut.
Kühllagerung: Ja.
Besondere Pflege: –.
Verwendung: Abschluss und Basisgrün.
Besonderheiten: Wirkt sammelnd, ruhig.

Asparagus asparagoides

Synonym: Medeola asparagoides, A. medeoloides, Myrsiphyllum asparagoides.
Familie: Asparagaceae.
Handelsname: Glanzblättriger Zierspargel, Stechwinden-Spargel.
Heimat/Herkunft: Kapland, Süd-Afrika.
Wuchsform: Staude mit langen, dünnen und windenden Trieben. Die grün glänzenden Scheinblättchen sind eirund zugespitzt.
Pflanzenhöhe: 100 bis 200 cm.
Blattform und Größe: Es werden ganze Triebranken verwendet, sie wirken locker und zierlich. Einzelne Blättchen sind 2 bis 4 cm lang.
Zeitraum des Angebotes: Das ganze Jahr.
Schnittreife: Die Endtriebe müssen gut ausgereifte Blättchen besitzen.
Haltbarkeit: Gut.
Kühllagerung: Ja.
Besondere Pflege: In Folie einpacken und kühl lagern.
Verwendung: Für Brautfloristik.
Besonderheiten: Auch ohne Blätter zierliche Ranken.

Asparagus densiflorus 'Myersii'

Synonym: A. meyeri, A. myersii, A. densiflorus 'Meyerii'.
Familie: Asparagaceae.
Handelsname: Myers Zierspargel.
Heimat/Herkunft: Natal, Süd-Afrika.
Wuchsform: Halbstrauch mit knolligen Wurzeln. Die straff aufrecht strebenden Blatttriebe sind anfangs krautig, später verholzend und stark pyramidal verzweigt.
Pflanzenhöhe: Die Blatttriebe werden 30 bis 60 cm lang, je nach Alter.
Blattform und Größe: Zahlreiche nadelförmige Blätter, zirka 1 cm lang und 1 mm breit.
Zeitraum des Angebotes: Durch das ganze Jahr.
Schnittreife: Wenn die Blatttriebe eine gute Reife aufweisen, also fest sind.
Haltbarkeit: 12 bis 15 Tage.
Kühllagerung: Möglich.
Besondere Pflege: Ein guter Anschnitt der Stiele ist nötig.
Verwendung: Feine, exklusive Binderei, oft als Haupt- bis Begleitelement.
Besonderheiten: Einzelne Nadelblättchen fallen relativ rasch ab.

△ 227a Asparagus densiflorus 'Myersii'
▽ 227b Asparagus-densiflorus-Sprengeri-Gruppe

Asparagus-densiflorus-Sprengeri-Gruppe

Synonym: A. sprengeri, A. densiflorus 'Sprengeri'
Familie: Asparagaceae.
Handelsname: Sprengers Zierspargel.
Heimat/Herkunft: Natal, Süd-Afrika.
Wuchsform: Kurzer Grundspross und knollige Wurzeln. Die Blatttriebe streben anfangs aufrecht, mit zunehmendem Alter sind sie ausladend bis überhängend. Lockere Verzweigung. Ältere Triebe tragen kleine weiße Blütchen.
Pflanzenhöhe: 30 bis 100 cm, je nach Alter.
Blattform und Größe: Lockere, überhängende Blatttriebe mit nadelförmigen Blättchen von 1 bis 3 cm Länge und 1 bis 2 mm Breite.
Zeitraum des Angebotes: Durch das ganze Jahr.
Schnittreife: Wenn die Blatttriebe dunkelgrün gefärbt sind und eine genügende Härte aufweisen.
Haltbarkeit: Mäßig, 12 bis 15 Tage.
Kühllagerung: Möglich.
Besondere Pflege: –.
Verwendung: Allgemeine bis spezielle Bindereien als Begleitelement.
Besonderheiten: Wir finden die Triebe in unterschiedlicher Länge.

△ 228a Asparagus falcatus
▽ 228b Asparagus retrofractus

Asparagus falcatus

Synonym: –.
Familie: Asparagaceae.
Handelsname: Sichelblättriger Zierspargel, Sicheldorn-Spargel.
Heimat/Herkunft: Sri Lanka, tropisches Afrika bis Natal.
Wuchsform: Verkürzter Grundspross. Die Blatttriebe wachsen straff aufrecht und verzweigen sich locker. Der Trieb ist bedornt und mit langen Scheinblättern versehen.
Pflanzenhöhe: 50 bis 100 cm.
Blattform und Größe: Die einzelnen Scheinblätter sind leicht sichelförmig gekrümmt, 5 bis 8 cm lang und bis 1 cm breit.
Zeitraum des Angebotes: Durch das ganze Jahr.
Schnittreife: Wenn die ausgereiften Blatttriebe eine dunkelgrüne Farbe angenommen haben.
Haltbarkeit: Sehr gut, 20 bis 30 Tage.
Kühllagerung: Möglich.
Besondere Pflege: Ein guter Anschnitt.
Verwendung: Teils als Leitelement, aber auch gut geeignet als Begleitelement.
Besonderheiten: Durch bewusstes Auslichten von Seitentrieben und Einzelblättchen erhalten wir einen großen Einsatzbereich.

Asparagus retrofractus

Synonym: –.
Familie: Asparagaceae.
Handelsname: Zurückgebrochener Zierspargel.
Heimat/Herkunft: Süd-Afrika.
Wuchsform: Staude mit schlank aufrechtem, später überhängendem Wuchs. Die zickzackartigen Triebe sind dünn und drahtig sowie leicht verzweigt. Die nadeligen Blättchen stehen in Büscheln.
Pflanzenhöhe: Bis 2 m.
Blattform und Größe: Schmallineal, 2 bis 3 cm lang und 1 mm breit.
Zeitraum des Angebotes: Durch das ganze Jahr.
Schnittreife: Die Blatttriebe müssen dunkelgrün gefärbt und gut ausgereift sein.
Haltbarkeit: 10 bis 15 Tage.
Kühllagerung: Möglich.
Besondere Pflege: Ein guter Anschnitt der harten Stiele ist nötig.
Verwendung: Als Haupt- oder Begleitelement in der allgemeinen wie speziellen Floristik.
Besonderheiten: Kleine Seitentriebe eignen sich auch sehr gut für feine Bindereien wie Haar- und Brautschmuck. Im Handel sind ab und zu auch sehr große Triebe dieser Zierspargelart.

Asparagus scandens var. scandens

Synonym: A. pectinatus, A aethiopicus.
Familie: Asparagaceae.
Handelsname: Kletter-Spargel.
Heimat/Herkunft: Süd-Afrika.
Wuchsform: Krautig aufrecht bis kletternd mit dünnen, kahlen Ästen und Zweigen. Die Scheinblättchen sitzen meist zu dritt und sind linealisch 1 mm breit und 4 bis 6 mm lang. Ältere Pflanzen bilden kleine weiße Blütchen aus, es bilden sich 6 mm dicke rote Beeren mit je 1 Samenkorn.
Pflanzenhöhe: 2 m und mehr.
Bütenfarbe: Weißcreme, jedoch unbedeutend.
Zeitraum des Angebotes: Januar bis Dezember.
Schnittreife: Wenn die langen Triebe etwas gefestigt sind.
Kühllagerung: Ja.
Besondere Pflege: –.
Verwendung: Für Brautsträuße, Brautfloristik und allgemeine Tischdekorationen.
Besonderheiten: Sehr gute Haltbarkeit.

△ 229a Asparagus scandens var. scandens
▽ 229b Asparagus setaceus 'Plumosus'

Asparagus setaceus 'Plumosus'

Synonym: A. plumosus, Asparagopsis setacea.
Familie: Asparagaceae.
Handelsname: Plumosus-Zierspargel, Farn-Spargel, Feder-Spargel.
Heimat/Herkunft: Süd-Afrika.
Wuchsform: Grundständiger Kurzspross mit aufwärtsstrebenden bis überhängenden Blatttrieben. Die seitlichen Verzweigungen sind flach ausgebildet. Leicht bedornt.
Pflanzenhöhe: Je nach Alter 40 bis 60 cm.
Blattform und Größe: Die feinnadeligen Blättchen sind 3 bis 5 mm lang.
Zeitraum des Angebotes: Durch das ganze Jahr.
Schnittreife: Wenn die Blatttriebe dunkelgrün ausgefärbt und gut ausgereift sind.
Haltbarkeit: 10 bis 15 Tage.
Kühllagerung: Möglich, auch 3 bis 5 Tage ohne Wasser.
Besondere Pflege: –.
Verwendung: Als Begleitelement sowie auch als verbindende Persönlichkeit in der Floristik.
Besonderheiten: Die feinen Nadelblättchen fallen teilweise relativ früh ab.

Asparagus setaceus 'Pyramidalis'

Synonym: Asparagopsis setacea.
Familie: Asparagaceae.
Handelsname: Pyramiden-Zierspargel.
Heimat/Herkunft: Süd-Afrika.
Wuchsform: Verkürzter Grundspross mit straff aufrechten Blatttrieben und pyramidal verzweigtem Aufbau.
Pflanzenhöhe: Bis 60 cm, überhängend bis 2,5 m.
Blattform und Größe: An den Zweigen stehen die nadeligen Blättchen sehr dicht.
Zeitraum des Angebotes: Durch das ganze Jahr.
Schnittreife: Wenn die Blatttriebe eine satte dunkelgrüne Farbe aufweisen.
Haltbarkeit: 15 bis 20 Tage.
Kühllagerung: Möglich, bis 3 Tage auch ohne Wasser.
Besondere Pflege: –.
Verwendung: Spezielles Grün in attraktiven floristischen Gestaltungen, vor allem als ausschwingendes oder überspielendes Begleitelement.
Besonderheiten: Oft sind auch sehr lange Zweige im Handel. Ein bewusstes Auslichten der oft dichten Büschel bringt interessante Linien des Werkstoffes optimal zum Ausdruck.

△ 230a Asparagus setaceus 'Pyramidalis'
▽ 230b Asparagus virgatus

Asparagus virgatus

Synonym: –.
Familie: Asparagaceae.
Handelsname: Baumfarn, Rutenartiger Zierspargel.
Heimat/Herkunft: Süd-Afrika.
Wuchsform: Staude mit fleischigen Wurzeln, straff aufrechtem Wuchs und schlank verzweigten Blatttrieben.
Pflanzenhöhe: 100 bis 200 cm.
Blattform und Größe: Die einzelnen Blättchen sind langlineal in dichter Anordnung zu Büscheln vereinigt.
Zeitraum des Angebotes: Durch das ganze Jahr.
Schnittreife: Gut ausgereifte Blatttriebe.
Haltbarkeit: 12 bis 15 Tage.
Kühllagerung: Möglich, bis 3 Tage auch ohne Wasser.
Besondere Pflege: –.
Verwendung: Oft als Füllgrün, vor allem aber als untergeordnetes oder Begleitelement.
Besonderheiten: Baumfarn gibt es in verschiedenen Größen.

Cryptanthus bivittatus 'Roseus' ♃ (W)

Synonym: –.
Familie: Bromeliaceae.
Handelsname: Rosaroter Erdstern.
Heimat/Herkunft: Kulturform.
Wuchsform: Grundständige Rosetten auf kurzen Sprossen. Die Blätter dieser Kulturform sind auffallend farbig gezeichnet. Im Zentrum weiße Blüten.
Pflanzenhöhe: 5 bis 10 cm hoch, 15 bis 20 cm breit.
Blattform und Größe: Breitlanzettlich bis schwertförmig, dunkelgrün mit breiten rosafarbenen Bändern. Das Blatt ist zudem gewellt. 10 cm lang und 2 bis 3 cm breit.
Zeitraum des Angebotes: Januar bis Dezember.
Schnittreife: Ganze Pflanzen, z. T. mit Wurzeln verwenden.
Haltbarkeit: 30 Tage und mehr.
Kühllagerung: Nicht nötig.
Verwendung: Brautbinderei, Tischdekorationen, spezielle Gestecke, Sträuße usw. Der Einsatz von Cryptanthus verlangt einiges an floristischem Können.
Besonderheiten: Im Wasser oder in der Steckmasse bilden sich oft an jungen Pflanzen Adventivwurzeln.

△ 231a Cryptanthus bivittatus 'Roseus'
▽ 231b Cryptanthus bromelioides

Cryptanthus bromelioides ♃ (W)

Synonym: C. acaulis var. bromelioides.
Familie: Bromeliaceae.
Handelsname: Bromelien-Erdstern.
Heimat/Herkunft: Tropen, Brasilien.
Wuchsform: Grundständige Rosette mit langgestreckten, leicht gewellten Blättern. Im Zentrum weiße Blüten.
Pflanzenhöhe: 25 bis 40 cm.
Blattform und Größe: Langlanzettlich bis schwertförmig zugespitzt, derbledrig, bronzegrün mit helleren Längsbändern.
Zeitraum des Angebotes: Durch das ganze Jahr.
Schnittreife: Ganze Pflanzen, wenn sie genügend ausgewachsen und abgehärtet sind.
Haltbarkeit: Bis 30 Tage und länger.
Kühllagerung: Nicht nötig.
Besondere Pflege: Anspruchslos.
Verwendung: Brautbindereien, Tischdekorationen, spezielle Gestecke und Sträuße usw. Der richtige Einsatz von Cryptanthusarten verlangt viel floristisches Können.
Besonderheiten: Im Wasser und in der Steckmasse können sich an jungen Pflanzen Adventivwurzeln bilden.

△ 232a Cryptanthus fosterianus

Cryptanthus fosterianus ♃ (W)

Synonym: –.
Familie: Bromeliaceae.
Handelsname: Fosters Erdstern.
Heimat/Herkunft: Nordwest-Brasilien, Tropen.
Wuchsform: Grundständige große und flache Rosetten. Die Blätter sind dickfleischig und leicht gewellt. Weiße Blüten im Zentrum.
Pflanzenhöhe: 15 bis 25 cm.
Blattform und Größe: Schwertförmig zugespitzt, leicht gewellt und am Rande bedornt. Dunkelgrün mit silbriggrauen Querbändern. Im Zentrum rosa gefärbt.
Zeitraum des Angebotes: Durch das ganze Jahr.
Schnittreife: Ganze Pflanzen bei genügender Abhärtung.
Haltbarkeit: 30 Tage und länger.
Kühllagerung: Nicht nötig.
Besondere Pflege: Anspruchslos.
Verwendung: Brautbinderei, Tischdekorationen, spezielle Gestecke, Sträuße u. a. m. Der Einsatz von Cryptanthus verlangt floristisches Können.
Besonderheiten: Im Wasser und in der Steckmasse können sich an jungen Pflänzchen Adventivwurzeln bilden.

△ 232b Cryptanthus zonatus
▽ 232c Cryptanthus zonatus

Cryptanthus zonatus ♃ (W)

Synonym: –.
Familie: Bromeliaceae.
Handelsname: Gebänderter Erdstern.
Heimat/Herkunft: Brasilien, Tropen.
Wuchsform: Sehr flache und große Rosetten mit breit schwertförmigen bis lanzettlichen, gewellten Blättern. Im Zentrum weiße Blüten.
Pflanzenhöhe: 10 bis 15 cm hoch, bis 40 cm breit.
Blattform und Größe: Relativ breit, zugespitzt, gewellt, dunkelgrün mit intensiv gezeichneten silbriggrauen bis weißen Querbändern. Bis 20 cm lang und 5 cm breit.
Zeitraum des Angebotes: Durch das ganze Jahr.
Schnittreife: Einzelne Blätter oder ganze Pflanzen bei genügender Härte.
Haltbarkeit: 30 Tage und mehr.
Kühllagerung: Nicht nötig.
Besondere Pflege: Anspruchslos.
Verwendung: Brautbinderei, Tischdekorationen, spezielle Gestecke und Sträuße und andere floristische Arbeiten. Der Einsatz von Cryptanthus verlangt einiges an floristischem Können.
Besonderheiten: Im Wasser und in der Steckmasse können sich an jungen Pflänzchen Adventivwurzeln bilden.

Pachysandra terminalis

♄ ⤳ ✂

Synonym: –.
Familie: Buxaceae.
Handelsname: Dickanthere, Schattengrün.
Heimat/Herkunft: Japan, China.
Wuchsform: Halbstrauch mit starker Rhizombildung, der große Flächen bedecken kann. An den oberen Triebenden sind gesägt-lanzettliche, dunkelgrün glänzende und lederige Blätter zu Rosetten angeordnet. Die Blüten sind unscheinbar.
Pflanzenhöhe: 30 cm.
Blattform und Größe: Lanzettlich, grün und 15 cm lang.
Zeitraum des Angebotes: August bis April.
Schnittreife: Nachdem die Jungtriebe genügend ausgefärbt und ausgereift sind.
Haltbarkeit: 10 bis 14 Tage.
Kühllagerung: Ja.
Besondere Pflege: –.
Verwendung: Allgemeine bis spezielle Binderei.
Besonderheiten: Sehr intensive Farbgebung.

△ 233a Pachysandra terminalis
▽ 233b Aspidistra elatior

Aspidistra elatior

♃ (K)

Synonym: A. lurida
Familie: Convallariaceae.
Handelsname: Schusterpalme, Aspidistra, Sternschild.
Heimat/Herkunft: China.
Wuchsform: Kurzer Grundspross, aus dem sich die dunkelgrünen Blätter an 10 bis 20 cm langen Stielen aufrecht bis leicht ausladend entwickeln.
Pflanzenhöhe: 50 bis 70 cm.
Blattform und Größe: Breitlanzettlich, dunkelgrün glänzend, 40 bis 50 cm lang und etwa 10 cm breit.
Zeitraum des Angebotes: Durch das ganze Jahr.
Schnittreife: Wenn das Blatt seine volle Reife und dunkelgrüne Farbe erreicht hat.
Haltbarkeit: Ausgezeichnet, 20 bis 30 Tage.
Kühllagerung: Möglich, auch einige Tage ohne Wasser.
Besondere Pflege: –.
Verwendung: In der Regel als ausschwingende „ruhige" bis aktive Bewegung. Als Haupt- oder Begleitelement oder als verbindende Persönlichkeit.
Besonderheiten: Aspidistra eignen sich optimal zum Trocknen.

Liriope muscari

♃ K

Synonym: Ophiopogon muscari.
Familie: Convallariaceae.
Handelsname: Liriope.
Heimat/Herkunft: China, Japan, Taiwan.
Wuchsform: Grundständige Pflanze mit schmallinealen, aufstrebenden bis überneigenden Blättern. Die Sorte 'Variegata' zeigt auf dunkelgrünem Grund gelbe Längsstreifen.
Pflanzenhöhe: 25 bis 30 cm.
Blütenfarbe: Weiß, Blau in dichten Ähren.
Zeitraum des Angebotes: Durch das ganze Jahr.
Schnittreife: Die Blätter müssen ausgewachsen sein, d. h. ihre natürliche Größe erreicht haben.
Haltbarkeit: Gut bis sehr gut.
Kühllagerung: Ja.
Besondere Pflege: –.
Verwendung: Allgemeine Binderei.
Besonderheiten: Die Blätter können auch ohne Wasser eingesetzt werden.

△ 234a Liriope muscari
▽ 234b Ophiopogon jaburan

Ophiopogon jaburan

♃ K

Synonym: Convallariaceae.
Familie: Convallariaceae.
Handelsname: Langblättriger Schlangenbart.
Heimat/Herkunft: West-China.
Wuchsform: Staude mit langlinealen, dunkelgrün glänzenden, grundständigen Blättern. Die weißen Blüten erscheinen an kurzen Ähren.
Pflanzenhöhe: 30 bis 40 cm.
Blattform und Größe: Langlineal, 30 cm lang und 10 bis 15 mm breit.
Zeitraum des Angebotes: Durch das ganze Jahr.
Schnittreife: Ausgereifte, dunkelgrüne Blätter verwenden.
Haltbarkeit: 10 bis 20 Tage.
Kühllagerung: Möglich, vorübergehend auch ohne Wasser.
Besondere Pflege: –.
Verwendung: Allgemein als ausschwingende Bewegung in Sträußen aller Art, in Gestecken, Tischschmuck u. a.
Besonderheiten: Die Blätter können auch ohne Wasser verwendet werden.

Ophiopogon japonicus ♃ (K)

Synonym: –.
Familie: Convallariaceae.
Handelsname: Japanischer Schlangenbart, Zwerglilien-Rasen.
Heimat/Herkunft: Japan, China.
Wuchsform: Staude mit aufwärtsstrebenden, grasartigen, schmalen Blättern. Mit der Zeit bildet sich ein dichter Rasen. Die weißen Blüten erscheinen an kurzen Ähren.
Pflanzenhöhe: 20 bis 25 cm.
Blattform und Größe: Schmallineal, dunkelgrün, die panaschierte Form mit weißen, schmalen Längsstreifen. 20 bis 25 cm lang und 5 bis 8 mm breit.
Zeitraum des Angebotes: Durch das ganze Jahr.
Schnittreife: Nur ausgereifte Blätter verwenden.
Haltbarkeit: 10 bis 20 Tage.
Kühllagerung: Möglich, auch zeitweise ohne Wasser.
Besondere Pflege: –.
Verwendung: Allgemein als ausschwingende Bewegung in Sträußen aller Art, in Gesteckten, Brautsträußen u. a.
Besonderheiten: Die Blätter können auch ohne Wasser verwendet werden.

△ 235a Ophiopogon japonicus
▽ 235b Carex brunnea 'Variegata'

Carex brunnea 'Variegata' ♃ (K)–(W)

Synonym: C. elegantissima.
Familie: Cyperaceae.
Handelsname: Ziersegge, Carex.
Heimat/Herkunft: Süd-Asien, Malayischer Archipel, Madagaskar, Australien.
Wuchsform: Grundständige Seggenart mit straff aufrecht strebenden, sehr schmalen Blättern, die oben leicht nach außen neigen.
Pflanzenhöhe: 30 cm.
Blattform und Größe: Schmallanzettlich und elegant, dunkel mattgrün mit weißen Seitenbändern. 3 bis 4 mm breit und 20 bis 30 cm lang.
Zeitraum des Angebotes: Durch das ganze Jahr.
Schnittreife: Ältere Pflanzen mit guter Festigkeit.
Haltbarkeit: Bei genügendem Wasserstand bis 14 Tage.
Kühllagerung: Nicht nötig.
Verwendung: Feine Bindereien wie Braut-, Haar-, Körperschmuckgestecke und andere floristische Arbeiten.
Besondere Pflege: Ein guter Anschnitt ist nötig, sonst trocknen die Blättchen gerne rasch ein.

Carex grayi ♃

Synonym: –.
Familie: Cyperaceae.
Handelsname: Morgenstern-Segge.
Heimat/Herkunft: Östliches Nord-Amerika.
Wuchsform: Ziersegge mit staudigem Charakter, horstbildend. Die Triebe wachsen aufrecht und sind schmallanzettlich beblättert. Sehr dekorativ wirken die morgensternartigen Fruchtstände.
Pflanzenhöhe: 25 bis 30 cm.
Blattform und Größe: Das Blatt ist schmal ausgebildet, frischgrün und wechselständig. Im Juli/August erscheinen zudem morgensternartige Fruchtstände, die sehr dekorativ wirken. Durchmesser 3 bis 4 cm.
Zeitraum des Angebotes: Mai bis August.
Schnittreife: Nur gut ausgereifte Triebe verwenden.
Haltbarkeit: 10 bis 20 Tage.
Kühllagerung: Möglich.
Besondere Pflege: –.
Verwendung: Als Begleitelement.
Besonderheiten: Auch zum Trocknen geeignet.

△ 236a Carex grayi
▽ 236b Cyperus albostriatus

Cyperus albostriatus ♃ W K

Synonym: C. diffusus
Familie: Cyperaceae.
Handelsname: Breitblättriges Zypergras.
Heimat/Herkunft: Tropen verbreitet.
Wuchsform: Grundständig, mit Rhizomen versehen. Zahlreiche Grundblätter. Die Blatttriebe sind weicher und kürzer als bei C. involucratus.
Pflanzenhöhe: 25 bis 60 cm.
Blattform und Größe: Auf dem Schaft schirmartig verteilte lanzettliche bis schwertförmige weiche Blätter. Schirmquerschnitt 15 bis 25 cm.
Zeitraum des Angebotes: Durch das ganze Jahr.
Schnittreife: Die Blatttriebe müssen gut ausgereift sein.
Haltbarkeit: 5 bis 10 Tage.
Kühllagerung: Möglich, jedoch in Foliensäcke einpacken.
Besondere Pflege: Ab und zu übersprühen.
Verwendung: Allgemeine bis spezielle Bindereien.
Besonderheiten: Um die Haltbarkeit zu verlängern, die Blattschirme etwas einkürzen.

Cyperus involucratus

♃ ∿ K–W

Synonym: C. alternifolius, C. flabelliformis, C. alternifolius ssp. flabelliformis.
Familie: Cyperaceae.
Handelsname: Schmalblättriges Zypergras.
Heimat/Herkunft: Mittel-/Süd-Afrika, Madagaskar.
Wuchsform: Grundständige Sumpf- bis Wasserpflanze mit aufwärtsstrebenden Blatttrieben. Endständig schirmartig verteilte flache Einzelblättchen. Im Zentrum grün-braune Blütchen.
Pflanzenhöhe: Bis 1 m.
Blattform und Größe: Auf langem, rundem Schaft rundverteilte Blättchen, grün glänzend. Durchmesser des Blattschirms 20 bis 30 cm.
Zeitraum des Angebotes: Durch das ganze Jahr.
Schnittreife: Bei guter Entwicklung der älteren Blatttriebe.
Haltbarkeit: 5 bis 10 Tage.
Kühllagerung: In Folienbeuteln möglich.
Besondere Pflege: Viel Wasser verabreichen und ab und zu übersprühen.
Verwendung: Allgemeine bis spezielle Bindereien.
Besonderheiten: Die „Schirme“ zur besseren Haltbarkeit mit der Schere etwas einkürzen.

△ 237a Cyperus involucratus
▽ 237b Cyperus papyrus

Cyperus papyrus

♃ ∿ W–K

Synonym: –.
Familie: Cyperaceae.
Handelsname: Ägyptische Papyrusstaude.
Heimat/Herkunft: Tropisches Mittel-Amerika, Madagaskar.
Wuchsform: Wasserpflanze mit dreikantigen, langen Blattstielen direkt aus der Basis. Der pinselartige bis breite Blattschopf hat im Alter ein locker hängendes Erscheinungsbild.
Pflanzenhöhe: 2 bis 3 m.
Blattform und Größe: Auf langem Schaft pinselartig aufstrebender Schopf von bis 25 cm Höhe.
Zeitraum des Angebotes: Durch das ganze Jahr.
Schnittreife: Vor der vollen Entfaltung des Blattschopfes. Oft wird der Schopf noch etwas zurückgeschnitten.
Haltbarkeit: 5 bis 14 Tage.
Kühllagerung: Möglich, jedoch mit Folie vor zuviel Verdunstung schützen.
Besondere Pflege: Möglichst viel Wasser verabreichen und ab und zu übersprühen.
Verwendung: Spezielle Arbeiten in der Floristik.
Besonderheiten: Auch gut zum Trocknen geeignet. Wasserpflanze.

Galax urceolata ♃

Synonym: G. aphylla, Pyrola urceolata.
Familie: Diapensiaceae.
Handelsname: Bronzeblatt, Galax.
Heimat/Herkunft: Südosten der USA.
Wuchsform: Staude mit kurzem Grundspross und festen, glänzenden, rundlichen Blättern. Die weißen Blüten erscheinen im Mai bis Juni auf langen Schäften.
Pflanzenhöhe: 10 bis 15 cm.
Blattform und Größe: Rundlich, derbes Blatt mit gesägtem Blattrand, bronzefarbener Glanz. ∅ 6 bis 8 cm.
Zeitraum des Angebotes: Durch das ganze Jahr.
Schnittreife: Wenn die Blätter voll ausgewachsen und gut gefärbt sind.
Haltbarkeit: 10 bis 30 Tage.
Kühllagerung: Möglich, einige Tage auch ohne Wasser.
Besondere Pflege: –.
Verwendung: Allgemein für Basisgestaltungen bei Gestecken, Sträußen, Brautbouquets usw.
Besonderheiten: Die prächtigen Farbnuancen von Grün bis Rotbraun lassen einen vielseitigen Einsatz von Galaxblättern zu.

△ 238a Galax urceolata
▽ 238b Sansevieria trifasciata 'Laurentii'

Sansevieria trifasciata 'Laurentii' ♃ (W) (N)

Synonym: S. guineensis, S. laurentii, S. trifasciata var. laurentii.
Familie: Dracaenaceae.
Handelsname: Bogenhanf, Schwiegermutterzunge.
Heimat/Herkunft: Tropisches West-Afrika.
Wuchsform: Im Boden dicke Rhizome, aus denen dickledrige Blätter aufsteigen. Aus den Triebspitzen entwickeln sich grünweiße Blütentrauben.
Pflanzenhöhe: 60 bis 150 cm.
Blattform und Größe: Lanzettlich bis schwertförmig, dickledrig, hell- und dunkelgrüne Querbänder und gelbe Seitenstreifen. Bis 150 cm lang und 8 cm breit.
Zeitraum des Angebotes: Durch das ganze Jahr.
Schnittreife: Mit Ausnahme der jungen Blätter alle Altersstufen.
Haltbarkeit: Bis 30 Tage.
Kühllagerung: Nicht nötig.
Besondere Pflege: –.
Verwendung: Für verschiedene Bindereien als Hauptelement.
Besonderheiten: Die Blätter können auch ohne Wasser eingesetzt werden. Sie werden dann sehr biegsam und eignen sich speziell für konstruierte Formen.

Equisetum giganteum

♃ (W)

Synonym: –.
Familie: Equisetaceae.
Handelsname: Riesen-Schachtelhalm.
Heimat/Herkunft: Tropisches Süd-Amerika.
Wuchsform: Unterirdisch wachsen kräftige Rhizome, aus denen senkrechte, daumen- bis fingerdicke, runde und dunkelgrüne Halme aufsteigen. Diese tragen an den Knoten quirlige, feingeteilte Blättchen. Endständig finden wir dunkle, ährige Sporenkapseln.
Pflanzenhöhe: 3 bis 5 m.
Blattform und Größe: Für Bindereizwecke werden die kahlen Halme verwendet, die in unterschiedlichen Längen und Dicken angeboten werden.
Zeitraum des Angebotes: Durch das ganze Jahr.
Schnittreife: Wenn die Halme gut ausgebildet und ausgereift sind. Sie sind sehr brüchig.
Haltbarkeit: Gut.
Kühllagerung: Ja.
Besondere Pflege: –.
Verwendung: Zum Flechten und zum Konstruieren von Formen geeignet.
Besonderheiten: Für die Trockenbinderei anwendbar.

△ 239a Equisetum giganteum
▽ 239b Hosta-Cultivar 'Undulata Albomarginata'

Hosta-Cultivar 'Undulata Albomarginata'

♃

Synonym: Funkia undulata.
Familie: Hostaceae.
Handelsname: Wellenblatt-Funkie.
Heimat/Herkunft: Japan.
Wuchsform: Staude mit grundständigen Sprossen und breitausladenden Blättern. Hellviolette Blüten an Trauben hängend im Juli.
Pflanzenhöhe: 40 bis 60 cm.
Blattform und Größe: Eirund bis herzförmig, weiße Randzonen und grünes Mittelfeld. 15 cm lang und 8 bis 10 cm breit.
Zeitraum des Angebotes: Ab Juli bis Oktober.
Schnittreife: Wenn die Blätter gut ausgereift und ausgefärbt sind. Keine jungen Blätter verwenden!
Haltbarkeit: 5 bis 10 Tage.
Kühllagerung: Möglich.
Besondere Pflege: Ein guter Anschnitt der Blattstiele ist nötig.
Verwendung: Als Abschlussgrün, sehr ideal in speziellen floristischen Arbeiten.
Besonderheiten: Vorsicht, die Blätter sind sehr empfindlich auf mechanische Schäden!

△ 240a Hosta sieboldiana
▽ 240b Hosta ventricosa

Hosta sieboldiana ♃

Synonym: Funkia sieboldiana, F. glauca, H. glauca.
Familie: Hostaceae.
Handelsname: Blaublatt-Funkie.
Heimat/Herkunft: Japan.
Wuchsform: Staude mit verdickten Rhizomtrieben und grundständigen Blättern. Hellviolette Blüten an 50 bis 60 cm hohen Trauben im Juli.
Pflanzenhöhe: 50 bis 60 cm.
Blattform und Größe: Die aufstrebenden bis überladenden Blätter sind eirund bis herzförmig und von blaugrüner Farbe. Länge 10 bis 15 cm
Zeitraum des Angebotes: Ab Juli bis Oktober.
Schnittreife: Nur gut ausgereifte Blätter verwenden.
Haltbarkeit: 5 bis 10 Tage.
Kühllagerung: Möglich.
Besondere Pflege: Ein guter Anschnitt der Blattstiele ist erforderlich.
Verwendung: Als Abschlussgrün, sehr ideal in speziellen floristischen Arbeiten.
Besonderheiten: Vorsicht, die weichen Blätter sind sehr empfindlich auf mechanische Schäden!

Hosta ventricosa ♃

Synonym: H. caerulea, Funkia ovata.
Familie: Hostaceae.
Handelsname: Glocken-Funkie.
Heimat/Herkunft: China, Japan, in den USA eingebürgert.
Wuchsform: Diese Staude bildet starke Horste mit grundständigen Blättern, diese sind herzförmig und dunkelgrün mit ausgeprägter Nervatur. Es existieren auch Sorten mit weißem Blattrand und unterschiedlichen Blattzeichnungen.
Pflanzenhöhe: 60 bis 90 cm.
Blütenfarbe: Violettblau.
Natürliche Blütezeit: August.
Zeitraum des Angebotes: Blätter als Schnittgrün: ab Juli bis November.
Schnittreife: Die großen Blätter sollen voll ausgereift sein!
Haltbarkeit: Gut.
Kühllagerung: Ja.
Besondere Pflege: Ein guter, schräger Anschnitt ist wichtig!
Verwendung: In der sommerlichen Floristik vorwiegend für Sträuße.
Besonderheiten: Vorsicht! Die Blattstiele sind sehr brüchig!

Aristea africana

♃ (K)

Synonym: A. cyanea.
Familie: Iridaceae.
Handelsname: Aristea, Grannenlilie.
Heimat/Herkunft: Süd-Afrika.
Wuchsform: Staude mit horstbildenden Rhizomen, bedingt winterhart. Die dichtstehenden Blätter sind schwertförmig, derb, dunkelgrün und bis 2,5 cm breit, Höhe 30 bis 60 cm. Im Frühjahr bis Sommer erscheinen an lockeren Trauben blaue, tellerförmige Blüten.
Pflanzenhöhe: Bis 60 cm.
Blütenfarbe: Blau.
Natürliche Blütezeit: April bis Oktober.
Zeitraum des Angebotes: Als Schnittgrün ab Juli bis Herbst.
Schnittreife: Die Blätter müssen voll ausgereift sein.
Haltbarkeit: Sehr gut.
Kühllagerung: Ja.
Besondere Pflege: In Folie einpacken und anfeuchten.
Verwendung: Allgemeine bis spezielle Floristik. Zum Flechten geeignet.
Besonderheiten: Auch ohne Wasser 2 bis 3 Tage haltbar.

△ 241a Aristea africana
▽ 241b Molucella laevis

Molucella laevis

⊙ ✂

Synonym: –.
Familie: Lamiaceae.
Handelsname: Muschelblume, Molucella.
Heimat/Herkunft: West-Asien.
Wuchsform: Krautig aufrecht, an der Basis verzweigt. Große rundliche Blätter. In den Kelchtrichtern unscheinbare weiße Blüten.
Pflanzenhöhe: 60 bis 100 cm.
Blattform und Größe: An den langen Trieben sind quirlständig breite, trichterförmige Kelchblätter dicht angeordnet.
Zeitraum des Angebotes: Durch das ganze Jahr.
Schnittreife: Wenn die ersten weißen Blütchen im unteren Kelchblattkreuz geöffnet sind.
Haltbarkeit: 12 bis 18 Tage.
Kühllagerung: Möglich.
Besondere Pflege: Möglichst viele Verdunstungsflächen entfernen.
Verwendung: Als Haupt- oder Begleitelement, vor allem in speziellen floristischen Arbeiten.
Besonderheiten: Die Triebe richten sich auch geschnitten immer dem Lichte zu.

△ 242a Cladonia stellaris in Finnland
▽ 242b Cladonia stellaris in Finnland

▽ 242c Lycopodium taxifolium

Cladonia stellaris ♃

Synonym: –.
Familie: Lichenes (Flechtengewächse).
Handelsname: Islandmoos, Rentierflechte.
Heimat/Herkunft: Skandinavische Länder, besonders Finnland.
Wuchsform: Flechte mit aufrechtem, stark verzweigtem Pflanzenkörper, der an kleine Bäumchen erinnert. Grauweiß. Bildet oft dichte Polster. Bild: Finnland.
Pflanzenhöhe: 8 bis 10 cm.
Blattform und Größe: Die stark verästelten Thalli sind kugelig bis säulenartig aufgebaut.
5 bis 10 cm hoch.
Zeitraum des Angebotes: Da es trocken angeliefert wird, durch das ganze Jahr hindurch.
Schnittreife: Wenn die einzelnen Büschel gut ausgebildet sind.
Haltbarkeit: Gut.
Kühllagerung: Nicht nötig.
Besondere Pflege: In feuchtem Zustand verarbeiten, vor der Verarbeitung in warmes Salzwasser einlegen, die Farbe Weiß wird dadurch stärker.
Verwendung: Trauerbinderei.
Besonderheiten: Qualitäts- und Preisunterschiede.

Lycopodium taxifolium ♃ ▽

Synonym: –.
Familie: Lycopodiaceae.
Handelsname: Bärlapp.
Heimat/Herkunft: Subtropische bis gemäßigte Zonen, arktisch und antarktisch.
Wuchsform: Hohe Art (L. taxifolium): Straff aufstrebend, mit feinen, nadelartigen, aber weichen Blättchen, die an allen Sprossen spiralig angeordnet sind. Der Spross ist gegenständig verzweigt, die Zweige sind wiederum verästelt. Niedere Art (Name noch unbestimmt): Kriechender bis aufrechter Wuchs. Die dunkelgrünen Blättchen sind spiralig angeordnet, die Triebe unregelmäßig verzweigt. Endständig bilden sich an dünnen Stielen hellbraune Sporangien.
Pflanzenhöhe: Hohe Form 40 bis 50 cm, niedere Form 10 bis 20 cm, eher kriechend.
Blattform und Größe: Die weichen, nadelförmigen Blätter stehen dicht und sind 5 bis 10 mm lang.
Zeitraum des Angebotes: Durch das ganze Jahr.
Schnittreife: Die Triebe müssen gut ausgereift und ausgefärbt sein.
Haltbarkeit: Gut.
Kühllagerung: Gut.
Besondere Pflege: –.
Verwendung: Allgemeine Binderei.
Besonderheiten: Die nadelartigen Blättchen bleiben am Spross.

Lycopodium squarrosum ♃ M

Synonym: L. hippuris, Phlegmariurus squarrosus.
Familie: Lycopodiaceae.
Handelsname: Bärlapp.
Heimat/Herkunft: Indien, Ceylon, Java.
Wuchsform: Aufstrebende bis überhängende, verzweigte, drahtige Triebe, die dicht mit grünen bis gelbgrünen Schuppenblättchen bedeckt sind. Diese blütenlose Pflanze wächst meist epiphytisch an feuchten Stellen und sogar auf Felsen und bildet dort dichte Teppiche.
Pflanzenhöhe: 20 cm.
Blütenfarbe: Unscheinbare Sporenähren grün bis braun.
Zeitraum des Angebotes: Durch das ganze Jahr.
Schnittreife: Die Zweige müssen ausgereift sein.
Haltbarkeit: Sehr gut.
Kühllagerung: Ja.
Besondere Pflege: –.
Verwendung: Allgemeine bis spezielle Binderei.
Besonderheiten: Trocknet gern ein.

△ 243a Lycopodium squarrosum
▽ 243b Calathea lancifolia

Calathea lancifolia ♃ (W)

Synonym: C. insignis.
Familie: Marantaceae.
Handelsname: Lanzenblättrige Calathea.
Heimat/Herkunft: Brasilien, Tropen.
Wuchsform: Fast grundständige Pflanze mit starkem aufrechtem Wuchs und langen Blättern mit schöner Zeichnung.
Pflanzenhöhe: 50 bis 70 cm.
Blattform und Größe: Langlanzettlich, bis 50 cm lang werdend. Hell- bis olivgrün glänzend. Beidseitig der Mittelader große Fleckenzeichnung.
Zeitraum des Angebotes: Durch das ganze Jahr.
Schnittreife: Wenn die Blätter gut ausgefärbt und ausgewachsen sind.
Haltbarkeit: 5 bis 8 Tage.
Kühllagerung: Möglich, aber in Folie verpackt.
Besondere Pflege: Guter Anschnitt der Blattstiele, Schnittstellen anbrennen, sonst rollen die Blätter ein.
Verwendung: Spezielle Bindereien.
Besonderheiten: Calatheablätter eignen sich nicht besonders zum Stecken in Steckmasse. Größere Topfpflanzen einkaufen und nach Bedarf davon schneiden. Auf gute Schnittreife achten!

△ 244a Calathea leopardina
▽ 244b Calathea makoyana

Calathea leopardina

♃ (W)

Synonym: Maranta leopardina.
Familie: Marantaceae.
Handelsname: Leopardina-Calathea.
Heimat/Herkunft: Brasilien, Tropen.
Wuchsform: Grundständige Warmhauspflanze mit langen Blattstielen und ovalen Blättern. Grundfarbe Hellgrün mit dunkelgrünen Streifen bis an den Blattrand.
Pflanzenhöhe: 40 bis 60 cm.
Blattform und Größe: Langoval bis eiförmig, bis 20 cm lang und 5 bis 8 cm breit.
Zeitraum des Angebotes: Durch das ganze Jahr.
Schnittreife: Wenn die Blätter gut ausgereift und ausgefärbt sind.
Haltbarkeit: 5 bis 8 Tage.
Kühllagerung: Möglich, aber in Folie verpackt.
Besondere Pflege: Guter Anschnitt, Schnittstellen anbrennen, sonst rollen die Blätter ein.
Verwendung: Spezielle Bindereien.
Besonderheiten: Eignung zum Stecken in die Steckmasse nicht ideal. Vorteil für den Floristen: größere Pflanzen einkaufen, um nach Bedarf schnittreife Blätter abschneiden zu können.

Calathea makoyana

♃ (W)

Synonym: Maranta makoyana.
Familie: Marantaceae.
Handelsname: Pfauenblättrige Calathea.
Heimat/Herkunft: Brasilien, Tropen.
Wuchsform: Warmhauspflanze mit grundständigen Blättern. Sehr dekorativ ist das Blatt mit aparter Fensterzeichnung. Vereinzelt weiße, eher unscheinbare Blüten.
Pflanzenhöhe: 60 cm und mehr.
Blattform und Größe: Oval bis eirund, 15 bis 18 cm lang, olivgrün bis cremefarbig mit Streifen- und Fleckenzeichnung, fast durchscheinend.
Zeitraum des Angebotes: Durch das ganze Jahr.
Schnittreife: Nur die unteren, gut ausgewachsenen Blätter verwenden.
Haltbarkeit: 5 bis 8 Tage.
Kühllagerung: In Folienbeuteln verpackt möglich.
Besondere Pflege: Guter Anschnitt der Blattstiele. Anbrennen der Schnittflächen, sonst rollen die Blätter ein.
Verwendung: Spezielle Bindereien.
Besonderheiten: Eignen sich nicht sehr ideal zum Stecken in Steckmasse. Größere Pflanzen einkaufen und je nach Bedarf und Schnittreife Blätter abschneiden.

Calathea roseopicta ♃ (W)

Synonym: Maranta roseopicta.
Familie: Marantaceae.
Handelsname: Rosafleckige Calathea.
Heimat/Herkunft: Brasilien, Tropen.
Wuchsform: Grundständige Warmhauspflanze mit straff aufwärtsstrebenden Blattstielen und großen rundlichen Blättern mit schöner Zeichnung.
Pflanzenhöhe: 30 bis 50 cm.
Blattform und Größe: Breitoval, 15 bis 20 cm ∅, dunkelgrün mit rosafarbener Mittelrippe und hellgrünen Längsstreifen.
Zeitraum des Angebotes: Durch das ganze Jahr.
Schnittreife: Wenn die Blätter im unteren Pflanzenbereich gut ausgewachsen sind und eine gute Härte aufweisen.
Haltbarkeit: 5 bis 8 Tage.
Kühllagerung: In Folienbeuteln verpackt möglich.
Besondere Pflege: Guter Anschnitt der Blattstiele. Anbrennen der Schnittflächen.
Verwendung: Spezielle Bindereien.
Besonderheiten: Eignen sich nicht sehr ideal zum Stecken in Steckmasse. Größere Pflanzen einkaufen und je nach Bedarf und Schnittreife Blätter abschneiden.

△ 245a Calathea roseopicta
▽ 245b Ctenanthe amabilis

Ctenanthe amabilis ♃ (W)

Synonym: Maranta amabilis, Stromanthe amabilis.
Familie: Marantaceae.
Handelsname: Liebliche Stromanthe.
Heimat/Herkunft: Brasilien.
Wuchsform: Aufrecht wachsende Warmhauspflanze mit abgeflacht ovalen Blättern, die deutlich nach außen neigen. Auf hellgrauem Grund wirkt die dunkelgrüne Fischgrätmusterung dekorativ.
Pflanzenhöhe: 40 cm.
Blattform und Größe: Langoval mit abgeflachtem Ende und kurzer Spitze. 10 bis 15 cm lang und 6 bis 10 cm breit.
Zeitraum des Angebotes: Durch das ganze Jahr.
Schnittreife: Nur die unteren Blätter verwenden.
Haltbarkeit: 8 bis 14 Tage.
Kühllagerung: In Folienbeuteln verpackt möglich.
Besondere Pflege: Guter Anschnitt der Blattstiele. Anbrennen der Schnittflächen, sonst rollen die Blätter ein.
Verwendung: Spezielle Bindereien.
Besonderheiten: Wie bei Calathea-Arten.

△ 246a Maranta leuconeura 'Erythroneura'
▽ 246b Maranta leuconeura 'Kerchoveana'

Maranta leuconeura 'Erythroneura' ♃ (W)

Synonym: M. leuconeura var. erythroneura.
Familie: Marantaceae.
Handelsname: Weißnervige Marante.
Heimat/Herkunft: Brasilien, Tropen.
Wuchsform: Warmhauspflanze mit kriechendem, verzweigtem Wuchs. Die dekorativen Blätter sind kurzgestielt. Vereinzelt weiße, unscheinbare Blüten. Wird oft aufgebunden verkauft.
Pflanzenhöhe: 30 bis 50 cm und mehr.
Blattform und Größe: Streng ovale Blätter von 8 bis 10 cm Breite und 12 bis 15 cm Länge. Auf olivgrünem Grund dunkelgrüne Flecken und Streifen.
Zeitraum des Angebotes: Durch das ganze Jahr.
Schnittreife: Gut ausgereifte Blätter verwenden.
Haltbarkeit: 5 bis 8 Tage.
Kühllagerung: In Folienbeuteln verpackt möglich.
Besondere Pflege: Guter Anschnitt der Blattstiele. Anbrennen der Schnittflächen.
Verwendung: Spezielle Bindereien.
Besonderheiten: Wie bei Calathea-Arten.

Maranta leuconeura 'Kerchoveana' ♃ (W)

Synonym: M. leuconeura var. kerchoveana.
Familie: Marantaceae.
Handelsname: Kerchovs Marante.
Heimat/Herkunft: Brasilien, Tropen.
Wuchsform: Krautig, kriechender Wuchs mit dichtem Pflanzenaufbau. Frischgrüne Blätter mit schöner Fleckenzeichnung.
Pflanzenhöhe: 20 bis 30 cm.
Blattform und Größe: Eiförmig bis breitoval, smaragdgrüne Grundfarbe mit gleichmäßigen, dunkelgrünen Flecken beidseits der hellen Mittelader. Bis 12 cm lang.
Zeitraum des Angebotes: Durch das ganze Jahr.
Schnittreife: Nur gut ausgewachsene Blätter verwenden.
Haltbarkeit: 5 bis 8 Tage.
Kühllagerung: In Folienbeuteln verpackt möglich.
Besondere Pflege: Guter Anschnitt der Blattstiele. Anbrennen der Schnittflächen, sonst rollen die Blätter ein.
Verwendung: Spezielle Bindereien.
Besonderheiten: Wie bei Calathea-Arten.

Xerophyllum asphodeloides ♃ ∧

Synonym: –.
Familie: Melanthiaceae.
Handelsname: Bärengras.
Heimat/Herkunft: USA.
Wuchsform: Staude mit harten, aufstrebenden Blättern, dunkelgrün mit Grauschimmer.
Pflanzenhöhe: 50 bis 60 cm.
Blattform und Größe: Sehr schmallanzettlich bis langlineal mit dünner Spitze. Die Blätter sind nur 3 bis 4 mm breit und bis zu 50 cm lang.
Zeitraum des Angebotes: Durch das ganze Jahr.
Schnittreife: Als grasartiges Liliengewächs mit harter Struktur weist das Bärengras eine allgemein gute Festigkeit auf.
Haltbarkeit: 14 bis 20 Tage.
Kühllagerung: Möglich, ohne Wasser bis 10 Tage.
Besondere Pflege: Evtl. in Folienbeuteln aufbewahren.
Verwendung: In jeder Bindereiarbeit ist es möglich, Bärengras zu verwenden. Bewusstes Einsetzen auf verschiedene Arten bereichert die Verwendungsmöglichkeiten.
Besonderheiten: Bärengras kann auch getrocknet eingesetzt werden.

△ 247a Xerophyllum asphodeloides
▽ 247b Phormium tenax

Phormium tenax ♃ Ⓚ Ⓝ

Synonym: –.
Familie: Phormiaceae.
Handelsname: Neuseeländischer Flachs.
Heimat/Herkunft: Neuseeland.
Wuchsform: Großstaude mit kurzem Grundspross und langen Blättern, dunkelgrün mit weiß- bis rosafarbenen Längsstreifen durchzogen.
Pflanzenhöhe: Bis 2 m.
Blattform und Größe: Schmallanzettlich bis schwertförmig, 1 bis 1 $^{1}/_{2}$ m lang und nur 5 bis 6 cm breit.
Zeitraum des Angebotes: Durch das ganze Jahr.
Schnittreife: Nur ausgereifte Blätter verwenden.
Haltbarkeit: 10 bis 20 Tage.
Kühllagerung: Möglich, auch einige Tage ohne Wasser.
Besondere Pflege: –.
Verwendung: Als aktives Leitelement in speziellen Arbeiten sehr ideal. Durch die kräftige Ausstrahlung sind Phormiumblätter aber oft schwierig zu verarbeiten.
Besonderheiten: Die Blätter können auch ohne Wasser gut in der Floristik eingesetzt werden. Sie sind sehr gut formbar.

Cortaderia selloana ♃ Ⓝ

Synonym: Gynerium argenteum, C. argentea.
Familie: Poaceae.
Handelsname: Pampasgras.
Heimat/Herkunft: Argentinien, Uruguay
Wuchsform: Staude, straff aufrecht mit bis 1 m langen, linealischen bis langlanzettlichen, überhängenden schmalen Blättern. Die Blüten bilden eine Rispe, die hoch über die Blätter ragt.
Pflanzenhöhe: 80 bis 200 cm.
Blütenfarbe: Silbrigweiß.
Natürliche Blütezeit: September bis Oktober.
Zeitraum des Angebotes: September bis Oktober.
Schnittreife: Wenn die Blütenrispen fast vollständig aufgeblüht sind.
Haltbarkeit: Bis 20 Tage, trocken noch länger.
Kühllagerung: Nicht nötig.
Besondere Pflege: Tief ins Wasser einstellen.
Verwendung: Als Hauptelement.
Besonderheiten: Auch für Trockenbinderei geeignet.

△ 248a Cortaderia selloana
▽ 248b Hordeum jubatum

Hordeum jubatum ⊙–⊙ ♃

Synonym: –.
Familie: Poaceae.
Handelsname: Mähnen-Gerste.
Heimat/Herkunft: Nord- bis Süd-Amerika, Mexiko, Bolivien.
Wuchsform: Straff aufrechtwachsende, röhrige Halme mit langlanzettlichen, weichen Blättern und seitlich gewendeten Ähren.
Pflanzenhöhe: 50 bis 60 cm.
Blattform und Größe: Zierwert: Ähren mit langen, hellen Grannenhaaren, 10 bis 20 cm lang.
Zeitraum des Angebotes: Ab August Blätter, ab September Blütenstand.
Schnittreife: Wenn die Halme und Ähren gut ausgebildet sind und vor der Ausreife stehen.
Haltbarkeit: 10 bis 14 Tage.
Kühllagerung: Nicht nötig.
Besondere Pflege: Viel Wasser verabreichen.
Verwendung: Als ausschwingende Bewegung in verschiedenen floristischen Arbeiten.
Besonderheiten: Auch sehr gut zum Trocknen geeignet.

Miscanthus sinensis ‘Zebrinus’ ♃

Synonym: Eulalia japonica.
Familie: Poaceae.
Handelsname: Chinaschilf.
Heimat/Herkunft: Japan, China, Korea, Thailand, auf den Kanarischen Inseln verwildert.
Wuchsform: Staude mit horstartiger Breitenentwicklung und straff aufrechten Halmen, schmallanzettlichen, z. T. überhängenden Blättern und endständigen, rispigen Blütenständen.
Pflanzenhöhe: 130 bis 180 cm.
Blattform und Größe: Zierwert: Lange Halme mit sehr schmalen, oft hellnervigen Blättern. Einige Arten weisen auch gelbe Flecken auf.
Zeitraum des Angebotes: Ab August bis zum ersten Frost.
Schnittreife: Wenn die Halme voll ausgewachsen sind und z. T. schon Blütenähren tragen.
Haltbarkeit: 5 bis 10 Tage, sie trocknen gern ein.
Kühllagerung: Nicht nötig.
Besondere Pflege: Miscanthushalme benötigen einen guten Anschnitt und viel Wasser.
Verwendung: Bei Dekorationen.
Besonderheiten: Auch zum Trocknen geeignet.

△ 249a Miscanthus sinensis ‘Zebrinus’
▽ 249b Panicum virgatum

Panicum virgatum ♃

Synonym: –.
Familie: Poaceae.
Handelsname: Ruten-Hirse.
Heimat/Herkunft: Kanada, USA, Mexiko, Zentral-Amerika bis Westindische Inseln.
Wuchsform: Horstbildende Staude mit graugrünen bis violettgrünen Halmen und hellgrünen, klebrigen, langlanzettlichen Blättern von bis 60 cm Länge. Endständig sehr dünnstielige Fäden, die eine lockere, bis 50 cm lange Rispe bilden.
Pflanzenhöhe: 2 m.
Blütenfarbe: Anfänglich dunkelgrün, im Herbst verfärben sie in rötliche bis bronzene Farbtöne.
Natürliche Blütezeit: Juli bis September.
Zeitraum des Angebotes: Juni bis Oktober.
Schnittreife: $^{2}/_{3}$ des Blütenstandes muss geöffnet sein.
Haltbarkeit: 6 bis 10 Tage.
Kühllagerung: Ja.
Besondere Pflege: Guter Anschnitt, viel Wasser in der Vase. Dieses muss täglich gewechselt werden.
Verwendung: Für Sommer- und Herbststräuße.
Besonderheiten: Verdunstungsflächen (Blätter) reduzieren.

△ 250a Pennisetum setaceum 'Rubrum'
▽ 250b Pennisetum villosum

Pennisetum setaceum 'Rubrum' ♃

Synonym: P. rupellii, P. ruppelianum.
Familie: Poaceae.
Handelsname: Afrikanisches Lampenputzergras, Einjähriges Lampenputzergras.
Heimat/Herkunft: Europa, Nord-Afrika, Südwest-Asien, Arabien.
Wuchsform: Aufrecht, bildet Horste, ein- bis mehrjährig mit rauen, rotgrünen Blättern und Halmen. Im Sommer erscheinen kräftige, stark borstige Ähren, die leicht überneigen.
Pflanzenhöhe: 80 bis 100 cm.
Blattform und Größe: Weich, langlanzettlich kupfrig rotgrüne Blätter, die kräftiger ausgebildet sind als bei der Art P. setaceum. Dekorativ wirken die grauweißen, langborstigen Ähren.
Zeitraum des Angebotes: Ab August bis Frosteintritt.
Schnittreife: Wenn die Ähren ihre volle Größe erreicht haben.
Haltbarkeit: 15 bis 20 Tage.
Kühllagerung: Ja.
Besondere Pflege: Keine.
Verwendung: Allgemeine herbstliche Bindereien.
Besonderheiten: Hält als Trockenmaterial bis in den Winter.

Pennisetum villosum ⨀ ⊙ ♃

Synonym: P. longistylum.
Familie: Poaceae.
Handelsname: Zottiges Federborstengras, Weißes Lampenputzergras.
Heimat/Herkunft: Abessinien.
Wuchsform: Buschiges Ziergras, die Halme sind über dem Boden geknickt und verzweigt. Weiche, langlanzettliche Blätter. Endständig walzenförmige Ähren mit langen Borstenhaaren.
Pflanzenhöhe: 50 bis 80 cm.
Blattform und Größe: Zierwert: Halme mit blaugrünen Blättern und dunklen Ähren mit weißen Hüllborsten.
Zeitraum des Angebotes: Ab August bis Frosteintritt.
Schnittreife: Wenn die Ähren fast voll entwickelt sind.
Haltbarkeit: 10 bis 14 Tage.
Kühllagerung: Nicht nötig.
Besondere Pflege: –.
Verwendung: Allgemeine Herbstbindereien.
Besonderheiten: Vor allem wird der Blütenstand verwendet.

Setaria italica subsp. italica ⊙ Ⓝ

Synonym: –.
Familie: Poaceae.
Handelsname: Kolbenhirse, Borstenhirse.
Heimat/Herkunft: Kulturform.
Wuchsform: Aufrechtwachsendes einjähriges Gras mit langlanzettlichen, mittelgrünen, bis 45 cm langen Blättern. Auf dicken Halmen entwickeln sich im Sommer bis Herbst lockere rispige Blütenstände.
Pflanzenhöhe: Bis 150 cm und bis 1 m breit.
Blütenfarbe: Je nach Sorte in Weiß, Creme, Gelb, Rot, Braun oder Schwarz.
Natürliche Blütezeit: August bis Oktober.
Zeitraum des Angebotes: Juli bis Oktober.
Schnittreife: Die Ähren müssen gut ausgebildet sein.
Haltbarkeit: 8 bis 10 Tage.
Kühllagerung: Ja.
Besondere Pflege: Guter Anschnitt, viel Wasser in der Vase, Wasser oft wechseln.
Verwendung: Sommer- bis Herbstfloristik.
Besonderheiten: Verdunstungsflächen weitgehend reduzieren.

△ 251a Setaria italica subsp. italica
▽ 251b Setaria macrostachya

Setaria macrostachya ♃

Synonym: –.
Familie: Poaceae.
Handelsname: Borstige Kolbenhirse.
Heimat/Herkunft: Südwest-USA bis Mexiko.
Wuchsform: Grasartige Pflanze mit aufrechten Halmen und bis 20 mm breiten, langlanzettlichen, dunkelgrünen Blättern. Die Blattscheiden sind dicht angedrückt. Die bis fingerdicken, bis 10 cm langen borstigen Ähren sind überneigend.
Pflanzenhöhe: 60 bis 80 cm.
Blütenfarbe: Grün.
Natürliche Blütezeit: Juli bis August.
Zeitraum des Angebotes: Juni bis September.
Schnittreife: $^2/_3$ des Blütenstandes müssen geöffnet sein.
Haltbarkeit: 8 bis 10 Tage.
Kühllagerung: Ja.
Besondere Pflege: Guter Anschnitt, viel Wasser in der Vase, Wasser oft wechseln.
Verwendung: Allgemeine Sommer- bis Herbstfloristik.
Besonderheiten: Verdunstungsflächen weitgehend reduzieren.

Bergenia crassifolia ♃

Synonym: B.-Hybriden.
Familie: Saxifragaceae.
Handelsname: Großblättrige Bergenie.
Heimat/Herkunft: Zuchtform, Urformen aus Sibirien, Mongolei.
Wuchsform: Staude mit dicken, oberirdischen Trieben. Die Blätter sind ledrig und wintergrün. Im April/Mai weiße oder rosafarbene Blüten.
Pflanzenhöhe: 30 bis 40 cm.
Blattform und Größe: Eirund bis herzförmig, 10 cm breit und 15 cm lang, dunkelgrün.
Zeitraum des Angebotes: Ab März bis Oktober.
Schnittreife: Nur ausgereifte Blätter verwenden.
Haltbarkeit: Bis 10 Tage.
Kühllagerung: Möglich.
Besondere Pflege: Guter Anschnitt.
Verwendung: Als Abschlussgrün für verschiedene floristische Arbeiten. Meist sind die Blattstiele nur sehr kurz.
Besonderheiten: Wenn die Blätter zuwenig ausgereift sind, ist bereits nach einem Tag ein Verwelken zu erkennen.

△ 252a Bergenia crassifolia
▽ 252b Xanthorrhoea preissii

Xanthorrhoea preissii

Synonym: –.
Familie: Xanthorrhoeaceae.
Handelsname: Grasbaum, Steelgras.
Heimat/Herkunft: Australien.
Wuchsform: Xerophytische Rhizomstaude bis verholzte Pflanze mit im Alter dickem Stamm, auf dem ein dichter Schopf mit sehr schmalen, linealischen Blättern steht. Diese sind dunkelgrün glänzend und trotz der Länge sehr stabil und 3 mm breit.
Pflanzenhöhe: Je nach Alter 2 bis 4 m.
Zeitraum des Angebotes: Durch Importe das ganze Jahr.
Schnittreife: Da sehr stabil, schon frühzeitig.
Haltbarkeit: 10 bis 20 Tage.
Kühllagerung: Ja.
Besondere Pflege: Keine.
Verwendung: Auch ohne Wasser zu verwenden, die Blätter trocknen lassen.
Besonderheiten: Auch zum Trocknen geeignet.

Schnittgrün / Farne

Adiantum pedatum var. pedatum ♃

Synonym: –.
Familie: Adiantaceae.
Handelsname: Pfauenrad-Farn.
Heimat/Herkunft: Kanada und USA.
Wuchsform: Halbimmergrüne Staude mit kompaktem Wurzelstock mit aufstrebenden, dunkelbraun glänzenden Blattstielen, die sich oben pfauenradartig flach verteilen und mit vielen dichtstehenden ovalen Fiederblättchen von blaugrüner Farbe besetzt sind.
Pflanzenhöhe: 30 bis 45 cm.
Blütenfarbe: Blütenlose Farnpflanze.
Natürliche Blütezeit: –.
Zeitraum des Angebotes: Vorwiegend im Sommer bis Herbst.
Schnittreife: Die Blätter müssen gut ausgereift und dunkelgrün gefärbt sein.
Haltbarkeit: Gut.
Kühllagerung: Ja.
Besondere Pflege: Wenn die Stiele angebrannt werden, ist Adiantum haltbarer.
Verwendung: Allgemeine bis spezielle Floristik.
Besonderheiten: Auch getrocknet ein sehr interessantes Material.

△ 253a Adiantum pedatum var. pedatum
▽ 253b Adiantum raddianum

Adiantum raddianum ♃

Synonym: A. cuneatum, A. decorum.
Familie: Adiantaceae.
Handelsname: Frauenhaarfarn.
Heimat/Herkunft: Tropen bis Subtropen, verbreitet in Amerika.
Wuchsform: Grundständiger Farn mit dünnen, schwarzen Blattstielen. Die Wedel sind in zahlreiche runde bis dreieckige Blättchen unterteilt.
Pflanzenhöhe: Je nach Alter 20 bis 50 cm.
Blattform und Größe: Mehrfach gefiedert, Wedellänge ohne Stiel 15 bis 30 cm.
Zeitraum des Angebotes: Durch das ganze Jahr.
Schnittreife: Die schnittreifen Wedel müssen dunkelgrün gefärbt und fest sein.
Haltbarkeit: 3 bis 5 Tage.
Kühllagerung: In Folienbeuteln möglich.
Besondere Pflege: Die Schnittstellen müssen angebrannt werden.
Verwendung: Brautbindereien, Tischdekorationen.
Besonderheiten: Die Schnittstellen sollten immer mit Feuchtigkeit in Verbindung stehen, z. B. mit nassen Zeitungen umwickeln.

△ 254a Blechnum spicant

Blechnum spicant

♃ △ ▽

Synonym: –.
Familie: Blechnaceae.
Handelsname: Rippenfarn, Gewöhnlicher Rippenfarn.
Heimat/Herkunft: Europa, Nord-Afrika, Klein-Asien, Iran, China, Japan, Nord-Amerika.
Wuchsform: Grundständiger Farn mit straff aufrechtstehenden, schlanken Wedeln, die dunkelgrün glänzen. Wintergrün.
Pflanzenhöhe: 40 cm.
Blattform und Größe: Langgestreckte, schwertförmige Wedel mit einfacher Fiederung. Bis 40 cm lang und 5 bis 8 cm breit.
Zeitraum des Angebotes: Ab April bis Oktober.
Schnittreife: Ausgewachsene Blätter mit genügender Reife und Festigkeit verwenden.
Haltbarkeit: 5 bis 10 Tage.
Kühllagerung: Möglich.
Besondere Pflege: Einen guten Anschnitt vornehmen, die Stiele müssen angebrannt werden.
Verwendung: Für verschiedene feine Bindereien geeignet als ausschwingende Abschlussbewegung einer Arbeit.
Besonderheiten: Blechnumwedel können auch getrocknet werden.

△ 254b Davallia mariesii
▽ 254c Davallia mariesii

Davallia mariesii

♃ ⇝ (W)

Synonym: D. bullata.
Familie: Davalliaceae.
Handelsname: Katzenpfotenfarn, Büchsen-Farn.
Heimat/Herkunft: China.
Wuchsform: Farnpflanze mit kriechenden Ausläufertrieben. Aus ihnen entwickeln sich dunkelgrün glänzende, mehrfach geteilte Blätter mit dekorativer Wirkung und guter Haltbarkeit.
Pflanzenhöhe: Als Ampelpflanze bis 80 cm.
Blattform und Größe: Das Blatt wird bis 20 cm lang und 12 bis 15 cm breit.
Zeitraum des Angebotes: Durch das ganze Jahr.
Schnittreife: Nur dunkelgrüne und ausgereifte Blätter verwenden.
Haltbarkeit: 10 bis 15 Tage und länger.
Kühllagerung: Ideal.
Besondere Pflege: Ein guter Anschnitt der Blattstiele und ein Anbrennen derselben verlängert die Frische.
Verwendung: Allgemeine feine Bindereien wie Brautsträuße, Tischdekorationen, Sträuße u. a.
Besonderheiten: Sehr haltbares Farngrün. Die pelzigen Langtriebe sind ein sehr schönes gestalterisches Element.

Cyrtomium falcatum

♃ (K)

Synonym: Aspidium falcatum, Polystichum falcatum, Phanerophlebia falcata.
Familie: Dryopteridaceae.
Handelsname: Sichelfarn, Mondsichelfarn, Ilexfarn.
Heimat/Herkunft: China, Japan, Korea.
Wuchsform: Grundständige Rosette mit flach ausstrebenden harten Blattwedeln. Einfach gefiedert. Die einzelnen Blättchen sind sichelartig leicht gebogen.
Pflanzenhöhe: 30 bis 40 cm, ∅ bis 80 cm.
Blattform und Größe: Dunkelgrün glänzende, einfach gefiederte Wedel von bis 40 cm Länge und 10 bis 15 cm Breite.
Zeitraum des Angebotes: Januar bis Dezember.
Schnittreife: Nur gut ausgereifte Blätter verwenden.
Haltbarkeit: 10 bis 14 Tage.
Kühllagerung: Möglich.
Besondere Pflege: Schnittstellen anbrennen.
Verwendung: Als Begleit- oder Hauptelement.
Besonderheiten: Auch zum Trocknen geeignet.

△ 255a Cyrtomium falcatum
▽ 255b Dryopteris filix-mas

Dryopteris filix-mas

♃ ☠

Synonym: –.
Familie: Dryopteridaceae.
Handelsname: Wurmfarn, Waldfarn.
Heimat/Herkunft: Europa, Asien, Nord-Amerika.
Wuchsform: Grundständiger Farn mit straff aufrechten bis leicht ausladenden, kräftigen Wedeln. Die Stiele sind dicht mit Schuppen besetzt.
Pflanzenhöhe: Bis 100 cm.
Blattform und Größe: Einfach gefiedert mit fiederteiligen Fiedern. 50 bis 100 cm lang, 10 bis 20 cm breit.
Zeitraum des Angebotes: Ab April bis September.
Schnittreife: Nur gut ausgereifte Wedel mit dunkler Farbe und einer gewissen Festigkeit verwenden.
Haltbarkeit: 5 bis 8 Tage.
Kühllagerung: Möglich.
Besondere Pflege: Die Schnittstellen mit Vorteil anbrennen.
Verwendung: Vorwiegend in der Straußbinderei. Beim Stecken in die Steckmasse unbedingt tief stecken.
Besonderheiten: Diese Farnwedel können auch gut getrocknet werden.

△ 256a Polystichum setiferum 'Plumosum Densum'
▽ 256b Rumohra adiantiformis

Polystichum setiferum 'Plumosum Densum'

♃ ▽

Synonym: P. angulare, P. aculeatum, Aspidium angulare.
Familie: Dryopteridaceae.
Handelsname: Gefiederter Schildfarn, Borstiger Schildfarn.
Heimat/Herkunft: West-, Mittel- bis Süd-Europa, Indien, Ceylon.
Wuchsform: Grundständiger Freilandfarn mit spiralig gedrehten, ausladenden prächtigen Blattwedeln. Gute Festigkeit, wintergrün.
Pflanzenhöhe: 50 cm.
Blattform und Größe: Leicht gebogene Schwertform mit doppelter bis dreifacher Fiederung, 30 bis 50 cm lang und 10 bis 15 cm breit.
Zeitraum des Angebotes: Ab Mai bis Oktober.
Schnittreife: Wenn die Wedel fest sind.
Haltbarkeit: 5 bis 10 Tage.
Kühllagerung: Möglich.
Besondere Pflege: Ein guter Anschnitt der Stiele ist nötig sowie ein Anbrennen.
Verwendung: Dekorationen und allgemein als Abschlussgrün bei größeren Arbeiten.

Rumohra adiantiformis

♃ (K)

Synonym: Arachniodes adiantiformis, Polystichum adiantiforme.
Familie: Dryopteridaceae.
Handelsname: Lederfarn.
Heimat/Herkunft: Süd-Afrika, Mittel- und Süd-Amerika, Australien, Polynesien, Neuseeland.
Wuchsform: Grundständige Pflanze mit drahtigen, dünnen Blattstielen, die flache, mattgrün glänzende, doppelgefiederte Blätter tragen. Diese neigen sich flach bis überhängend.
Pflanzenhöhe: Je nach Alter 30 bis 50 cm.
Blattform und Größe: In der Gesamtform breitgefächert und in eine Spitze auslaufend, 20 bis 30 cm lang.
Zeitraum des Angebotes: Durch Importe durch das ganze Jahr.
Schnittreife: Die Blattwedel müssen eine gute Reife aufweisen.
Haltbarkeit: Gut.
Kühllagerung: Ja.
Besondere Pflege: Ein guter Anschnitt ist notwendig.
Verwendung: Oft als Abschlussgrün.
Besonderheiten: Die Blattspitzen trocknen gerne ein.

Gleichenia polypodioides

Synonym: –.
Familie: Gleicheniaceae.
Handelsname: Korallenfarn, Gabelfarn.
Heimat/Herkunft: Süd-Afrika.
Wuchsform: Auf drahtigen Stielen aufrecht, mehrfach gegabelt und verzweigt. Die leicht lederigen Blättchen sind mehrfach gefiedert.
Pflanzenhöhe: Ca. 40 bis 60 cm.
Blattform und Größe: Die kleinen Einzelblättchen sind kappenförmig und dunkelgrün.
Zeitraum des Angebotes: Durch das ganze Jahr.
Schnittreife: Die Triebe müssen ausgereift sein.
Haltbarkeit: Bis 14 Tage.
Kühllagerung: Ja.
Besondere Pflege: In feuchten Folienbeuteln lagern.
Verwendung: Binderei-Farn.
Besonderheiten: Sehr drahtiger Spross.

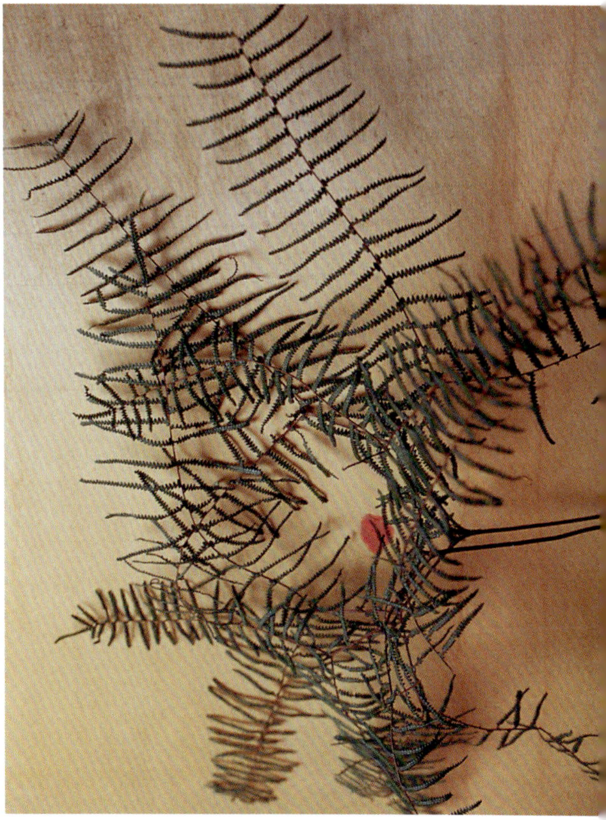

△ 257a Gleichenia polypodioides
▽ 257b Nephrolepis cordifolia

Nephrolepis cordifolia

♃ (W)

Synonym: N. tuberosa.
Familie: Nephrolepidaceae.
Handelsname: Herzblättriger Schwertfarn.
Heimat/Herkunft: Tropisches Asien bis Neuseeland.
Wuchsform: Farnpflanze mit grundständigen, einfach gefiederten Blattwedeln. Es bilden sich auch Ausläufer, die der Vermehrung dienen.
Pflanzenhöhe: 50 bis 60 cm.
Blattform und Größe: Blattwedel mit starker Mittelrippe und dichtstehenden seitlichen Querfiedern. 30 bis 50 cm.
Zeitraum des Angebotes: Durch das ganze Jahr.
Schnittreife: Nur gut ausgereifte Blattwedel verwenden!
Haltbarkeit: 5 bis 10 Tage.
Kühllagerung: Möglich, noch besser, wenn sie in Folien verpackt sind.
Besondere Pflege: Guter Anschnitt der Stiele. Schnittstellen anbrennen.
Verwendung: Allgemeine bis spezielle Bindereien.
Besonderheiten: Die Blattspitzen welken relativ schnell.

△ 258a Nephrolepis exaltata
▽ 258b Pteris cretica

Nephrolepis exaltata ♃ (W)

Synonym: –.
Familie: Nephrolepidaceae.
Handelsname: Hochgewachsener Schwertfarn.
Heimat/Herkunft: Tropen, verbreitet.
Wuchsform: Aufstrebender Farn mit sehr langen, im Alter überhängenden, einfach bis doppelt gefiederten Blattwedeln. Sehr dekorativ.
Pflanzenhöhe: Im Alter bis 1 m hoch und mehr.
Blattform und Größe: In der Grundform schwertförmig, 40 bis 100 cm lang und 8 bis 12 cm breit.
Zeitraum des Angebotes: Durch das ganze Jahr.
Schnittreife: Nur untere, gut ausgereifte Wedel verwenden!
Haltbarkeit: 5 bis 10 Tage.
Kühllagerung: Möglich, mit Vorteil in Folie verpackt.
Besondere Pflege: Guter Anschnitt der Schnittstellen und Anbrennen derselben.
Verwendung: Brautbinderei, Tischdekorationen, Sträuße, meist als ausschwingende Bewegung.
Besonderheiten: Junge Wedel entspitzen.

Pteris cretica ♃ (K)

Synonym: –.
Familie: Pteridaceae.
Handelsname: Saumfarn.
Heimat/Herkunft: Tropen bis Subtropen von Asien, Afrika und Süd-Europa.
Wuchsform: Grundständige Pflanze mit feinen, braunen Wurzeln und aufstrebenden, dünnen und drahtigen, schwarzglänzenden Blattstielen. Je nach Sorte sind die dunkelgrünen Blätter unterschiedlich gefiedert bis geteilt.
Pflanzenhöhe: Je nach Alter 30 bis 50 cm.
Blattform und Größe: Die Art P. cretica weist große, einfach gefiederte Blätter auf, die Sorten 'Rivertoniana' und 'Wimsetii' weisen schmale Blättchen auf und sind an den Enden noch fächerartig geteilt. Größe 20 bis 30 cm lang.
Zeitraum des Angebotes: Durch das ganze Jahr.
Schnittreife: Die unteren Blätter mit guter Ausreife sind zu verwenden, junge und weiche Blätter welken rasch.
Haltbarkeit: 5 bis 8 Tage.
Kühllagerung: In Folienbeuteln möglich.
Besondere Pflege: Die Schnittstiele müssen angebrannt werden.
Verwendung: Brautbindereien, Tischdekorationen.
Besonderheiten: Die Schnittstellen sollten immer mit Wasser in Verbindung stehen, z. B. in nasse Zeitungen einwickeln.

Pteris cretica 'Albolineata' ♃ (K)

Synonym: –.
Familie: Pteridaceae.
Handelsname: Saumfarn.
Heimat/Herkunft: Tropen bis Subtropen, Afrika bis Asien.
Wuchsform: Grundständiger Farn mit drahtigen Stielen und einfach gefiederten Wedeln.
Pflanzenhöhe: Je nach Alter 20 bis 40 cm.
Blattform und Größe: Je nach Alter und Sorte 2 bis 6 gegenständige Seitenfiedern. 15 bis 25 cm lang.
Zeitraum des Angebotes: Das ganze Jahr hindurch.
Schnittreife: Die Wedel müssen gut entwickelt und ausgereift sein.
Haltbarkeit: 5 bis 8 Tage.
Kühllagerung: In Folienbeuteln möglich.
Besondere Pflege: Schnittstellen anbrennen.
Verwendung: Brautbinderei sowie weitere feine Bindereien.
Besonderheiten: Die verschiedenen Pteris-Arten und -Sorten bringen uns viele Kombinationsmöglichkeiten.

△ 259a Pteris cretica 'Albolineata'
▽ 259b Gymnocarpium dryopteris

Gymnocarpium dryopteris ♃

Synonym: Currania dryopteris, Polypodium dryopteris, Aspidium dryopteris, Phegopteris dryopteris, Nephrodium dryopteris, Lastrea dryopteris, Thelypteris dryopteris, Dryopteris linnaeana, D. disjuncta, Carpogymnia dryopteris.
Familie: Woodsiaceae.
Handelsname: Eichenfarn.
Heimat/Herkunft: Nördliche gemäßigte Zone.
Wuchsform: Farn mit kriechenden Rhizomen. Die feingefiederten Blattwedel sind fast flach ausgebreitet.
Pflanzenhöhe: 15 bis 30 cm.
Blattform und Größe: Die Blattwedel sind dreifach gefiedert.
Zeitraum des Angebotes: Durch das ganze Jahr.
Schnittreife: Gut ausgereifte Blattwedel.
Haltbarkeit: 5 bis 10 Tage.
Kühllagerung: Möglich, in Folien verpackt auch 1 bis 2 Tage ohne Wasser.
Besondere Pflege: Blattstiele anschneiden.
Verwendung: Allgemeine bis spezielle Bindereien in verschiedenen Einsatzbereichen, z. B. als Abschlussgrün oder freistehend.
Besonderheiten: Unterschiedliche Größe.

Schnittgrün / Palmenarten

Calamus ciliaris

Synonym: Calamus polystachys.
Familie: Arecaceae.
Handelsname: Federchico, Rotangpalme.
Heimat/Herkunft: Südost-Asien, Java, Sumatra.
Wuchsform: Kletterpflanze.
Pflanzenhöhe: In den Tropen 60 bis 70 m.
Blattform und Größe: Bewimperte weiche, einfach gefiederte Blätter, oval, die Seitenfiederchen sind schmallanzettlich mit schönem, mattem Glanz.
Zeitraum des Angebotes: Durch das ganze Jahr.
Schnittreife: Nur gut ausgebildete Blätter verwenden.
Haltbarkeit: 12 bis 15 Tage.
Kühllagerung: Möglich.
Besondere Pflege: Liebt erhöhte Luftfeuchtigkeit = übersprühen.
Verwendung: Zierliche Gebinde, Tischdekorationen, zu feinen tropischen Blüten. Begleit- und untergeordnetes Element.
Besonderheiten: Bei trockener Luft ist mit einem Eintrocknen zu rechnen.

△ 260a Calamus ciliaris
▽ 260b Caryota mitis

Caryota mitis

Synonym: C. rumphiana.
Familie: Arecaceae.
Handelsname: Fischschwanzpalme.
Heimat/Herkunft: Tropisches Ost-Asien.
Wuchsform: Palme mit glattem Stamm von grauer Farbe und deutlichen Querringen. Die Blätter sind doppelt gefiedert. Verwendet werden davon die Einzelfiedern von dunkelgrüner Farbe.
Pflanzenhöhe: Bis 10 m.
Blattform und Größe: Als Teilblatt einfach gefiedert mit fischschwanzartigen Einzelblättern. Länge 20 bis 30 cm, Breite 15 bis 20 cm.
Zeitraum des Angebotes: Durch das ganze Jahr.
Schnittreife: Ausgewachsene Blätter. Sie werden durch Importe in der Regel so angeliefert.
Haltbarkeit: 10 bis 14 Tage.
Kühllagerung: In Folien verpackt auch ohne Wasser möglich.
Besondere Pflege: Guter Anschnitt der Stiele.
Verwendung: Für größere floristische Arbeiten, oft als Abschlussgrün.
Besonderheiten: Die unruhige Erscheinung kann bei der Verwendung den Gesamtcharakter der Gestaltung stark verändern.

Chamaedorea elegans

(W)

Synonym: Nenanthe bella, Colline elegans.
Familie: Arecaceae.
Handelsname: Bergpalme, Zwergpalme.
Heimat/Herkunft: Mexiko, Guatemala.
Wuchsform: Kurzer Stamm mit kompaktem Wuchs. Die einfach gefiederten Blätter stehen lockerer als bei C. bella.
Pflanzenhöhe: 40 bis 50 cm.
Blattform und Größe: In der Grundform oval bis eirund, einfach gefiedert, mattgrün glänzend.
Zeitraum des Angebotes: Durch das ganze Jahr.
Schnittreife: Die Blätter müssen fest und gut ausgereift sein.
Haltbarkeit: 5 bis 10 Tage.
Kühllagerung: Möglich, jedoch unbedingt in Folien einpacken.
Besondere Pflege: Ein guter Anschnitt der Blattstiele.
Verwendung: Allgemein in der Straußbinderei. Durch bewusstes Einsetzen auch überall, meist als Abschlussgrün.
Besonderheiten: Die Blätter trocknen gerne von außen nach innen ein.

△ 261a Chamaedorea elegans
▽ 261b Chamaerops humilis

Chamaerops humilis

(K) (N)

Synonym: –.
Familie: Arecaceae.
Handelsname: Europäische Zwergpalme, Chamaerops.
Heimat/Herkunft: Mittelmeer-Region.
Wuchsform: Auf kurzem, verholztem Stamm entwickeln sich an harten und langen Blattstielen breitausgefächerte Blätter. Aus der Basis erscheinen oft Kindelpflanzen. Im Alter blühen sie weiß und bilden Früchte. (Siehe unter Fruchtzweigen.)
Pflanzenhöhe: 2 bis 3 m.
Blattform und Größe: Auf hartem Stiel kreisrund und tiefgefächert. ∅ 30 bis 50 cm.
Zeitraum des Angebotes: Januar bis Dezember.
Schnittreife: Die unteren, ausgereiften Blätter verwenden.
Haltbarkeit: 15 bis 20 Tage.
Kühllagerung: Möglich.
Besondere Pflege: –.
Verwendung: Bei großen Dekorationen als Hauptelement.
Besonderheiten: Am Stamm bilden sich braune Fasern, die auch verwendet werden können.

△ 262a Livistonia rotundifolia
▽ 262b Phoenix canariensis

Livistonia rotundifolia

W

Synonym: –.
Familie: Arecaceae.
Handelsname: Schirmpalme.
Heimat/Herkunft: Ostasiatische Regenwälder.
Wuchsform: Kurzer, dicker Stamm, aus dem sich an relativ kurzen, seitlich bedornten Stielen breitgefächerte, grün glänzende Blätter entwickeln. Langsamer Wuchs.
Pflanzenhöhe: In den Tropen bis 10 m.
Blattform und Größe: Das Blatt ist vor allem bei älteren Pflanzen in der Gesamtform kreisrund, im Durchmesser 20 bis 30 cm, gefächert, mit tiefen Einschnitten.
Zeitraum des Angebotes: Durch Importe durch das ganze Jahr.
Schnittreife: Gut ausgereifte Blätter.
Haltbarkeit: Gut.
Kühllagerung: Ja.
Besondere Pflege: –.
Verwendung: Als aktives Begleitelement.
Besonderheiten: In der Regel kurzer Blattstiel. Bei zu wenig Wasser trocknen die Blätter rasch ein.

Phoenix canariensis

K

Synonym: –.
Familie: Arecaceae.
Handelsname: Kanarische Dattelpalme.
Heimat/Herkunft: Kanarische Inseln.
Wuchsform: Palme mit aufstrebendem, dickem Stamm. Die einfach gefiederten, dunkelgrün glänzenden Blätter stehen bei jungen Pflanzen aufrecht, später überhängend.
Pflanzenhöhe: Je nach Alter bis 20 m.
Blattform und Größe: An langer Mittelrippe lanzettliche Seitenblätter (Fiedern). Ein Phönixblatt kann im Alter bis 1,5 m lang werden.
Zeitraum des Angebotes: Durch das ganze Jahr.
Schnittreife: Nur ausgereifte Blätter verwenden.
Haltbarkeit: 10 bis 20 Tage.
Kühllagerung: Auch ohne Wasser bei hoher Luftfeuchtigkeit möglich.
Besondere Pflege: Guter Anschnitt der Stiele.
Verwendung: Trauerbindereien, Dekorationen und weitere spezielle Arbeiten.
Besonderheiten: Im allgemeinen sehr haltbar, doch können die Spitzen früh eintrocknen. Auch für Flechtarbeiten geeignet.

Trachycarpus fortunei

♄ (K) (N)

Synonym: Chamaerops excelsa, C. fortunei.
Familie: Arecaceae.
Handelsname: Hanfpalme.
Heimat/Herkunft: Burma, China, Japan.
Wuchsform: Dicker, aufrechter Stamm mit dickem, braunem Fasermantel und an langen Stielen große, tiefeingeschnittene, runde Blätter. An älteren Pflanzen entwickeln sich an langen Rispen auch gelbe Blüten und später grüne, eichelförmige Früchte.
Pflanzenhöhe: Je nach Alter 1 bis 3 m und mehr.
Blattform und Größe: Das tief eingeschnittene, rundgefächerte Blatt wird je nach Alter 50 bis 80 cm groß. Es hat einen matten, grünen Glanz.
Zeitraum des Angebotes: Aus Importen durch das ganze Jahr.
Schnittreife: Es kommen nur untere Blätter mit guter Ausreife zur Verwendung.
Haltbarkeit: Sehr gut.
Kühllagerung: Ja.
Besondere Pflege: –.
Verwendung: Kann auch zum Flechten verwendet werden.
Besonderheiten: Auch zum Trocknen geeignet.

△ 263a Trachycarpus fortunei
▽ 263b Cycas revoluta

Cycas revoluta

♄ (W)

Synonym: –.
Familie: Cycadaceae.
Handelsname: Palmfarn, Cycaspalme.
Heimat/Herkunft: Tropisches Ost-Asien, Japan.
Wuchsform: Auf kurzem, aufrechtem Stamm entwickeln sich jedes Jahr flach ausbreitende, einfach gefiederte Blattwedel oder dann ein Schopf von gelbbraunen Fruchtblättern.
Pflanzenhöhe: Im Alter bis 2 m.
Blattform und Größe: Ledrige, dunkelgrün glänzende, flachliegende Blätter mit sehr schmalen Fiedern. Je nach Alter 40 bis 60 cm lang und 15 bis 20 cm breit.
Zeitraum des Angebotes: Dezember.
Schnittreife: Nur gut ausgereifte Blätter verwenden.
Haltbarkeit: 10 bis 30 Tage.
Kühllagerung: Möglich.
Besondere Pflege: –.
Verwendung: Für große Dekorationen und Sargbouquets, als Haupt- und Begleitelement.
Besonderheiten: Auch zum Trocknen geeignet.

△ 264a Araucaria araucana
▽ 264b Araucaria heterophylla

Schnittgrün / Nadelgehölze

Araucaria araucana

Synonym: A. imbricata.
Familie: Araucariaceae.
Handelsname: Araucarie, Chilenische Araukarie.
Heimat/Herkunft: Süd-Chile.
Wuchsform: Großer Baum mit bis zur Spitze verlaufendem, kräftigem Stamm und oben lockerer, breitverzweigter Krone. Die langen Äste wachsen anfänglich schräg aufrecht bis waagerecht, später sind sie leicht hängend. Die Rinde ist grau.
Pflanzenhöhe: Im Alter Solitärbaum, in milden Gegenden bis 20 m und mehr.
Blattform und Größe: Die dunkelgrün glänzenden Nadeln sind groß, 3 bis 4 cm lang und etwa 1 cm breit. Sie stehen rund um die wenig verzweigten Endtriebe und sind stechend.
Zeitraum des Angebotes: Durch Importe praktisch das ganze Jahr.
Schnittreife: Runde Triebe müssen gut ausgereift sein.
Haltbarkeit: Sehr gut.
Kühllagerung: Gut.
Besonderheiten: Die Triebe können auch getrocknet werden. Sie werden dann braun.

Araucaria heterophylla

Synonym: A. excelsa.
Familie: Araucariaceae.
Handelsname: Zimmertanne.
Heimat/Herkunft: Norfolk-Inseln.
Wuchsform: Straff aufrechter Stamm mit quirligen Ästen in regelmäßigen Abständen. Die Äste stehen waagerecht und flach breitgefächert. Form: breite Pyramide.
Pflanzenhöhe: Als Zimmerpflanze 80 bis 200 cm.
Blattform und Größe: Weiche Benadelung in Dunkelgrün mit leichtem Glanz. Bei Jungtrieben sind diese mehr flach angeordnet, bei älteren Pflanzen rund um die gleichmäßig verästelten Seitentriebe. Diese langen und dünnen Zweige werden für die Binderei verarbeitet.
Zeitraum des Angebotes: Durch Importe das ganze Jahr hindurch.
Schnittreife: Bei älteren Pflanzen sind die unteren Triebe praktisch immer in genügender Härte vorhanden.
Haltbarkeit: Sehr gut.
Kühllagerung: Ja.
Besonderheiten: Auch als Topfpflanze mit interessantem Wuchs, je älter die Pflanze wird.

Chamaecyparis lawsoniana 'Alumii' ♄ ♄ Ⓝ

Synonym: Cupressus lawsoniana.
Familie: Cupressaceae.
Handelsname: Lawsons Scheinzypresse.
Heimat/Herkunft: USA.
Wuchsform: Straff aufrecht, säulenbildend, später aber breit wachsend. Die Seitenäste wachsen aufrecht, später etwas abstehend; sie sind dicht verzweigt und abgeflacht.
Pflanzenhöhe: Im Alter 5 bis 7 m.
Blattform und Größe: Die schuppige Belaubung ist stahlblau, später graublau. Die Früchte sind ohne Bedeutung. Die Sorte 'Alumigold' weist goldgelbe Jungtriebe auf.
Zeitraum des Angebotes: Oktober bis April.
Schnittreife: Die Triebe müssen gut ausgefärbt sein.
Haltbarkeit: Gut.
Kühllagerung: Ja.
Besonderheiten: Die Triebe trocknen relativ rasch ein, jedoch kein Nadelfall.

△ 265a Chamaecyparis lawsoniana 'Alumii'
▽ 265b Chamaecyparis lawsoniana 'Stewartii'

Chamaecyparis lawsoniana 'Stewartii' ♄ ♄ Ⓝ

Synonym: Cupressus lawsoniana.
Familie: Cupressaceae.
Handelsname: Scheinzypresse Stewartii.
Heimat/Herkunft: USA, Südwest-Oregon, Nordwest-Kalifornien.
Wuchsform: Kleiner bis mittlerer Baum in strenger Pyramidenform mit einem Mittelstamm. Die zahlreichen Äste sind anfänglich etwas aufstrebend, später stehen sie waagerecht; die Spitzen und Endzweige sind nickend bis hängend.
Pflanzenhöhe: Im Alter 6 bis 10 m.
Blattform und Größe: Schuppenförmige Belaubung. Die Nadeln an den Jungtrieben sind goldgelb, ältere sind grünlichgelb, im Winter mehr grünlich.
Zeitraum des Angebotes: August bis April.
Schnittreife: Wenn die Zweige gut ausgefärbt und ausgereift sind.
Haltbarkeit: Gut.
Kühllagerung: Ja.
Besonderheiten: Diese Art lässt die Schuppennadeln nicht fallen.

△ 266a Chamaecyparis obtusa 'Nana Gracilis'
▽ 266b Chamaecyparis pisifera 'Aurea'

Chamaecyparis obtusa 'Nana Gracilis' Ⓝ

Synonym: Retinispora obtusa, Cupressus obtusa.
Familie: Cupressaceae.
Handelsname: Muschelzypresse, Feuer-Scheinzypresse, Hinoki-Scheinzypresse.
Heimat/Herkunft: Japan, Taiwan.
Wuchsform: Schwachwüchsige Zwergkonifere, äußerst kugelig, später bildet sich eine breite Kegelform. Die Zweige sind muschel- bis tütenförmig gedreht.
Pflanzenhöhe: Im Alter 100 bis 200 cm.
Blattform und Größe: Die kurzen, schuppigen Nadeln sind dunkelgrün glänzend, der Neuaustrieb gelbgrün aufgehellt.
Zeitraum des Angebotes: Oktober bis April.
Schnittreife: Die Zweige müssen gut ausgereift sein.
Haltbarkeit: Sehr gut.
Kühllagerung: Ja.
Besonderheiten: Sehr teuer. Kein Schuppenfall.

Chamaecyparis pisifera 'Aurea' Ⓝ

Synonym: Retinispora pisifera, Cupressus pisifera.
Familie: Cupressaceae.
Handelsname: Gelbe Mooszypresse, Erbsenfrüchtige Scheinzypresse.
Heimat/Herkunft: Japan.
Wuchsform: Kleiner Baum mit 1 bis 3 Stämmen, senkrecht aufrecht. Die dichtverzweigten Äste stehen waagerecht mit hängenden Zweigen. Form: breiter Kegel.
Pflanzenhöhe: Im Alter 5 bis 7 m.
Blattform und Größe: Die nadelartigen Blätter sind grünlichgold, moosartig gekräuselt und stehen sehr dicht. Der Neuaustrieb ist goldgelb, im Winter oft bronzegelb.
Zeitraum des Angebotes: Oktober bis April.
Schnittreife: Die Triebe müssen gut ausgereift und ausgefärbt sein.
Haltbarkeit: Gut.
Kühllagerung: Ja.
Besonderheiten: Die Zweige trocknen gut ein, die Schuppennadeln fallen nicht.

Chamaecyparis pisifera 'Boulevard' ♄

Synonym: Retinispora pisifera, Cupressus pisifera.
Familie: Cupressaceae.
Handelsname: Niedrige Silberzypresse.
Heimat/Herkunft: Japan.
Wuchsform: Zwergbaum mit einem aufstrebenden Stamm, der jedoch hinter dichter Benadelung versteckt bleibt. Die Äste stehen waagerecht und sind dicht verzweigt. Form: regelmäßiger Kegel.
Pflanzenhöhe: Im Alter bis 3 m und mehr.
Blattform und Größe: Die Nadeln sind relativ kurz, silberblau bis später graublau. Im Winter verfärben sich die Triebspitzen häufig bronzebläulich.
Zeitraum des Angebotes: Oktober bis April.
Schnittreife: Die Zweige müssen gut ausgefärbt sein.
Haltbarkeit: Sehr gut.
Kühllagerung: Gut.
Besonderheiten: Lässt die Nadeln nicht fallen.

△ 267a Chamaecyparis pisifera 'Boulevard'
▽ 267b Cupressus arizonica var. arizonica

Cupressus arizonica var. arizonica ♄ ∧ Ⓝ

Synonym: –.
Familie: Cupressaceae.
Handelsname: Arizona-Zypresse.
Heimat/Herkunft: USA, südliche Staaten bis Nord-Mexiko.
Wuchsform: Streng pyramidal wachsend. Aufstrebend, dicht verzweigt. Der Stamm ist schuppig und hat eine glatte, purpurrote Rinde.
Pflanzenhöhe: Im Alter bis 25 m.
Blattform und Größe: Die kleinen schuppenförmigen Blättchen sind von grüner, graublauer Färbung mit weißen Flecken.
Zeitraum des Angebotes: August bis April.
Schnittreife: Die Triebe müssen gut ausgereift sein.
Haltbarkeit: Gut.
Kühllagerung: Möglich.
Besonderheiten: Lässt die Nadeln nicht fallen.

△ 268a Cupressus sempervirens
▽ 268b Juniperus chinensis

Cupressus sempervirens ♄

Synonym: C. sempervirens var. sempervirens
Familie: Cupressaceae.
Handelsname: Immergrüne Säulenzypresse, Echte Zypresse, Mittelmeer-Zypresse.
Heimat/Herkunft: Kreta, Klein-Asien, Afghanistan, Nordwest-Indien.
Wuchsform: Schmaler, aufrechter Wuchs, meist mehrstämmig und stark verzweigt. Form: schlanker Kegel mit locker ausschwingenden Triebspitzen.
Pflanzenhöhe: Im Alter bis 15 m.
Blattform und Größe: Die kurzen Nadeln sind graugrün. Zugleich bilden sich walnussgroße, runde, glänzendbraune Zapfen.
Zeitraum des Angebotes: Oktober bis April.
Schnittreife: Die Triebspitzen müssen gut ausgefärbt und ausgereift sein.
Haltbarkeit: Gut, die Schuppen bleiben daran.
Kühllagerung: Ja.
Besonderheiten: Die Zweige trocknen relativ rasch ein. Die Schuppen fallen nicht ab.

Juniperus chinensis ♄–♄

Synonym: J. × media.
Familie: Cupressaceae.
Handelsname: Chinesischer Wacholder.
Heimat/Herkunft: Japan, China, Mongolei.
Wuchsform: Breiter Strauch mit sehr kurzen Stämmen. Die Seitenäste sind kräftig ausladend und steigen nur wenig an, untere Äste liegen auf dem Boden, und so bilden sich flache, breite Büsche, die oft größere Flächen einnehmen können.
Pflanzenhöhe: Im Alter 1,5 bis 2 m hoch und 5 bis 6 m breit.
Blattform und Größe: Die schuppigen bis kurznadeligen Blättchen sind moosgrün und duften stark.
Zeitraum des Angebotes: Oktober bis April.
Schnittreife: Die schlanken Triebspitzen müssen ausgereift sein und eine gewisse Stabilität aufweisen.
Haltbarkeit: Gut.
Kühllagerung: Ja.
Besonderheiten: Die Schuppen fallen nicht ab.

Juniperus squamata var. squamata ♄ ♄

Synonym: –.
Familie: Cupressaceae.
Handelsname: Zwergwacholder, Schuppen-Wacholder.
Heimat/Herkunft: Himalaja, China, Taiwan.
Wuchsform: Kurzstämmiger Zwergstrauch mit vorerst kompaktem, flachem Wuchs. Später bildet sich eine unregelmäßig gewölbte Polsterform.
Pflanzenhöhe: Je nach Alter 30 bis 90 cm hoch und bis 150 cm breit.
Blattform und Größe: Die kurzen Nadeln sind spitz, stechend und je nach Sorte graublau bis silbriggrau.
Zeitraum des Angebotes: Oktober bis April.
Schnittreife: Nach guter Triebreife und Ausfärbung der Nadeln.
Haltbarkeit: Gut.
Kühllagerung: Ja.
Besonderheiten: Wir finden eine große Sortenvielfalt. Die Schuppen fallen nicht ab.

△ 269a Juniperus squamata var. squamata
▽ 269b Thuja occidentalis

Thuja occidentalis ♄ ♄ ⓝ

Synonym: –.
Familie: Cupressaceae.
Handelsname: Abendländischer Lebensbaum.
Heimat/Herkunft: Östliches Nord-Amerika.
Wuchsform: Schmaler Baum, meist nur 1 Stamm bis zur Spitze. Die Seitenäste sind aufstrebend bis waagerecht abstehend. Die einzelnen Triebe wirken flachgedrückt.
Pflanzenhöhe: Im Alter 2 bis 3 m und mehr.
Blattform und Größe: Die kurzen Schuppen sind flachliegend, dunkelgrün mit mattem Glanz.
Zeitraum des Angebotes: August bis April.
Schnittreife: Die Triebe müssen gut ausgereift sein.
Haltbarkeit: Gut.
Kühllagerung: Ja.
Besonderheiten: Starker Duft bei der Verarbeitung.

Thuja plicata ♄ ♄ ✂ Ⓝ

Synonym: T. gigantea.
Familie: Cupressaceae.
Handelsname: Riesen-Lebensbaum.
Heimat/Herkunft: Alaska bis Kanada und nördliche USA-Staaten.
Wuchsform: Hoher Baum mit durchgehendem, aufrechtem Stamm. Die Äste sind aufstrebend bis waagerecht mit relativ dichter Verzweigung.
Pflanzenhöhe: Im Alter 10 bis 15 m.
Blattform und Größe: Die dichten Schuppen sind dunkelgrün bis, je nach Sorte, gelbgrün glänzend und weisen einen aromatischen Duft auf.
Zeitraum des Angebotes: August bis April.
Schnittreife: Die Triebe müssen gut ausgereift sein.
Haltbarkeit: Gut.
Kühllagerung: Ja.
Besonderheiten: Die Triebe trocknen relativ rasch ein.

△ 270a Thuja plicata
▽ 270b Thujopsis dolabrata var. dolobrata

Thujopsis dolabrata var. dolabrata ♄ Ⓝ

Synonym: –.
Familie: Cupressaceae.
Handelsname: Hibalebensbaum.
Heimat/Herkunft: Japan.
Wuchsform: Strauch bis Zwergbaum mit dünnen Stämmen. Die Äste bis Zweige sind unregelmäßig zerstreut und flach gefächert. Form: breiter Busch bis Kegel.
Pflanzenhöhe: Im Alter 5 bis 7 m.
Blattform und Größe: Die großen Schuppen sind glänzend dunkelgrün und unterseits weiß gefleckt. Im Winter weisen sie eine bronzegrüne Tönung auf.
Zeitraum des Angebotes: Oktober bis April.
Schnittreife: Die Triebe müssen eine gewisse Festigkeit aufweisen.
Haltbarkeit: Gut bis sehr gut.
Kühllagerung: Ja.
Besonderheiten: Trocknet langsam ein, ist jedoch auch dann noch verwendbar.

Abies alba

♄ Ⓝ

Synonym: Pinus picea, A. nobilis, A. pectinata.
Familie: Pinaceae.
Handelsname: Weiß-Tanne.
Heimat/Herkunft: Europa.
Wuchsform: Hoher Baum mit durchgehendem Stamm bis zur Spitze. Die seitlichen Äste stehen in regelmäßigen Abständen in Etagen schräg seitlich aufrecht. Pyramidaler Aufbau.
Pflanzenhöhe: Im Alter bis 20 m.
Blattform und Größe: Die Nadeln sind dunkelgrün glänzend, radial auf der Zweigoberseite. Sie sind unterseits weißgestreift, 2 cm lang.
Zeitraum des Angebotes: Oktober bis April.
Schnittreife: Wenn die Triebe ausgereift sind.
Haltbarkeit: Im Wasser gut.
Kühllagerung: Ja.
Besonderheiten: Die Zapfen zerfallen bei der Reife.

△ 271a Abies alba
▽ 271b Abies nordmanniana subsp. nordmanniana

Abies nordmanniana subsp. nordmanniana

♄ Ⓝ

Synonym: A. candicans.
Familie: Pinaceae.
Handelsname: Nordmanns-Tanne.
Heimat/Herkunft: Klein-Asien, Kaukasus.
Wuchsform: Hoher, kräftiger Baum mit durchgehendem Stamm. Die Äste stehen in dichten Etagen schräg nach außen. Sehr breit wachsend. Form: breiter Kegel.
Pflanzenhöhe: Im Alter bis 25 m.
Blattform und Größe: Dunkelgrün glänzende Nadeln, die unterseits silberweiß gebändert sind. Sie sind bis 3 cm lang und stehen dicht bürstenförmig.
Zeitraum des Angebotes: Oktober bis April.
Schnittreife: Nach guter Ausreife der Triebe und Nadeln.
Haltbarkeit: Gut.
Kühllagerung: Ja.
Besonderheiten: Die Nadeln halten sehr lange. Die Wirkung ist edel. Gleichmäßiger Wuchs.

△ 272a Abies pinsapo 'Glauca'
▽ 272b Abies procera 'Glauca'

Abies pinsapo 'Glauca'

Synonym: –.
Familie: Pinaceae.
Handelsname: Spanische Tanne.
Heimat/Herkunft: Süd-Spanien, Nord-Marokko.
Wuchsform: Hoher Baum mit durchgehendem Stamm. Die Äste stehen in quirligen Etagen, breit ausladend bis leicht aufsteigend. Form: breiter Kegel.
Pflanzenhöhe: Im Alter bis 20 m.
Blattform und Größe: Die Nadeln sind blaugrün, wachsig überzogen, nach allen Seiten bürstenartig abstehend.
Zeitraum des Angebotes: Oktober bis April.
Schnittreife: Wenn die Nadeln gut ausgefärbt und ausgereift sind.
Haltbarkeit: Gut.
Kühllagerung: Ja.
Besonderheiten: Die Nadeln sind etwas stechend, wirken kühl und dekorativ.

Abies procera 'Glauca'

Synonym: A. nobilis.
Familie: Pinaceae.
Handelsname: Silber-Tanne, Edle Tanne.
Heimat/Herkunft: USA: Washington bis Nord-Kalifornien.
Wuchsform: Mittelhoher Baum mit durchgehendem Stamm. Die Äste stehen in quirligen Etagen breitwüchsig flach, waagerecht. Schmale, konische Form.
Pflanzenhöhe: Im Alter bis 15 m.
Blattform und Größe: Die Nadeln an den jungen Trieben sind blaugrün gefärbt, später vergrünen sie etwas. Länge 2 cm.
Zeitraum des Angebotes: Oktober bis April.
Schnittreife: Wenn die Neuaustriebe gut ausgefärbt und ausgereift sind.
Haltbarkeit: Gut.
Kühllagerung: Ja.
Besonderheiten: Die Nadeln fallen nicht ab, sie trocknen ein. Es bilden sich auch 10 bis 15 cm lange, aufrechte, violette Zapfen.

Cedrus atlantica 'Glauca' ♄ Ⓝ

Synonym: C. libani ssp. atlantica, C. libanotica ssp. atlantica.
Familie: Pinaceae.
Handelsname: Atlas-Zeder, Blau-Zeder.
Heimat/Herkunft: Atlas-Gebirge.
Wuchsform: Mittelhoher bis hoher Baum mit durchgehendem Stamm. Die starken Hauptäste wachsen zuerst straff aufrecht, später schräg bis flach auslaufend. Zedern bilden breite, lockere Kronen.
Pflanzenhöhe: Im Alter 10 bis 15 m.
Blattform und Größe: Die weichen Nadeln sind silbriggrau und bis 2 cm lang. Sie stehen quirlig an Kurztrieben.
Zeitraum des Angebotes: August bis April.
Schnittreife: Äußere, schlank verzweigte Triebe, wenn sie gut ausgefärbt sind.
Haltbarkeit: Nicht ideal.
Kühllagerung: Ja.
Besonderheiten: Die Nadeln fallen sehr schnell ab. Mit Vorteil im Freien verwenden. Die Zapfen sind sehr wertvoll.

△ 273a Cedrus atlantica 'Glauca'

Larix decidua var. decidua ♄ Ⓝ

Synonym: L. europaea.
Familie: Pinaceae.
Handelsname: Europäische Lärche.
Heimat/Herkunft: Alpen, Sudetenland, Karpaten.
Wuchsform: Großer Baum mit durchgehendem Stamm und lockeren, quirligen Etagen. Die Äste wachsen meist flach bis leicht ansteigend. Äußere Zweige hängen locker herunter. Form: breiter Kegel.
Pflanzenhöhe: Im Alter 15 bis 25 m.
Blattform und Größe: Die weichen, grünen Nadeln färben sich im Herbst goldgelb und fallen ab. Sie sind 20 bis 25 mm lang und stehen in Quirlen dicht zusammen.
Zeitraum des Angebotes: Mit Nadeln August bis Oktober, ohne Nadeln November bis April.
Schnittreife: Vor der vollen Herbstfärbung, sonst fallen die Nadeln früh ab.
Haltbarkeit: Nur kurze Zeit mit Nadeln.
Kühllagerung: Ja.
Besonderheiten: Dekorativ wirken auch die eirunden, etwa 2 cm großen, heilbraunen Zapfen. Die lockeren Zweige sind auch ohne Nadeln sehr beliebt.

△ 273b Larix decidua var. decidua
▽ 273c Larix decidua var. decidua

△ 274a Picea abies
▽ 274b Picea omorika

Picea abies

ħ Ⓝ

Synonym: Pinus abies, Picea excelsa, Picea vulgaris, Abies excelsa.
Familie: Pinaceae.
Handelsname: Rot-Fichte, Rot-Tanne, Gewöhnliche Fichte.
Heimat/Herkunft: Europa.
Wuchsform: Hoher Baum mit durchgehendem Stamm. Die Äste stehen in regelmäßigen, quirligen Etagen, in den ersten Jahren ansteigend, später waagerecht bis leicht hängend. Form: spitzer Kegel.
Pflanzenhöhe: Im Alter 30 bis 50 m.
Blattform und Größe: Dunkelgrüne Nadeln, im Alter bürstig um die Zweige angeordnet und etwas stechend.
Zeitraum des Angebotes: August bis April.
Schnittreife: Wenn die Nadeln gut ausgereift und ausgefärbt sind.
Haltbarkeit: Nicht ideal, die Nadeln lösen sich relativ früh.
Kühllagerung: Ja.
Verwendung: Am besten zur Verwendung im Freien.
Besonderheiten: Besonders dekorativ auch mit Zapfenbehang.

Picea omorika

ħ Ⓝ

Synonym: Pinus omorika.
Familie: Pinaceae.
Handelsname: Serbische Fichte, Omorika-Fichte.
Heimat/Herkunft: Mittel-Jugoslawien.
Wuchsform: Schmaler Baum mit senkrecht aufstrebendem Stamm bis zur Spitze. Die relativ dichtstehenden Äste sind sichelförmig nach außen und unten gebogen, Seitenzweige sind leicht hängend.
Pflanzenhöhe: Im Alter 15 bis 20 m.
Blattform und Größe: Die dunkelgrün glänzenden Nadeln sind bis 2 cm lang und stehen dicht. Die Unterseite ist weiß.
Zeitraum des Angebotes: August bis April.
Schnittreife: Nach guter Ausreife der Triebe und Nadeln.
Haltbarkeit: Gut.
Kühllagerung: Ja.
Besonderheiten: An älteren Bäumen bilden sich auch 5 cm lange, anfänglich violette, später rotbraune Zapfen.

Picea orientalis

♄ Ⓝ

Synonym: –.
Familie: Pinaceae.
Handelsname: Orientalische Fichte, Kaukasus-Fichte.
Heimat/Herkunft: Kaukasus, Klein-Asien.
Wuchsform: Hoher Baum mit straff aufrechtem, durchgehendem Stamm. Die Äste stehen in regelmäßigen Quirlen schräg aufrecht und ausladend. Sie sind dicht verzweigt. Form: breiter Kegel.
Pflanzenhöhe: Im Alter bis 20 m.
Blattform und Größe: Die 8 mm langen Nadeln sind schwarzgrün glänzend und stehen sehr dicht.
Zeitraum des Angebotes: August bis April.
Schnittreife: Eine gute Ausfärbung und Reife ist notwendig.
Haltbarkeit: Gut.
Kühllagerung: Ja.
Besonderheiten: Die Zweige sind weich und geschmeidig.

△ 275a Picea orientalis
▽ 275b Picea pungens 'Glauca'

Picea pungens 'Glauca'

♄

Synonym: –.
Familie: Pinaceae.
Handelsname: Blau-Fichte, Blaue Stech-Fichte.
Heimat/Herkunft: USA.
Wuchsform: Hoher Baum mit durchgehendem, geradem Stamm. Die kräftigen Äste stehen in gleichmäßigen, quirligen Etagen flach waagerecht bis leicht hängend. Form: schmaler Kegel.
Pflanzenhöhe: Im Alter 10 bis 20 m hoch werdend.
Blattform und Größe: Die Nadeln sind silbergrau bis bläulich. Sie sind 2,5 cm lang und leicht gekrümmt.
Zeitraum des Angebotes: August bis April.
Schnittreife: Eine gute Ausfärbung und Ausreife der jungen Triebe ist erforderlich.
Haltbarkeit: Gut.
Kühllagerung: Ja.
Besonderheiten: Vorsichtiger Umgang mit den Zweigen, sonst verliert sich der bläuliche Wachsüberzug auf den Nadeln.

△ 276a Pinus mugo subsp. mugo
▽ 276b Pinus nigra subsp. nigra

Pinus mugo subsp. mugo ♄

Synonym: P. montana, P. mugo var. mughus, P. mughus, P. montana subsp. mughus, P. mugo subsp. mugo.
Familie: Pinaceae.
Handelsname: Berg-Kiefer, Krummholz-Kiefer, Leg-Föhre.
Heimat/Herkunft: Gebirge Mitteleuropas, insbesondere Alpen.
Wuchsform: Strauch, der meist mehrere Stämme bildet. Die Basis ist stark gekrümmt bis niederliegend, die Äste und Zweige sind jedoch aufstrebend und gut verzweigt. Kegelform bis breitbuschig.
Pflanzenhöhe: Im Alter 3 bis 5 m.
Blattform und Größe: Die 4 bis 5 cm langen Nadeln sind dunkelgrün und oft sichelförmig gekrümmt und gedreht. Sie stehen je zu 2 paarweise.
Zeitraum des Angebotes: August bis April.
Schnittreife: Wenn die Nadeln gut ausgereift sind.
Haltbarkeit: Gut.
Kühllagerung: Ja.
Besonderheiten: Ideal für spezielle floristische Arbeiten, da sehr schöne Wuchsformen zu finden sind.

Pinus nigra subsp. nigra ♄ Ⓝ

Synonym: P. austriaca, P. nigra var. austriaca, P. nigra ssp. nigra.
Familie: Pinaceae.
Handelsname: Schwarz-Kiefer, Österreichische Schwarz-Kiefer.
Heimat/Herkunft: Nordost- und Mittel-Italien, Österreich, Balkan.
Wuchsform: Hoher, breiter Baum, ein bis mehrstämmig, durchgehend. Die Äste stehen quirlig, waagerecht ausladend mit aufwärtsstrebenden Endtrieben. Form: breiter Kegel.
Pflanzenhöhe: Im Alter bis 20 m.
Blattform und Größe: Die bis 15 cm langen Nadeln sind tief dunkelgrün und stehen stets paarweise. Sie sind steif und stechend.
Zeitraum des Angebotes: August bis April.
Schnittreife: Die Nadeln müssen gut ausgereift sein.
Haltbarkeit: Gut.
Kühllagerung: Ja.
Besonderheiten: Die Zweige tragen oft auch kurze, rundliche Zapfen.

Pinus strobus ♄ Ⓝ

Synonym: –.
Familie: Pinaceae.
Handelsname: Weymouths-Kiefer, Seiden-Kiefer.
Heimat/Herkunft: Östliches Nord-Amerika.
Wuchsform: Großer Baum. Der Stamm ist bis zur Spitze durchgehend. Die Äste stehen in quirligen Etagen nach außen abstehend bis waagerecht. Die relativ langen Etagenabstände ermöglichen einen lockeren Kronenaufbau.
Pflanzenhöhe: Im Alter 20 bis 30 m.
Blattform und Größe: Die bis 10 cm langen und dünnen Nadeln sind graugrün und stehen je zu 5 in dichten, pinselartigen Büscheln.
Zeitraum des Angebotes: August bis April.
Schnittreife: Die Triebe müssen gut ausgereift sein.
Haltbarkeit: Gut.
Kühllagerung: Ja.
Besonderheiten: Es bilden sich auch lange, schlanke Zapfen.

△ 277a Pinus strobus
▽ 277b Pinus sylvestris var. sylvestris

Pinus sylvestris var. sylvestris ♄ Ⓝ

Synonym: –.
Familie: Pinaceae.
Handelsname: Gemeine Kiefer, Föhre, Wald-Kiefer.
Heimat/Herkunft: Europa, Nördliches Asien, Vorder-Asien.
Wuchsform: Mittelgroßer bis großer Baum mit dickem, knorrigem Stamm. Die dicken, braunrindigen Äste verzweigen sich unregelmäßig und bilden daher breite und lockere Kronen. Im dichten Bestand können sie auch relativ schlank wachsen.
Pflanzenhöhe: Im Alter 10 bis 20 m und mehr, je nach Standort.
Blattform und Größe: Die etwa 7 cm langen Nadeln stehen stets paarweise, sie sind graugrün bis grau und sind oft leicht gedreht. Sie haften in der Regel 3 Jahre lang, dann fallen sie ab.
Zeitraum des Angebotes: August bis April.
Schnittreife: Die Triebe müssen gut ausgereift sein.
Haltbarkeit: Gut.
Kühllagerung: Ja.
Besonderheiten: Es bilden sich dekorative, hellbraune Zapfen, die in der Winterbinderei verwendet werden.

△ 278a Pinus wallichiana
▽ 278b Tsuga canadensis

Pinus wallichiana ♄ Ⓝ

Synonym: P. excelsa, P. griffithii.
Familie: Pinaceae.
Handelsname: Tränen-Kiefer, Himalaja-Kiefer.
Heimat/Herkunft: Himalaja bis Afghanistan.
Wuchsform: Großer Baum mit geradem, aufrechtem Stamm bis zur Spitze. Die Äste sind breitausladend, anfangs stark ansteigend, später stehen sie waagerecht und wirken etwas sparrig. Form: breiter Kegel.
Pflanzenhöhe: Im Alter 20 bis 25 m.
Blattform und Größe: Die langen, weichen Nadeln stehen je zu 5 und sind schlaff hängend. Farbe: Graugrün bis Blausilbrig.
Zeitraum des Angebotes: August bis April.
Schnittreife: Wenn die Nadeln gut ausgereift sind.
Haltbarkeit: Gut.
Kühllagerung: Ja.
Besonderheiten: Die Nadeln sind sehr weich. Die Zapfen sind sehr lang und edel geformt.

Tsuga canadensis ♄

Synonym: –.
Familie: Pinaceae.
Handelsname: Kanadische Hemlocktanne, Schierlingstanne.
Heimat/Herkunft: Östliches Nord-Amerika.
Wuchsform: Mittelgroßer Baum mit aufstrebendem Stamm. Die Äste sind ausladend bis sanft ansteigend. Die Triebspitzen sind nickend bis überhängend. Form: lockerer, breiter Kegel.
Pflanzenhöhe: Im Alter 15 bis 20 m.
Blattform und Größe: Die bis 2 cm langen Nadeln sind dunkelgrün, unterseits finden wir zwei schmale, weiße Streifen. Die Nadeln stehen zweizeilig flach. Bei älteren Pflanzen bilden sich endständig bis 2 cm große, hellbraune Zäpfchen.
Zeitraum des Angebotes: August bis April.
Schnittreife: Die jungen Triebteile müssen gut ausgereift sein.
Haltbarkeit: Relativ gut.
Kühllagerung: Ja, unbedingt.
Besonderheiten: Die zierlichen Zäpfchen wirken ebenfalls sehr dekorativ.

Taxus baccata ♄–♄ ▽ ☠

Synonym: –.
Familie: Taxaceae.
Handelsname: Gewöhnliche Eibe, Europäische Eibe.
Heimat/Herkunft: Europa, Nord-Afrika.
Wuchsform: Kleiner Baum bis großer Strauch mit einem bis mehreren Stämmen. Aufstrebender bis breitausladender Wuchs. Die älteren Äste stehen leicht ansteigend. Form: breiter, lockerer Kegel.
Pflanzenhöhe: Im Alter 10 bis 20 m.
Blattform und Größe: Die dunkelgrünen, glänzenden Nadeln sind bis 3 cm lang und stehen zweizeilig flach.
Zeitraum des Angebotes: August bis April.
Schnittreife: Die Triebe und Nadeln müssen eine gute Festigkeit erreicht haben.
Haltbarkeit: Gut, die Nadeln fallen nicht ab.
Kühllagerung: Ja.
Besonderheiten: Die roten Beeren und andere Pflanzenteile sind stark giftig!

△ 279a Taxus baccata
▽ 279b Cryptomeria japonica 'Elegans'

Cryptomeria japonica 'Elegans' ♄ Ⓝ

Synonym: –.
Familie: Taxodiaceae.
Handelsname: Sichel-Tanne.
Heimat/Herkunft: Japan, China.
Wuchsform: Großer Strauch bis kleiner Baum mit aufstrebendem Stamm. Junge Äste sind leicht ansteigend, ältere sind waagerecht ausgestreckt und dicht verzweigt. Die dünnen Endzweige sind nickend bis hängend.
Pflanzenhöhe: Im Alter 3 bis 5 m.
Blattform und Größe: Die bis 2,5 mm langen, dünnen Nadeln sind sichelförmig gebogen, abstehend und wirken sehr locker.
Zeitraum des Angebotes: August bis April.
Schnittreife: Nach guter Ausreife der Endzweige.
Haltbarkeit: Gut.
Kühllagerung: Ja.
Besonderheiten: Die Nadeln verfärben sich im Herbst/Winter rötlich. Die Zweige trocknen relativ rasch ein.

△ 280a Sciadopitys verticillata

Sciadopitys verticillata ♄

Synonym: –.
Familie: Taxodiaceae.
Handelsname: Japanische Schirmtanne.
Heimat/Herkunft: Japan.
Wuchsform: Kleiner Baum mit durchgehendem, aufstrebendem Stamm mit starken, straff nach oben gerichteten Ästen. Diese sind quirlig gegabelt. Lockere Kegelform.
Pflanzenhöhe: Im Alter 3 bis 5 m.
Blattform und Größe: Die langen, tiefgrün glänzenden Nadeln stehen büschelweise zu je 30 bis 50 zusammen. Sie fallen nach 2 bis 3 Jahren ab, daher gibt es auch Kahlstellen.
Zeitraum des Angebotes: August bis April.
Schnittreife: Die Äste und Nadeln müssen ausgereift sein.
Haltbarkeit: Gut.
Kühllagerung: Ja.
Besonderheiten: Ideal für spezielle Bindereiarbeiten.

Die Schönheit der Koniferen-Zapfen

a) Cedrus atlantica

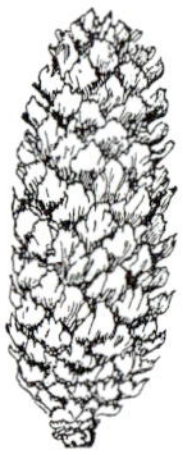

b) Picea pungens

c) Picea orientalis

d) Pinus nigra subsp. nigra

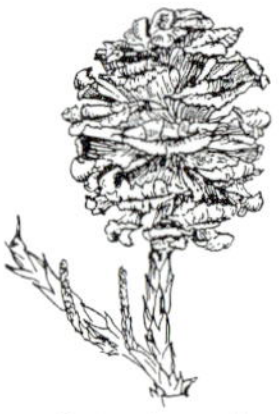

e) Sequoiadendron giganteum

f) Larix decidua

g) Larix kaempferi

h) Cryptomeria japonica

Früchte und Fruchtzweige

Als Bewegung oder Form, als Farbe in verschiedenen Oberflächenstrukturen und Größen findet der Florist Fruchtzweige und Früchte, welche eine Vielzahl von Impulsen für floristische Kreationen ermöglichen.

Früchte können *als gestaltendes Element* eingesetzt werden im Bereich:
- Basisgestaltung
- Schwerpunktbildung
- symbolische Aussage
- Thema-Arbeit, z. B. Herbst, Advent, Weihnachten u. a.
- als Farbe
- als Oberflächentextur-Kontrast.

Fruchtzweige können *gestalterisch* eingesetzt werden im Bereich:
- Hauptelement
- Begleitelement
- als Gegenbewegung oder Gegengewicht.

Ein bewusstes *Auslichten* an den einzelnen Fruchtzweigen kann neue Ideen und Einsatzmöglichkeiten in die Floristik einbringen. Lassen wir uns daher vom Fruchtzweig oder von der Frucht inspirieren:
durch
- genaues Beobachten
- gestalterische Gegebenheiten suchen
- gestalterische Möglichkeiten erkennen.

Schinus molle var. molle

♄ Ⓚ Ⓝ

Synonym: –.
Familie: Anacardiaceae.
Handelsname: Peruanischer Pfefferbaum.
Heimat/Herkunft: Mexiko, Zentral- bis Süd-Amerika.
Wuchsform: Immergrüner Baum mit rundlicher Krone mit graziösen, überhängenden Zweigen. Die unpaarig gefiederten Blätter werden bis 40 cm lang. Aus unscheinbaren gelblichweißen Blüten entwickeln sich an 5 bis 10 cm langen, kompakten Rispen korallenrote Beeren in Erbsengröße.
Pflanzenhöhe: Bis 15 m.
Blütenfarbe: Gelblichweiß.
Natürliche Blütezeit: Mai.
Zeitraum des Angebotes: Der Beerenfrüchte: ab August.
Schnittreife: Die Früchte müssen gut ausgereift, aber noch nicht rot gefärbt sein.
Haltbarkeit: Gut.
Kühllagerung: Ja.
Besondere Pflege: Die Blätter sind zum Teil zu entfernen.
Verwendung: Für Sträuße und Gestecke. Auch ohne Blätter interessant zum Verarbeiten!
Besonderheiten: Die Farbe der Beeren wird beim Eintrocknen dunkelrosa bis rot.

▽ 281a Schinus molle var. molle

△ 282a Ilex aquifolium
▽ 282b Ilex verticillata

Ilex aquifolium ♄–♄ ☘ ✂ ▽ Ⓝ

Synonym: –.
Familie: Aquifoliaceae.
Handelsname: Gewöhnliche Stechpalme, Hülse.
Heimat/Herkunft: Europa, Nord-Afrika, West-Asien bis China.
Wuchsform: Immergrüner Strauch mit kegelförmigem, verzweigtem Wuchs. Eiförmige Blätter mit stacheligem Rand und glänzender Oberfläche. Zweihäusig, Blüten im Mai bis Juni, Früchte ab September von den weiblichen Pflanzen.
Pflanzenhöhe: 2 bis 5 m.
Fruchtart, Form und Größe: Ovale bis kugelige Beeren in Erbsengröße, leuchtendrot.
Zeitraum des Angebotes: Oktober bis Dezember.
Schnittreife: Wenn die Beeren gut ausgefärbt sind.
Haltbarkeit: Im Wasser 30 bis 35 Tage.
Besondere Pflege: Kühl aufbewahren.
Verwendung: Herbst- und Adventsbinderei.
Besonderheiten: Die Blattzweige sind auch ohne Wasser längere Zeit haltbar.

Ilex verticillata ♄ ☘

Synonym: –.
Familie: Aquifoliaceae.
Handelsname: Korallen-Stechpalme, Korallenhülse, Amerikanische Winterbeere, Korallen-Ilex.
Heimat/Herkunft: USA und Kanada.
Wuchsform: Aufrechter Strauch mit oft mehrstämmigem, sparrigem Wuchs, breitbuschig mit elliptischen bis eiförmigen Blättern, dunkelgrün mit gelber bis roter Herbstfärbung. Blüten weiß, unscheinbar im Juni bis Juli.
Pflanzenhöhe: 2 bis 3 m.
Fruchtart, Form und Größe: Kugelig, dick, korallenrot aus den Blattachseln erscheinend. Etwas größer als bei I. aquifolium.
Zeitraum des Angebotes: Oktober bis Dezember.
Schnittreife: Wenn die Beeren gut ausgefärbt sind, nach dem Blattfall.
Haltbarkeit: Im Wasser 30 bis 35 Tage.
Besondere Pflege: Guter Anschnitt der verholzten Stiele.
Verwendung: Allgemeine Herbstbinderei.
Besonderheiten: Diese Art wird nur ohne Blätter angeliefert.

Arum italicum

♃ ⚬ ☠

Synonym: –.
Familie: Araceae.
Handelsname: Italienischer Aronstab.
Heimat/Herkunft: Mittelmeer-Region.
Wuchsform: Staude mit grundständigen, breit pfeilförmigen Blättern, glänzend grün mit hellen Flecken. Der Blütenstand ist ein Kolben mit grünlichem Hochblatt. Nach der Befruchtung bilden sich grüne, später rot werdende Beeren.
Pflanzenhöhe: 40 bis 60 cm.
Fruchtart, Form und Größe: Auf dickem Schaft bildet sich ein Kolben mit dicht stehenden, erbsengroßen, orangeroten Beeren.
Zeitraum des Angebotes: Juli bis August.
Schnittreife: Wenn die Beeren orangerot werden.
Haltbarkeit: 20 bis 30 Tage.
Besondere Pflege: Sauberes Wasser verwenden, Schnittblumennahrung verabreichen.
Verwendung: Für exklusive Bindereien.
Besonderheiten: Schönes Farbenspiel des Fruchtstandes von Grün bis Orangerot.

△ 283a Arum italicum
▽ 283b Dracunculus vulgaris

Dracunculus vulgaris

♃ ☠ (K)

Synonym: Arum dracunculus.
Familie: Araceae.
Handelsname: Drachenwurz, Riesen-Aronstab, Schlangenwurz.
Heimat/Herkunft: Mittelmeer-Region bis Bulgarien.
Wuchsform: Knollenpflanze mit fingerförmig geteilten, großen runden und weichen Blättern. Die kolbenförmigen Blütenstände sind von einem weißlichen Hüllblatt umgeben, sie duften stark während der Blüte. Nach der Befruchtung bildet sich ein kräftiger Fruchtkolben von intensiver violetter Färbung.
Pflanzenhöhe: 60 bis 90 cm.
Fruchtart, Form und Größe: Kolben auf starkem Stiel, dicht mit Beeren besetzt, 20 bis 30 cm lang und 5 bis 6 cm dick. Starker Duft.
Zeitraum des Angebotes: Mai bis August.
Schnittreife: Die Kolben müssen gut ausgereift und ausgefärbt sein.
Haltbarkeit: 20 bis 30 Tage.
Besondere Pflege: –.
Verwendung: Als Hauptelement einsetzen.
Besonderheiten: Die Knolle kann auch im Topf angezogen werden. Im Samenhandel erhältlich.

△ 284a Hedera helix
▽ 284b Trachycarpus fortunei

Hedera helix

Synonym: –.
Familie: Araliaceae.
Handelsname: Efeu-Altersform, Gewöhnlicher Efeu.
Heimat/Herkunft: Kaukasus, Nord-Anatolien.
Wuchsform: Als Jugendform am Boden kriechend bis an den Bäumen kletternd, selbsthaftend, in der Altersform verzweigt, breitbuschig mit andersartigen, großen, dunkelgrün glänzenden Blättern. Gelbliche Blüten im August bis Oktober, Früchte im Dezember bis April.
Pflanzenhöhe: Altersform bis 20 m hoch.
Fruchtart, Form und Größe: Endständig an den Trieben bilden sich doldige Fruchtstände mit blauschwarzen Beeren in Erbsengröße.
Zeitraum des Angebotes: Dezember bis April.
Schnittreife: Wenn die Früchte gut ausgebildet und ausgefärbt sind.
Haltbarkeit: 15 bis 30 Tage.
Besondere Pflege: Genügend Wasser verabreichen.
Verwendung: Herbstbindereien, vorwiegend für die Basisgestaltung.
Besonderheiten: Die Beeren verfärben sich von grün zu schwarz.

Trachycarpus fortunei

Synonym: Chamaerops excelsa, C. fortunei, T. excelsus.
Familie: Arecaceae.
Handelsname: Hanfpalme.
Heimat/Herkunft: China bis Süd-Japan.
Wuchsform: Dicker, aufrechter Stamm, der dicht mit braunen Fasern bedeckt ist. Die breitgefächerten, großen Blätter sind an der Basis verwachsen und stehen an langen, seitlich bedornten Stielen. Ältere Pflanzen treiben im Frühjahr gelbe, kräftige Blütenstände, die später eichelförmige, grüne Früchte entwickeln. Diese hängen in langen Rispen.
Pflanzenhöhe: Je nach Alter 1 bis 3 m und mehr.
Blütenfarbe: Gelb, begehrt ist der Fruchtschmuck.
Natürliche Blütezeit: Mai bis Juli.
Zeitraum des Angebotes: Ab September bis Dezember.
Schnittreife: Die Früchte müssen schön gelb ausgefärbt sein!
Haltbarkeit: Sehr gut.
Kühllagerung: Ja.
Besondere Pflege: Keine.
Verwendung: Für Allerheiligen- und Adventsfloristik. Die großen Blätter eignen sich sehr gut für Flechtwerk und für große Dekorationen.
Besonderheiten: Auch zum Trocknen geeignet.

Phoenix dactylifera

♄ (K) (N)

Synonym: –.
Familie: Arecaceae.
Handelsname: Dattelpalme.
Heimat/Herkunft: Nur in Kulturanbau bekannt.
Wuchsform: Palme mit gleichmäßig dickem Stamm und großem Blattschopf und gefiederten Blättern von 2 bis 3 m Länge. Die beigebraunen Dattelfrüchte hängen an langen Ähren.
Pflanzenhöhe: 20 m.
Fruchtart, Form und Größe: Weiche Dattelfrüchte von langovaler Form, 3 bis 4 cm lang.
Zeitraum des Angebotes: September bis Dezember.
Schnittreife: Wenn die Fruchtstände gut ausgefärbt, aber noch nicht überreif sind.
Haltbarkeit: 10 bis 20 Tage.
Besondere Pflege: Die Fruchtstände sind kühl aufzubewahren.
Verwendung: Allgemein als abfließende Bewegung in der Gestaltung einsetzen.
Besonderheiten: Reife Früchte fallen gern ab.

△ 285a Phoenix dactylifera
▽ 285b Asclepias syriaca

Asclepias syriaca

♃ △ (N)

Synonym: A. cornuti.
Familie: Asclepiadaceae.
Handelsname: Seidenpflanze, Gewöhnliche Seidenpflanze.
Heimat/Herkunft: Nord-Amerika.
Wuchsform: Kräftig wachsende Staude mit starker Rhizombildung und straff aufrecht wachsenden Trieben. Die gegenständigen Blätter sind eirund und mattgrün. Aus den oberen Blattachseln entwickeln sich an runden Dolden zahlreiche weiße bis purpurfarbige Sternblüten.
Pflanzenhöhe: 1,5 bis 2,5 m.
Fruchtart, Form und Größe: Am Stielansatz ist die Kapsel wie ein Vogelkopf mit Schnabel eingebogen. Die runde Frucht wird gegen den „Schwanz" zusehends dünner = frappante Ähnlichkeit mit einem Vogelkörper. 10 bis 15 cm lang.
Zeitraum des Angebotes: Juli bis Oktober.
Schnittreife: Wenn die Früchte gut ausgebildet sind und eine gewisse Härte aufweisen.
Haltbarkeit: Fruchtstand gut.
Besondere Pflege: An den Trieben Verdunstungsflächen reduzieren oder ganz entfernen.
Verwendung: Spezielle Binderei.
Besonderheiten: Die Fruchtstände können auch bemalt werden. Sie gleichen dann Wellensittichen.

Berberis darwinii

♃ △ ⋀

Synonym: –.
Familie: Berberidaceae.
Handelsname: Darwins Berberitze, Sauerdorn.
Heimat/Herkunft: Chile, Argentinien.
Wuchsform: Strauch mit breitbuschigem Wuchs und immergrünen, lanzettlichen Blättern mit teilweise gezähntem Rand. Mit 1 bis 2 cm langen Stacheln bewehrt.
Pflanzenhöhe: 1,5 bis 2,5 m.
Fruchtart, Form und Größe: Schlank eiförmige Beerenfrüchte, bis 2 cm lang. Meist hängend in oft lichten Büscheln.
Zeitraum des Angebotes: Ab November bis März.
Schnittreife: Wenn die Beeren gut ausgefärbt sind.
Haltbarkeit: Bis 30 Tage.
Besondere Pflege: Guter Anschnitt der verholzten Triebe.
Verwendung: Herbstbinderei.
Besonderheiten: Die harten Stacheln „verhindern“ oft eine Verwendung der schönen Zweige.

△ 286a Berberis darwinii
▽ 286b Berberis thunbergii

Berberis thunbergii

♄ ♧

Synonym: –.
Familie: Berberidaceae.
Handelsname: Hecken-Berberitze, Sauerdorn.
Heimat/Herkunft: Japan.
Wuchsform: Dicht verzweigter Strauch mit aufrechtem Wuchs mit eiförmigen Blättern, sommergrün mit gelber bis roter Herbstfärbung. Gelbe Blüten im Mai. Schön gefärbte Früchte ab September.
Pflanzenhöhe: 1,5 bis 3 m hoch.
Fruchtart, Form und Größe: Elliptische Beeren in dichten Büscheln aus den Blattachseln.
Zeitraum des Angebotes: Oktober bis November/ Dezember.
Schnittreife: Wenn die Beeren gut ausgefärbt sind.
Haltbarkeit: Bis 21 Tage.
Besondere Pflege: Guter Anschnitt der verholzten Triebe.
Verwendung: Herbstbindereien, oft mit den roten Blättern oder auch in laublosem Zustand. Interessant.
Besonderheiten: Die dunkelrotblättrige Sorte ‘Atropurpurea’ ist im Blatt noch dekorativer.

Ananas comosus ♃ (W) (N)

Synonym: Bromelia ananas, B. comosa, Ananas sativus, Ananassa sativa.
Familie: Bromeliaceae.
Handelsname: Zierananas.
Heimat/Herkunft: Nur in Kultur bekannt.
Wuchsform: Grundständige Blattrosetten mit 30 bis 50 cm langen, schwertförmigen, am Rande scharf gezähnten Blättern. Die panaschierte Sorte 'Aureo-Variegatus' zeigt ein dunkelgrünes Mittelband mit gelb- bis rosafarbigen Seitenbändern.
Pflanzenhöhe: 30 bis 50 cm.
Fruchtart, Form und Größe: Kugeliger, rosafarbener Fruchtstand von zirka 10 cm ∅ mit darüberstehendem Blattschopf.
Zeitraum des Angebotes: Durch das ganze Jahr.
Schnittreife: Wenn die Frucht gut ausgebildet ist.
Haltbarkeit: 14 bis 30 Tage.
Besondere Pflege: Täglich ist ein neuer Anschnitt erforderlich.
Verwendung: Vor allem exotische Floristik, oft als Hauptmotiv.
Besonderheiten: Der Blattschopf über der Frucht kann zur Bewurzelung gebracht werden.

△ 287a Ananas comosus
▽ 287b Symphoricarpos albus var. albus

Symphoricarpos albus var. albus

Synonym: S. racemosus.
Familie: Caprifoliaceae.
Handelsname: Gewöhnliche Schneebeere.
Heimat/Herkunft: USA und Kanada.
Wuchsform: Strauch mit betont aufrechtem Wuchs und etwas sparriger Verzweigung. Die Blätter sind rundlich bis eiförmig, die rötlichweißen Blüten sind klein und erscheinen vom Juni bis September. Weiße Früchte.
Pflanzenhöhe: 2 bis 3 m.
Fruchtart, Form und Größe: Große weiße Beeren, oft in dichten Trauben, 10 bis 15 mm im Durchmesser, kugelig.
Zeitraum des Angebotes: Ab Oktober bis Januar.
Schnittreife: Wenn die Früchte gut ausgefärbt und groß geworden sind.
Haltbarkeit: 10 bis 30 Tage.
Besondere Pflege: Guter Anschnitt der verholzten Triebe ist erforderlich. Möglichst viele Verdunstungsflächen entfernen.
Verwendung: Herbst- und allgemeine Winterbindereien, oft ohne Blätter verwenden.
Besonderheiten: Die Beeren sind leicht giftig.

Viburnum opulus (N)

Synonym: –.
Familie: Caprifoliaceae.
Handelsname: Gewöhnlicher Schneeball.
Heimat/Herkunft: Europa, Asien.
Wuchsform: Strauch mit aufrechtem bis breitverzweigtem Wuchs mit ahornähnlichen, gelappten Blättern und schöner orangeroter Herbstfärbung. Weiße Blütenbälle im Mai bis Juni. Schöne Fruchtbeeren im Herbst.
Pflanzenhöhe: 1 bis 4 m.
Fruchtart, Form und Größe: Große, leuchtendrote Beere von zirka 1 cm ∅ in hängenden Dolden.
Zeitraum des Angebotes: Ab Oktober bis Dezember.
Schnittreife: Wenn die Beeren gut ausgereift sind.
Haltbarkeit: Bis 14 Tage.
Besondere Pflege: Möglichst alle Blätter entfernen.
Verwendung: Die Beere vorwiegend für die Basisgestaltung und für Texturarbeiten.
Besonderheiten: Die Beeren sind sehr weich.

△ 288a Viburnum opulus
▽ 288b Viburnum tinus

Viburnum tinus D

Synonym: –.
Familie: Caprifoliaceae.
Handelsname: Immergrüner Schneeball, Lorbeer-Schneeball.
Heimat/Herkunft: Süd-Europa bis Nordwest-Afrika.
Wuchsform: Kompakter, immergrüner buschiger Strauch mit eirunden bis länglichen, dunkelgrün glänzenden Blättern von 5 bis 8 cm Länge. Im Sommer oft reichblühend in weißen flachen Trugdolden.
Pflanzenhöhe: Bis 3 m.
Blütenfarbe: Weiß. bis rötlich Weiß.
Natürliche Blütezeit: Mai bis August, in der Folge bilden sich daraus blauschwarze, glänzende Beeren von großem Zierwert.
Zeitraum des Angebotes: Während des ganzen Jahres, zum Teil blühend, zum Teil mit Beerenfrüchten.
Schnittreife: Die Blütenstände müssen zu $^2/_3$ geöffnet und die Beeren fest sein.
Haltbarkeit: Sehr gut.
Kühllagerung: Ja.
Besondere Pflege: Ein guter, schräger Anschnitt ist notwendig, wenn die Blütenstände verwendet werden.
Verwendung: Allgemeine Floristik.
Besonderheiten: Weiße Blüten.

Celastrus orbiculatus var. orbiculatus

♄ ⚘ ♧

Synonym: C. articulatus.
Familie: Celastraceae.
Handelsname: Rundblättriger Baumwürger.
Heimat/Herkunft: Japan, China, Mandschurei.
Wuchsform: Verholzende Schlingpflanze, linkswindend mit eiförmigen Blättern, die sich im Herbst goldgelb verfärben. Unauffällige grünliche Blüten im Juni, prächtige Früchte im Herbst.
Pflanzenhöhe: Bis 12 m.
Fruchtart, Form und Größe: Tiefgelbe bis orangerote Fruchtkapseln, die aufspringen und eine rote Beere beinhalten. Die Frucht hat etwa Erbsengröße.
Zeitraum des Angebotes: Ab Oktober.
Schnittreife: Wenn die Früchte gut ausgefärbt sind.
Haltbarkeit: Bis 3 Monate.
Besondere Pflege: –.
Verwendung: Allgemeine bis spezielle Bindereien, vor allem als spielende Bewegung in einer Gestaltung.
Besonderheiten: Auch im Trockenzustand verwendbar.

△ 289a Celastrus orbiculatus var. orbiculatus
▽ 289b Euonymus europaeus var. europaeus

Euonymus europaeus var. europaeus

♄ ♧ ☠ Ⓝ

Synonym: Euonymus europaea.
Familie: Celastraceae.
Handelsname: Gewöhnliches Pfaffenhütchen.
Heimat/Herkunft: Europa, Klein-Asien bis West-Sibirien.
Wuchsform: Aufwärtsstrebender Großstrauch mit eiförmigen bis ovalen Blättern, die sich im Herbst gelb bis rot verfärben. Unscheinbare grüne Blütchen im Mai, prächtiger Fruchtschmuck im Herbst.
Pflanzenhöhe: 3 bis 6 m.
Fruchtart, Form und Größe: Dreiteilige Kapselfrucht. Die Kapselhaut ist rosarot, die hervortretenden Früchte im Inneren sind gelborange.
Zeitraum des Angebotes: Ab Oktober bis Januar.
Schnittreife: Wenn die Kapselfrüchte gut ausgefärbt, aber noch nicht aufgesprungen sind.
Haltbarkeit: Bis 21 Tage.
Besondere Pflege: Mit Vorteil die Verdunstungsflächen entfernen.
Verwendung: Allgemeine Herbstbindereien, als sparriger Hauptzweig.
Besonderheiten: Die Früchte sind giftig.

△ 290a Hypericum androsaemum
▽ 290b Cucurbita pepo

Hypericum androsaemum ♄ ⋀ Ⓝ

Synonym: –.
Familie: Clusiaceae.
Handelsname: Mannsblut.
Heimat/Herkunft: Mittel- bis Süd-Europa, Kaukasus, Iran.
Wuchsform: Immergrüner Halbstrauch mit aufrechtem Wuchs und relativ dünnen Trieben. Diese tragen in kreuzweise gegenständiger Anordnung eirunde bis ovale, mittelgrüne Blätter. Endständig bilden sich verzweigte Blütenbüschel mit etwa 2,5 cm großen Blüten mit je 5 Blütenblättern. In der Folge bilden sich eiförmige braune, rötliche, hellbraune bis gelbbraune Beerenfrüchte von großem Zierwert.
Pflanzenhöhe: 50 bis 60 cm.
Blütenfarbe: Gelb.
Natürliche Blütezeit: Juni bis September.
Zeitraum des Angebotes: Der Fruchtzweige: durch das ganze Jahr hindurch erhältlich.
Schnittreife: Die Blätter müssen gut ausgereift und die Früchte hart sein.
Haltbarkeit: Sehr gut.
Kühllagerung: Ja.
Besondere Pflege: Möglichst viele Verdunstungsflächen (Blätter) sind zu entfernen.
Verwendung: Für Sträuße und Gestecke.
Besonderheiten: In vielen Farbabstufungen erhältlich.

Cucurbita pepo ⊙ ⇝ ♣

Synonym: –.
Familie: Cucurbitaceae.
Handelsname: Zierkürbis.
Heimat/Herkunft: Zentral-Amerika bis südliche USA.
Wuchsform: Krautige Pflanze, kriechend mit großen, herzförmigen Blättern. Sie sind einhäusig, männliche und weibliche Blüten. Die Früchte können unterschiedliche Formen annehmen.
Pflanzenhöhe: 30 cm, Trieblänge oft bis 4 m.
Fruchtart, Form und Größe: Zierfrüchte als Beeren mit harter Schale und oft sehr dekorativer Färbung und Zeichnung. In der Größe von 8 bis 30 cm ∅.
Zeitraum des Angebotes: Ab August bis November.
Schnittreife: Die Früchte müssen gut ausgereift und ausgefärbt sein.
Haltbarkeit: Beeren bis 30 Tage, z. T. länger.
Besondere Pflege: Nicht zu kühl und feucht lagern (Fäulnis).
Verwendung: Als Herbstschmuck, vor allem für die Basisgestaltung geeignet.
Besonderheiten: Die Früchte sind nicht giftig.

Hippophaë rhamnoides subsp. rhamnoides ♄

Synonym: –.
Familie: Elaeagnaceae.
Handelsname: Sanddorn, Gewöhnlicher Sanddorn.
Heimat/Herkunft: Alpen, Karpaten, Ungarn.
Wuchsform: Strauch mit aufrechtem bis überhängendem Wuchs, zweihäusig. Die Blätter sind lineal bis lanzettlich, Oberseite graugrün, Unterseite weiß. Blüten im April bis Mai.
Pflanzenhöhe: 2 bis 5 m und mehr.
Fruchtart, Form und Größe: Beerenfrüchte orangerot, in Erbsengröße.
Zeitraum des Angebotes: Ab Oktober bis Dezember.
Schnittreife: Die Früchte müssen gut ausgefärbt sein.
Haltbarkeit: 10 bis 30 Tage.
Besondere Pflege: Sorgfältiger Transport der Fruchtzweige, denn die Beeren sind sehr weich.
Verwendung: Als Hauptmotiv in der Herbst- bis Winterbinderei.
Besonderheiten: Die Früchte eignen sich für feine Konfitüre. Die Beeren sind sehr weich.

△ 291a Hippophaë rhamnoides subsp. rhamnoides
▽ 291b Arbutus unedo

Arbutus unedo ♄–♄ (K) (N)

Synonym: –.
Familie: Ericaceae.
Handelsname: Erdbeerbaum, Westlicher Erdbeerbaum.
Heimat/Herkunft: Süd-Europa bis Nordwest-Afrika.
Wuchsform: Immergrüner, breitwachsender Baum bis Strauch, in Europa als Kübelpflanze gehalten, nicht winterhart. Die Rinde ist rau, die Blätter sind langlanzettlich und dunkelgrün glänzend. Die weißen, hängenden glockenartigen Blüten erscheinen vorzugsweise im Winter (November bis Dezember), die sich daraus entwickelnden Früchte sind den Erdbeeren ähnlich, daher der Name. Blüten und Früchte können gleichzeitig an den Pflanzen hängen.
Pflanzenhöhe: Je nach Alter 1 bis 2 m.
Blütenfarbe: Weiß.
Natürliche Blütezeit: November bis Dezember.
Zeitraum des Angebotes: Früchte: ab September bis November.
Schnittreife: Die Zweige sind sehr beliebt, wenn sich die Früchte orange bis gelb färben.
Haltbarkeit: Gut.
Kühllagerung: Ja.
Besondere Pflege: Ein langer, schräger Anschnitt ist notwendig!
Verwendung: Für herbstliche Floristik.
Besonderheiten: Die Früchte sind genießbar.

△ 292a Gaultheria mucronata
▽ 292b Ricinus communis

Gaultheria mucronata

Synonym: Pernettya mucronata.
Familie: Ericaceae.
Handelsname: Topfmyrte, Scheinbeere.
Heimat/Herkunft: Süd-Chile bis Feuerland.
Wuchsform: Kleinstrauch mit dünnen Trieben und feiner Verzweigung, immergrün mit glänzenden, lanzettlichen Blättern von 2 cm Länge. Die kleinen weißen Blüten erscheinen im Mai bis Juni. Große, kugelige Zierfrüchte im Herbst.
Pflanzenhöhe: 50 bis 100 cm.
Fruchtart, Form und Größe: Runde Beeren von 8 bis 12 mm ∅, je nach Sorte in Rosa, Rot, Purpur und Lila.
Zeitraum des Angebotes: Ab August bis Dezember.
Schnittreife: Wenn die Fruchtzweige gut ausgefärbt sind.
Haltbarkeit: Bis 30 Tage.
Besondere Pflege: Ein guter Anschnitt.
Verwendung: Allgemeine bis vor allem spezielle Bindereien als Basis- und als Hauptelement.
Besonderheiten: Liebt einen sauren Boden (Moorbeet). Zweihäusige Pflanze.

Ricinus communis

Synonym: –.
Familie: Euphorbiaceae.
Handelsname: Wunderstrauch, Palma Christi.
Heimat/Herkunft: Tropisches Afrika.
Wuchsform: Die stark wachsende Pflanze entwickelt große, gelappte Blätter. Krautig aufrecht bis verzweigt. Kräftiger Wuchs. Die großen Blätter sind meist siebenlappig und weisen je nach Sorte eine dunkelgrüne bis rotgrüne Farbe auf. Einjährig.
Pflanzenhöhe: 2 bis 3 m.
Blüenfarbe: Die Pflanzen bilden sowohl männliche wie auch weibliche gelbliche Blüten aus.
Fruchtart, Form und Größe: Besonderer Zierwert sind die rundlichen, kastaniengroßen Früchte mit weichen, stachelförmigen Ausstülpungen in Rot, Purpur oder Grün.
Zeitraum des Angebotes: Ab August bis Oktober.
Schnittreife: $^{3}/_{4}$ der Früchte müssen ausgereift sein.
Haltbarkeit: 14 bis 21 Tage.
Besondere Pflege: Keine.
Verwendung: Allgemeine Spätsommer- bis Herbstfloristik.
Besonderheiten: Die Samen sind leicht giftig.

Castanea sativa ♄ Ⓝ

Synonym: C. vesca, C. vulgaris.
Familie: Fagaceae.
Handelsname: Esskastanie, Edelkastanie, Marone.
Heimat/Herkunft: Süd-Europa, Klein-Asien, Kaukasus, Kaspisches Meer.
Wuchsform: Baum mit breitausladender Krone. Die Blätter sind lanzettlich, glänzend dunkelgrün und bis 20 cm lang. Gelbe Blüten im Mai und prächtiger Fruchtschmuck im Herbst.
Pflanzenhöhe: 10 bis 30 m.
Fruchtart, Form und Größe: Braune Nüsse (Maronen), die von grünen, bestachelten Hüllen umgeben sind, um 5 cm ∅.
Zeitraum des Angebotes: Ab September bis Oktober.
Schnittreife: Wenn die Fruchthüllen ausgefärbt sind.
Haltbarkeit: 30 Tage und länger.
Besondere Pflege: Früchte nicht feuchthalten.
Verwendung: Allgemein für die Basisgestaltung.
Besonderheiten: Die Früchte sind geröstet essbar.

△ 293a Castanea sativa
▽ 293b Idesia polycarpa var. polycarpa

Idesia polycarpa var. polycarpa ♄ ∧

Synonym: –.
Familie: Flacourtiaceae.
Handelsname: Orangenkirsche.
Heimat/Herkunft: Japan, Korea, Nordwest-China.
Wuchsform: Baum mit regelmäßigem Aufbau und breit ausladenden Zweigen. Die Blätter sind herz- bis eiförmig und 15 bis 25 cm lang. Grünlichgelbe Blüten im Mai bis Juni. Schöne Fruchtstände im Herbst, nach dem Laubfall besonders wirkungsvoll.
Pflanzenhöhe: 10 bis 20 m.
Fruchtart, Form und Größe: Vielfrüchtige Beeren an hängenden rispigen Trauben, leuchtendrot glänzend, Frucht um 1 cm ∅.
Zeitraum des Angebotes: Ab Oktober.
Schnittreife: Die Früchte müssen gut ausgereift sein.
Haltbarkeit: 20 Tage und länger.
Besondere Pflege: Beeren nicht zu feucht aufbewahren.
Verwendung: Vor allem als Basis und als verbindendes Element einsetzen.
Besonderheiten: Sehr harte Früchte.

Magnolia grandiflora ♄ D Ⓝ

Synonym: –.
Familie: Magnoliaceae.
Handelsname: Großblütige Magnolie, Immergrüne Magnolie.
Heimat/Herkunft: Südliche USA.
Wuchsform: Großstrauch bis Baum mit streng pyramidalem Wuchs, immergrünen, dunkelgrünglänzenden, breitlanzettlichen bis elliptischen Blättern von bis 20 cm Länge. Die großen weißen Blüten erscheinen im Juni bis August. Aufwärtsgestellte Fruchtstände.
Pflanzenhöhe: 10 bis 15 m.
Fruchtart, Form und Größe: Verholzender Fruchtzapfen von pyramidaler Form, grünlichbraun, 10 bis 15 cm lang. Die Beeren sind rot.
Zeitraum des Angebotes: August bis Dezember.
Schnittreife: Auf Fruchtreife achten, denn die Pflanze blüht und fruchtet längere Zeit.
Haltbarkeit: 20 Tage und mehr.
Besondere Pflege: Wegen Fäulnisgefahr nicht zu feucht lagern.
Verwendung: Zweig und Frucht allgemein als Hauptmotiv in der Advents- und Weihnachtsbinderei.

△ 294a Magnolia grandiflora
▽ 294b Melia azedarach

Melia azedarach ♄ Ⓚ Ⓝ

Synonym: M. japonica.
Familie: Meliaceae.
Handelsname: Indischer Zedrachbaum, Paradiesbaum, Perlenbaum, Chinabeere.
Heimat/Herkunft: Südwest-Asien bis West-China.
Wuchsform: Großer, laubabwerfender Baum mit lockerer Krone und rissiger Rindenborke, die Triebe sind grün bis rötlich gefärbt. Die doppelt gefiederten Blätter sind 20 bis 25 cm lang, die einzelnen Blättchen sind eiförmig bis elliptisch und dunkelgrün. Am Rand sind sie unregelmäßig scharf eingeschnitten.
Pflanzenhöhe: Bis 15 m.
Blütenfarbe: Violette Blüten mit gelben Staubblättern an bis 25 cm langen Rispen. Sie duften nach Flieder.
Natürliche Blütezeit: Juni, Zierwert haben die grünen bis hellgelben kugeligen Früchte, die bis 1,5 cm groß werden und glänzen.
Zeitraum des Angebotes: Die Früchte ab September bis Dezember.
Schnittreife: Die Beeren müssen schön grün und fest sein!
Haltbarkeit: Sehr gut.
Kühllagerung: Ja.
Besondere Pflege: Keine.
Verwendung: Für herbstliche Floristik.
Besonderheiten: Die Früchte können auch getrocknet Verwendung finden.

Ligustrum vulgare

♄ D ⚘ ☠ Ⓝ

Synonym: –.
Familie: Oleaceae.
Handelsname: Gewöhnlicher Liguster.
Heimat/Herkunft: Europa, Klein-Asien, Kaukasus, Nordafrika.
Wuchsform: Strauch mit in der Jugend aufstrebendem, später eher überhängendem Wuchs. Gegenständige ovale Blätter. Die stark duftenden weißen Blüten erscheinen in Rispen im Juni/Juli. Schöner schwarzer Fruchtschmuck ab August.
Pflanzenhöhe: 2 bis 5 m.
Fruchtart, Form und Größe: Erbsengroße Beeren, schwarz glänzend in kompakten Rispen.
Zeitraum des Angebotes: Ab August bis November.
Schnittreife: Wenn die Beeren gut ausgefärbt sind.
Haltbarkeit: Bis 20 Tage.
Besondere Pflege: Die Blätter sind möglichst zu entfernen.
Verwendung: Allgemein als Basiswerkstoff.
Besonderheiten: Die Beeren sind giftig!

△ 295a Ligustrum vulgare
▽ 295b Phytolacca americana

Phytolacca americana

♃ ☠ ⚘ Ⓝ

Synonym: P. decandra.
Familie: Phytolaccaceae.
Handelsname: Kermesbeere, Amerikanische Kermesbeere.
Heimat/Herkunft: Nord-Amerika, in Süd-Europa und Nord-Afrika eingebürgert.
Wuchsform: Staude mit breitverzweigtem Wuchs und rot angelaufenen Trieben und Blattstielen. Die Blätter sind grün und eirund bis lanzettlich. Aus den oberen Blattachseln steigen senkrecht stehende, dichte Blütenähren empor; später entwickeln sich purpurfarbene bis schwarze Beeren.
Pflanzenhöhe: 100 bis 200 cm.
Blütenfarbe: Weiß bis Zartrosa.
Natürliche Blütezeit: Juli bis Oktober.
Zeitraum des Angebotes: Juli bis Oktober.
Schnittreife: Die Triebe müssen gut ausgereift sein. Dabei finden wir verschiedene Stadien: Blütenstände, grüne bis schwarze Beeren in aufrechten Trauben.
Haltbarkeit: Gut, 8 bis 10 Tage.
Kühllagerung: Ja.
Besondere Pflege: Guter Anschnitt, evtl. etwas Laub entfernen.
Verwendung: Spezielle Sträuße, andere Bindereien.
Besonderheiten: Vorsicht: Überreife Beeren können Verschmutzungen verursachen.

△ 296a Punica granatum
▽ 296b Chaenomeles japonica subsp. japonica

Punica granatum ħ ħ Ⓚ Ⓝ

Synonym: –.
Familie: Punicaceae.
Handelsname: Granatapfelbaum, Granatbaum.
Heimat/Herkunft: Türkei, Südwest- bis Zentral-Asien, in Süd-Europa eingebürgert.
Wuchsform: Strauch mit aufrechtem, stark verzweigtem Wuchs und eiförmig bis lanzettlichen Blättern. Diese sind 3 bis 8 cm lang und steif. Aus den Triebspitzen entwickeln sich einzelne bis zu fünf große, einfache bis gefüllte Blüten in feuerroter Farbe. Daraus entwickeln sich kugelige apfelförmige Früchte in Gelbgrün bis Rot. Typisch ist der verbleibende Kelch an den Früchten.
Pflanzenhöhe: 3 bis 5 m.
Blütenfarbe: Rot, bisweilen mit weißem Rand.
Natürliche Blütezeit: Juni bis August.
Zeitraum des Angebotes: Der Früchte: ab August.
Schnittreife: Die Blüten müssen zu $^{2}/_{3}$ geöffnet und die Früchte hart sein, am besten mit Ausfärbung ins Rote.
Haltbarkeit: Blüten: gut, Früchte: sehr gut.
Kühllagerung: Ja.
Besondere Pflege: Keine.
Verwendung: Adventsfloristik.
Besonderheiten: Die schweren Früchte können auch aufgedrahtet werden. Wir finden im Handel auch schwarze Früchte.

Chaenomeles japonica subsp. japonica ħ Ⓝ

Synonym: Choenomeles jap., Pyrus japonica, P. maulei, Cydonia maulei, Cydonia japonica.
Familie: Rosaceae.
Handelsname: Zierquitte, Japanische Scheinquitte.
Heimat/Herkunft: Japan.
Wuchsform: Kleinstrauch mit breitverzweigtem Wuchs und bedornten Trieben. Blätter eiförmig. Blüten sind rosa, orange bis rot im April/ Mai.
Pflanzenhöhe: 1 bis 2 m.
Fruchtart, Form und Größe: Apfelförmige Scheinfrüchte von 4 bis 5 cm ∅, gelb bis gelbgrün ab September.
Zeitraum des Angebotes: Ab September bis November.
Schnittreife: Gut ausgereifte Früchte.
Haltbarkeit: 14 bis 20 Tage.
Besondere Pflege: Die Früchte ertragen bei der Lagerung keine Nässe und hohe Luftfeuchtigkeit.
Verwendung: Früchte als Basiswerkstoff, Zweige mit Früchten z. T. als Hauptelement.
Besonderheiten: Die Zweige werden oft auch ohne Blätter eingesetzt. Die Früchte sind auch zum Kochen geeignet.

Cotoneaster horizontalis var. perpusillus ♄ ஃ

Synonym: –.
Familie: Rosaceae.
Handelsname: Fächermispel, Zwergmispel.
Heimat/Herkunft: West-China.
Wuchsform: Kleinstrauch mit flach sich ausbreitendem Wuchs und fächerartiger Verzweigung. Eiförmige Blätter mit rötlicher Herbstfärbung. Zartrosa Blüte im Juni. Schöner Fruchtschmuck.
Pflanzenhöhe: 1 bis 2 m.
Fruchtart, Form und Größe: Erbsengroße, leuchtendrote Beeren ab Oktober.
Zeitraum des Angebotes: Oktober bis März.
Schnittreife: Die Beeren müssen gut rot ausgefärbt sein.
Haltbarkeit: Bis 3 Wochen.
Besondere Pflege: Guter Anschnitt der verholzten Zweige. Nicht zu warm lagern.
Verwendung: Hauptsächlich für große Bindereien als ausschwingende Bewegungen.
Besonderheiten: Auch blattlose Zweige einsetzen. Die Früchte sind hart.

△ 297a Cotoneaster horizontalis var. perpusillus
▽ 297b Cotoneaster salicifolius var. floccosus

Cotoneaster salicifolius var. floccosus ♄ ஃ

Synonym: –.
Familie: Rosaceae.
Handelsname: Weidenblättrige Mispel.
Heimat/Herkunft: West-China.
Wuchsform: Strauch mit mehrtriebigem, aufrechtem Wuchs und stark hängenden Zweigen. Die immergrünen Blätter sind langlanzettlich. Die weißen Blüten erscheinen in doldigen Rispen im Juni. Prächtiger Fruchtschmuck im Herbst.
Pflanzenhöhe: 3 bis 5 m.
Fruchtart, Form und Größe: Leuchtendrote, glänzende Beeren, kugelig, erbsengroß.
Zeitraum des Angebotes: Ab September bis November.
Schnittreife: Beeren müssen rot ausgefärbt sein.
Haltbarkeit: Bis 20 Tage.
Besondere Pflege: Guter Anschnitt der verholzten Zweige. Nicht zu warm lagern.
Verwendung: Hauptsächlich für große Bindereien als ausschwingende Bewegungen.
Besonderheiten: Auch blattlose Zweige verwenden. Sehr weiche Beeren.

Crataegus monogyna ♄–♄ Ⓝ

Synonym: –.
Familie: Rosaceae.
Handelsname: Weißdorn, Eingriffliger Weißdorn.
Heimat/Herkunft: Europa, Nord-Afrika, Klein-Asien, Kaukasus.
Wuchsform: Großstrauch bis Kleinbaum mit breitverzweigtem Wuchs. Die Blätter sind 5- bis 7-lappig und dunkelgrün. Blüten weiß im Mai bis Juni. Im Herbst prächtiger Fruchtschmuck.
Pflanzenhöhe: 2 bis 6 m.
Fruchtart, Form und Größe: Dunkelrot glänzende, runde Früchte, etwas mehr als erbsengroß in doldigen Rispen hängend.
Zeitraum des Angebotes: Ab September bis November.
Schnittreife: Wenn die Früchte rot gefärbt sind.
Haltbarkeit: Bis 20 Tage.
Besondere Pflege: Nicht zu warm lagern und aufstellen.
Verwendung: Zweige: Größere Dekorationen und Sträuße. Beeren: Für Basisarbeiten.
Besonderheiten: In der Regel die Zweige mit Früchten, aber ohne Blätter einsetzen.

△ 298a Crataegus monogyna
▽ 298b Malus-Cultivars

Malus-Cultivars ♄ ♧

Synonym: M. × scheideckeri, M. floribunda × M. prunifolia, M.-Hybriden.
Familie: Rosaceae.
Handelsname: Zierapfel.
Heimat/Herkunft: Zuchtformen, verschiedene Sorten.
Wuchsform: Großstrauch bis Kleinbaum mit breiter Verzweigung. Die Blätter sind langoval bis lanzettlich. Die weißen bis roten Blüten erscheinen im April/Mai.
Pflanzenhöhe: 2,5 bis 5 m.
Fruchtart, Form und Größe: Scheinfrüchte von gelber bis rotbrauner Farbe, 14 bis 30 mm ∅.
Zeitraum des Angebotes: Ab September bis November.
Schnittreife: Die Apfelfrüchte müssen gut ausgefärbt sein.
Haltbarkeit: 20 bis 25 Tage.
Besondere Pflege: Früchte kühl lagern.
Verwendung: Zweige mit Früchten oft als Hauptmotiv, Früchte für die Basisgestaltung.
Besonderheiten: Die Früchte sind essbar.

Mespilus germanica

♄–♄ Ⓝ

Synonym: –.
Familie: Rosaceae.
Handelsname: Mispel, Echte Mispel.
Heimat/Herkunft: Südost-Europa, Vorder-Asien.
Wuchsform: Großer Strauch mit aufrechtem bis breitausladendem Wuchs und ovalen bis breitlanzettlichen, grünen Blättern. Im Mai/Juni erscheinen große, weiße Blüten, aus denen sich grünbraune, runde Früchte entwickeln.
Pflanzenhöhe: 3 bis 6 m.
Fruchtart, Form und Größe: Die Scheinfrucht, in der Form einer kleinen Quitte, ist graubraun gefärbt und weist 5 große Kelchblätter auf. Größe 3 bis 4 cm ∅.
Zeitraum des Angebotes: August bis Oktober.
Schnittreife: Die Früchte müssen gut ausgebildet sein.
Haltbarkeit: Gut.
Besondere Pflege: –.
Verwendung: In der Basisgestaltung können die Früchte wertvoll eingesetzt werden.
Besonderheiten: Die Früchte wirken wie verletzt.

△ 299a Mespilus germanica
▽ 299b Photinia serrulata

Photinia serrulata

♄ Ⓚ ∧ Ⓝ

Synonym: P. glabra var. chinensis.
Familie: Rosaceae.
Handelsname: Japanische Glanzmispel, Kahle Glanzmispel.
Heimat/Herkunft: Japan, Korea, China.
Wuchsform: Strauch mit nach unten lang ausgezogenen Blättern, zum Teil ohne Spitze, im Jugendstadium sind sie grauzottig, später derb lederig und immergrün. Aus dem Blütenstand entwickeln sich runde Früchte mit deutlich ausgeprägten Fruchtkelchbechern.
Pflanzenhöhe: 3 bis 5 m.
Blütenfarbe: Weiß.
Natürliche Blütezeit: Mai bis Juni.
Zeitraum des Angebotes: Die Früchte ab August.
Schnittreife: Die Blüten oder Früchte müssen gut ausgebildet und reif sein.
Haltbarkeit: Gut.
Kühllagerung: Ja.
Besondere Pflege: Ein langer schräger Anschnitt ist wichtig!
Verwendung: Die Blüten für die Spätfrühlingsbinderei, die Früchte für herbstliche Floristik.
Besonderheiten: Interessante Farbabstufungen im orangeroten Bereich.

△ 300a Prunus spinosa
▽ 300b Pyracantha coccinea

Prunus spinosa

♄ Ⓝ

Synonym: –.
Familie: Rosaceae.
Handelsname: Schlehdorn, Schwarzdorn, Gewöhnliche Schlehe.
Heimat/Herkunft: Europa, Vorder-Asien, Kaukasus, Nordafrika.
Wuchsform: Strauch mit breiter Verzweigung. Blätter lanzettlich. Die Blüten erscheinen vor dem Blattaustrieb.
Pflanzenhöhe: 1 bis 3 m.
Fruchtart, Form und Größe: Blaue runde Früchte in Kirschengröße.
Zeitraum des Angebotes: Ab September/Oktober bis November.
Schnittreife: Wenn die Früchte gut ausgefärbt, aber noch hart sind.
Haltbarkeit: Bis 20 Tage.
Besondere Pflege: Nicht zu warm lagern.
Verwendung: Zweige oft als Hauptmotiv, meist ohne Blätter in der Gestaltung.
Besonderheiten: Durch bewusstes Auslichten von Blättern und Seitentrieben erreichen wir eine neue Aussage des Zweiges. Stark bedornt.

Pyracantha coccinea

♄

Synonym: Cotoneaster pyracantha.
Familie: Rosaceae.
Handelsname: Feuerdorn, Mittelmeer-Feuerdorn.
Heimat/Herkunft: Europa, Südwest-Asien.
Wuchsform: Strauch mit breitverzweigtem Wuchs mit stark dornigen Trieben. Die wintergrünen Blätter sind rundlich bis lanzettlich. Die Blüten erscheinen zahlreich im Mai.
Pflanzenhöhe: Je nach Sorte 1 bis 4 m.
Fruchtart, Form und Größe: Runde, erbsengroße Beerenfrüchte in dichten, doldigen Rispen meist überhängend. Gelbe, orange und rote Früchte ab September.
Zeitraum des Angebotes: September bis November.
Schnittreife: Früchte müssen gut ausgefärbt sein.
Haltbarkeit: Bis 14 Tage.
Besondere Pflege: Guter Anschnitt der verholzten Triebe. Nicht zu warm lagern.
Verwendung: Als Hauptmotiv in größeren Dekorationen und Sträußen.
Besonderheiten: Die farbigen Früchte werden im Winter gerne von den Vögeln gefressen.

Rosa canina

ħ ♣ Ⓝ

Synonym: –.
Familie: Rosaceae.
Handelsname: Hunds-Rose, Hagebutten-Rose.
Heimat/Herkunft: Europa, Vorder- bis Mittel-Asien, Nord-Afrika.
Wuchsform: Strauch mit überhängenden Trieben, ältere Triebe sind breitverzweigt. Mit Stacheln bewehrt. Blätter unpaarig gefiedert. Einfache Rosenblüten im Juni bis Juli überreich. Im Herbst rote Hagebuttenfrüchte.
Pflanzenhöhe: 2 bis 3 m hoch und 4 bis 5 m breit.
Fruchtart, Form und Größe: Rote Scheinfrüchte von länglicher Form, 2 bis 3 cm lang, 1 cm dick.
Zeitraum des Angebotes: Ab September bis Dezember.
Schnittreife: Wenn die Hagebutten gut gefärbt, aber noch relativ hart sind.
Haltbarkeit: Bis 14 Tage.
Besondere Pflege: Alle Blätter entfernen.
Verwendung: Als ausschwingendes Element in größeren floristischen Arbeiten.
Besonderheiten: Die Hagebutten sind reich an Vitamin C und lassen sich zu Gelee verarbeiten. Ohne Blätter wirken die Fruchtzweige sehr eigenwillig.

△ 301a Rosa canina
▽ 301b Rosa gallica

Rosa gallica

ħ D Ⓝ ♣

Synonym: –.
Familie: Rosaceae.
Handelsname: Essig-Rose.
Heimat/Herkunft: Mittel-Europa, Vorder-Asien.
Wuchsform: Aufwärtsstrebender Strauch mit großen Stacheln, dazwischen dünne Borsten. Die unpaarig gefiederten Blätter sind behaart, ledrig. Die Blüten sind rosa bis rot und erscheinen im Juni.
Pflanzenhöhe: 2 m.
Fruchtart, Form und Größe: Die leuchtendrot glänzenden Hagebutten-Scheinfrüchte sind etwas größer als diejenigen bei R. canina.
Zeitraum des Angebotes: Ab September bis November.
Schnittreife: Wenn die Scheinfrüchte gut ausgefärbt, aber noch relativ hart sind.
Haltbarkeit: Bis 20 Tage.
Besondere Pflege: Möglichst bewusstes Entfernen von einzelnen Laubblättern (Auslichten).
Verwendung: Als Haupt- oder Begleitmotiv.
Besonderheiten: Ohne Blätter wirken die Zweige sehr eigenwillig.

△ 302a Rosa moyesii
▽ 302b Sorbus aucuparia subsp. aucuparia

Rosa moyesii ♄ ⚘

Synonym: –.
Familie: Rosaceae.
Handelsname: Moyesii-Wildrose, Mandarin-Rose, Blut-Rose.
Heimat/Herkunft: West-China.
Wuchsform: Straff aufrecht mit sparrigem Wuchs, in der oberen Hälfte locker verzweigt. Die geraden, spitzen Stacheln stehen paarweise am dicken Trieb. Die Blätter sind eher fein ausgebildet. Sehr lang und schmal, unpaarig gefiedert (7 bis 11). Die Blüten sind klein, einfach und leuchtend purpurrot.
Pflanzenhöhe: 2 bis 3 m.
Fruchtart, Form und Größe: 4 bis 5 cm lange, flaschenförmige rote Hagebutten.
Zeitraum des Angebotes: Ab September.
Schnittreife: Wenn die Früchte gut ausgefärbt sind.
Haltbarkeit: Bis 20 Tage.
Besondere Pflege: Die Blätter mindestens teilweise bewusst entfernen.
Verwendung: Haupt- oder Begleitmotiv.
Besonderheiten: Im Winter werden die Früchte gern von Vögeln gefressen. Ohne Blätter sehr eigenwillige Wirkung.

Sorbus aucuparia subsp. aucuparia ♄–♄ ⚘ Ⓝ

Synonym: Pyrus aucuparia ssp. aucuparia.
Familie: Rosaceae.
Handelsname: Vogelbeere, Eberesche.
Heimat/Herkunft: Europa, Klein-Asien, Kaukasus, West-Sibirien.
Wuchsform: Großstrauch bis Baum, eirund aufstrebend. Die großen Blätter sind unpaarig gefiedert. Die weißen Blüten stehen in dichten doldigen Rispen im Mai bis Juni.
Pflanzenhöhe: 5 bis 10 m.
Fruchtart, Form und Größe: Erbsengroße Beeren in dichten Trugdolden, leuchtend rot.
Zeitraum des Angebotes: Ab August bis November.
Schnittreife: Wenn die Beeren gut ausgefärbt, aber noch fest sind.
Haltbarkeit: Bis 14 Tage.
Besondere Pflege: Nicht feucht lagern. Vor Vögeln schützen!
Verwendung: Beerendolden als Basisgestaltung. In Dekorationen auch größere Fruchtzweige.
Besonderheiten: Der Beerensaft ist als Gelee genießbar.

Skimmia japonica ♄ ☘ D

Synonym: S. fortunei.
Familie: Rutaceae.
Handelsname: Skimmie, Japanische Skimmie.
Heimat/Herkunft: China,Taiwan.
Wuchsform: Kleinstrauch mit aufrecht verzweigtem Wuchs und dunkelgrün glänzenden, ovalen bis lanzettlichen Blättern. Rispiger Blütenstand im April, weißblühend. Beerenrispen im Herbst.
Pflanzenhöhe: 30 bis 50 cm.
Fruchtart, Form und Größe: Rote, erbsengroße Beeren mit schönem Glanz, dichte Rispen bildend (nur weibliche Pflanzen!).
Zeitraum des Angebotes: Ab Oktober bis Dezember.
Schnittreife: Wenn die Beeren gut ausgefärbt sind.
Haltbarkeit: Bis 20 Tage.
Besondere Pflege: Guter Anschnitt der harten Zweige. Nicht nass oder feucht aufbewahren.
Verwendung: Fruchtstände vor allem für die Basisgestaltung.
Besonderheiten: Winterhart, daher auch für Balkonpflanzen geeignet.

△ 303a Skimmia japonica
▽ 303b Skimmia japonica subsp. reevesiana

Skimmia japonica subsp. reevesiana ♄ ☘

Synonym: S. reevesiana, S. fortunei.
Familie: Rutaceae.
Handelsname: Skimmie, Japanische Skimmie.
Heimat/Herkunft: China, Japan, Taiwan, Philippinen.
Wuchsform: Aufwärtsstrebender Strauch mit lockerer, breiter Verzweigung. Die immergrünen Blätter sind elliptisch, dunkelgrün und matt glänzend. Aus den Triebenden entwickeln sich lockere Blütenrispen, die an Beeren erinnern. Skimmien bevorzugen saure Böden mit niedrigem pH-Wert. Sie sind winterhart.
Pflanzenhöhe: In der Handelsgröße 30 bis 50 cm.
Blütenfarbe: Weiß, die großen, geschlossenen Blütenknospen sind rosa bis rötlich und bilden den eigentlichen Zierwert.
Natürliche Blütezeit: Mai bis Juni.
Zeitraum des Angebotes: Ab August.
Schnittreife: Die Blütenstände müssen gut ausgereift sein!
Haltbarkeit: Sehr gut.
Kühllagerung: Ja.
Besondere Pflege: Keine.
Verwendung: Für herbstliche Floristik.
Besonderheiten: Auch als Pflanze sehr ideal in der Floristik! Balkonpflanze im Winter.

△ 304a Capsicum annuum
▽ 304b Physalis alkekengi var. franchetii

Capsicum annuum ☉ ⊙ ♃ Ⓝ

Synonym: –.
Familie: Solanaceae.
Handelsname: Einjähriger Zierpfeffer, Spanischer Pfeffer.
Heimat/Herkunft: Mexiko.
Wuchsform: Krautige Pflanze mit breitverzweigtem Wuchs. Grüne lanzettliche Blätter. Weiße Blüten, in der Folge zierliche Fruchtbeeren.
Pflanzenhöhe: Bis 60 cm.
Fruchtart, Form und Größe: Kugelige bis zapfenförmige Beerenfrüchte von großem Zierwert. Größe 1 bis 5 cm lang. Früchte Cremeweiß, Gelb, Orange, Rot bis Violett.
Zeitraum des Angebotes: September bis Dezember.
Schnittreife: Wenn die Früchte gut ausgefärbt sind und eine gewisse Härte aufweisen.
Haltbarkeit: Geschnitten bis 14 Tage.
Besondere Pflege: Guter Anschnitt der harten Zweige. Nicht zu warm lagern.
Verwendung: Früchte vor allem in der Herbstbinderei als Haupt- oder Nebenmotiv.
Besonderheiten: Sehr verholzte Triebe werden in der Regel ohne Blätter verarbeitet.

Physalis alkekengi var. franchetii ♃

Synonym: P. franchetii, P. bunyardii, P. franchetii var. bunyardii, P. alkekengi var. alkekengi
Familie: Solanaceae.
Handelsname: Lampionblume, Laternen-Judenkirsche.
Heimat/Herkunft: Europa bis West-Asien.
Wuchsform: Staude mit unterirdischen Rhizomen. Triebe aufrecht bis überladend. Blätter herzförmig bis oval. Gelblichweiße Blüten im Juli.
Pflanzenhöhe: 80 bis 100 cm.
Fruchtart, Form und Größe: Die Frucht ist eine orangerote Beere von 8 bis 10 mm ∅. Diese wird umhüllt durch eine große ballonartige, orangerote Hülle. Größe 3 bis 4 cm.
Zeitraum des Angebotes: Ab August bis Oktober, getrocknet durch das ganze Jahr möglich.
Schnittreife: Wenn sich die Kelchhüllen ausfärben.
Haltbarkeit: Bis 20 Tage.
Besondere Pflege: Nicht zu feucht lagern und aufstellen.
Verwendung: Vor allem in der Herbstbinderei. Starke Farbe.
Besonderheiten: Auch als Trockenblume begehrt. Sie werden auch oft noch im jungen Zustand verarbeitet, wenn die Früchte noch grün sind.

Callicarpa bodinieri var. giraldii ♄ ♣

Synonym: C. giraldii.
Familie: Verbenaceae.
Handelsname: Schönfrucht, Liebesperlenstrauch, Bodinières Schönfrucht.
Heimat/Herkunft: Mittel- bis West-China.
Wuchsform: Aufwärtsstrebender Strauch mit feiner Verzweigung und gegenständigen, elliptischen bis lanzettlichen Blättern. Aus den Blattachseln lilafarbene Blüten im Juli bis August. Im Herbst prächtiger Beerenschmuck, der vor allem nach dem Blattfall voll zur Geltung kommt.
Pflanzenhöhe: 2 bis 3 m.
Fruchtart, Form und Größe: Leuchtend violettglänzende Beeren in dichten Trugdolden. Durchmesser 3 bis 5 mm.
Zeitraum des Angebotes: Ab September bis Dezember.
Schnittreife: Wenn die Beeren gut lila ausgefärbt sind.
Haltbarkeit: Bis 14 Tage.
Besondere Pflege: Guter Anschnitt der verholzten Triebe. Nicht zu warm lagern, sonst fallen die Früchte schnell ab.
Verwendung: Hauptsächlich als Haupt- oder Begleitmotiv in Gestecken, Sträußen u. a.
Besonderheiten: In der Regel werden die Blätter ganz entfernt. Auch einzelne Beeren können interessant eingesetzt werden.

△ 305a Callicarpa bodinieri var. giraldii
▽ 305b Viscum album subsp. album

Viscum album subsp. album ☠ ♄ ♣

Synonym: –.
Familie: Viscaceae.
Handelsname: Mistel, Laubholz-Mistel.
Heimat/Herkunft: Europa bis Asien verbreitet.
Wuchsform: Halbschmarotzerpflanze, die auf Laubbäumen lebt. Sie entnimmt der Wirtspflanze die Nährstoffe und assimiliert sie selbst. Breitverzweigt mit hellgrünen Zweigen und länglich ovalen Blättern. Unscheinbare Blüten im März bis April. Milchigweiße Fruchtbeeren im Spätherbst.
Pflanzenhöhe: 50 cm.
Fruchtart, Form und Größe: Durchscheinende weiße Beeren in Erbsengröße.
Zeitraum des Angebotes: Ab Oktober bis Dezember.
Schnittreife: Wenn die Beeren gut entwickelt und ausgefärbt sind.
Haltbarkeit: 10 bis 20 Tage und mehr.
Besondere Pflege: Nicht zu warm lagern.
Verwendung: Meist in der Adventszeit als Hängeschmuck mit Tannengrün, Zapfen u. a.
Besonderheiten: Zweihäusige Pflanze, vor allem auf Eschen vorkommend.

Trockenmaterialien (Bilder auf den Seiten 307 bis 318)

Familie	Bildnr.	Botanischer Name	Dt. Name
Agavaceae	307a	Agave americana	Amerikanische Agave
Amaranthaceae	307b	Amaranthus caudatus	Garten-Fuchs-schwanz
	307c	Amaranthus cruentus	Rispiger Fuchs-schwanz
Apiaceae	307d	Heracleum mantegazzianum	Riesen-Bärenklau
Arecaceae	307e	Borassus flabellifer	Borassuspalme
	307f	Chamaerops humilis	Zwergpalme
	307g–308a	Cocos nucifera	Kokosnuss-Palme
	308b	Metroxylon sagu	Sagopalme
Asteraceae	308c	Achillea filipendulina	Schafgarbe
	308d	Carlina acaulis subsp. acaulis	Silberdistel
	308e	Carlina vulgaris	Golddistel
	308f	Carthamus tinctorius	Färber-Distel
	308g	Craspedia globosa	Trommelschlägel
	308h	Cynara-Scolymus-Gruppe	Artischocke
	309a	Echinacea purpurea	Purpur-Sonnenhut
	309b	Echinops ritro subsp. ritro	Kugeldistel
	309c	Helianthus annuus	Sonnenblume
	309d	Helichrysum bracteatum	Strohblume
	309e	Helichrysum stoechas subsp. stoechas	Strohblume
Betulaceae	309f	Alnus glutinosa	Schwarz-Erle
Brassicaceae	309g	Lunaria annua	Judas-Silberlinge
Caesalpiniaceae	309h	Chamaecrista cotinifolia	Moneta-Blätter
	310a	Delonix regia	Flammenbaum
Dipsacaceae	310b	Dipsacus sativus	Karden-Distel
	310c	Scabiosa stellata	Stern-Skabiose
Fagaceae	310d+310e	Fagus sylvatica	Rot-Buche
Hamamelidaceae	310f	Liquidambar styraciflua	Amberbaum
Hydrangeaceae	310g	Hydrangea macrophylla	Hortensie
Juglandaceae	310h	Juglans regia subsp. regia	Baumnuss, Walnuss
Lamiaceae	311a	Lavandula angustifolia subsp. angustifolia	Lavendel
Lichenes	311b	Cladonia stellaris	Island-Moos
Magnoliaceae	311c	Magnolia grandiflora	Großblumige Magnolie
Malvaceae	311d	Gossypium herbaceum var. herbaceum	Baumwolle-Baum
Myrtaceae	311e	Eucalyptus lehmannii	Lehmann-Eukalyptus
	311f	Leptospermum scoparium	Südsee-Myrte
Nymphaceae	311g	Nelumbo nucifera	Lotosblume
Papaveraceae	311h	Papaver rhoeas	Klatsch-Mohn
	312a	Papaver somniferum subsp. somniferum	Schlaf-Mohn
Platanaceaae	312b	Platanus × hispanica	Platane
Plumbaginaceae	312c	Goniolimon tataricum	Weiße Statize
	312d	Limonium sinuatum	Meerlavendel
	312e	Psylliostachys suworowii	Rosa-Statize
Poaceae	312f	Avena byzantina	Zier-Hafer
	312g	Avena sativa	Hafer
	312h	Briza maxima	Großes Zittergras
	313a	Cortaderia selloana	Pampasgras
	313b	Hordeum vulgare	Gerste
	313c	Lagurus ovatus	Hasenschwanzgras
	313d	Phalaris canariensis	Kanariengras
	313e	Sorghum durra	Indian-Korn
	313f	Triticum aestivum	Weizen
	313g+313h	Zea mays	Kolbenmais
Polygonaceae	314a	Coccoloba pubescens	Caravell-Blatt
	314b	Coccoloba uvifera	Seetraube
Proteaceae	314c	Banksia grandis	Große Banksie
	314d	Banksia hookeriana	Hookers Banksie
	314e	Banksia speciosa	Speciosa-Banksie
	314f	Leucadendron platyspermum	Platyspermum
	314g	Leucadendron plumosum	Leuco, großer Zweig
	314h	Leucadendron sabulosum	Sabulosum-Zweig
	315a	Protea barbigera	Barbigera-Protea
	315b	Protea cynaroides	King-Protea
	315c	Protea grandiceps	Aurora-Protea
	315d	Protea neriifolia	Nerifolia-Protea
	315e	Protea repens	Repens-Protea
Renunculaceae	315f	Consolida ajacis	Einjähriger Rittersporn
	315g	Nigella damascena	Junger im Grünen
	315h	Nigella orientalis	Gelbkrone
Rhamnaceae	316a	Phylica ericoides	Kap-Myrte
Solanaceae	316b	Physalis alkekengi	Lampionblume
Typhaceae	316c	Typha latifolia	Großer Rohrkolben
	316d	Typha minima	Kleiner Rohrkolben
Polyporaceae	316e	Lenzites elegans	Baumschwamm
	316f	Microsporus xanthopus	Trichterpilz
Zapfen:			
Cupressacea	316g	Cupressus sempervirens	Echte Zypresse
Pinaceae	316h	Cedrus atlantica	Atlas-Zeder
	317a	Larix decidua var. decidua	Europ. Lärche
	317b	Larix kaempferi	Japan. Lärche
	317c	Picea abies var. abies	Rot-Fichte
	317d	Picea pungens 'Glauca'	Blau-Tanne
	317e	Pinus lambertiana	Zucker-Kiefer
	317f	Pinus mugo subsp. mugo	Krummholz-Kiefer
	317g	Pinus nigra subsp. nigra	Schwarz-Kiefer
	317h	Pinus pinaster	Strand-Kiefer
	318a	Pinus pinea	Schirm-Kiefer
	318b	Pinus sabiniana	Nuss-Kiefer
	318c	Pinus strobus	Weymouths-Kiefer
	318d	Pinus sylvestris	Wald-Kiefer
	318e	Pinus wallichiana	Tränen-Kiefer
	318f	Pseudotsuga menziesii	Douglas-Tanne
	318g	Tsuga canadensis	Hemlocktanne
Taxodiaceae	318h	Sequoiadendron giganteum	Wellingtonie

△ 307a Agave americana
▽ 307b Amaranthus caudatus

△ 307e Borassus flabellifer
▽ 307f Chamaerops humilis

△ 307c Amaranthus cruentus
▽ 307d Heracleum mantegazzianum

△ 307g Cocos nucifera – Nuss
▽ 307h Cocos nucifera – Fruchtboden

△ 308a Cocos nucifera – Schale
▽ 308b Metroxylon sagu

△ 308e Carlina vulgaris
▽ 308f Carthamus tinctorius

△ 308c Achillea filipendulina
▽ 308d Carlina acaulis subsp. acaulis

△ 308g Craspedia globosa
▽ 308h Cynara-Scolumus-Gruppe

△ 309a Echinacea purpurea
▽ 309b Echinops ritro subsp. ritro

△ 309c Helianthus annuus
▽ 309d Helichrysum bracteatum

△ 309e Helichrysum stoechas subsp. stoechas
▽ 309f Alnus glutinosa

△ 309g Lunaria annua
▽ 309h Chamaecrista cotinifolia

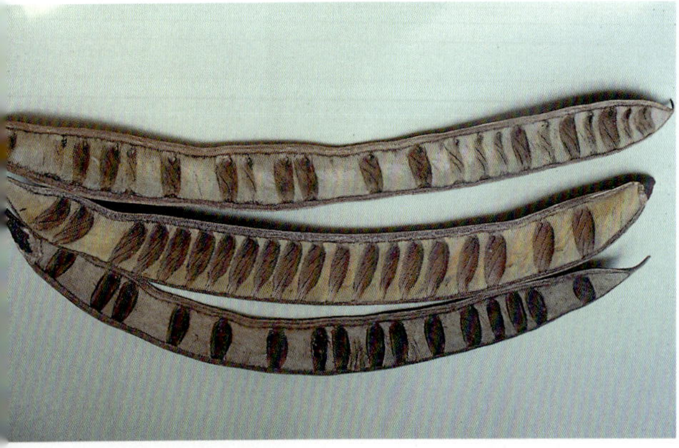

△ 310a Delonix regia
▽ 310b Dipsacus sativus

△ 310e Fagus sylvatica
▽ 310f Liquidambar styraciflua

△ 310c Scabiosa stellata
▽ 310d Fagus sylvatica – Eckern

△ 310g Hydrangea macrophylla
▽ 310h Juglans regia subsp. regia

△ 311a Lavandula angustifolia subsp. angustifolia

▽ 311b Cladonia stellaris (Finnland)

△ 311e Eucalyptus lehmannii

▽ 311f Leptospermum scoparium

△ 311c Magnolia grandiflora

▽ 311d Gossypium herbaceum var. herbaceum

△ 311g Nelumbo nucifera – Fruchtstand

▽ 311h Papaver rhoeas

△ 312a Papaver somniferum subsp. somniferum
▽ 312b Platanus × hispanica

△ 312e Psylliostachys suworowii
▽ 312f Avena byzantina

△ 312c Goniolimon tataricum
▽ 312d Limonium sinuatum

△ 312g Avena sativa
▽ 312h Briza maxima

△ 313a Cortaderia selloana
▽ 313b Hordeum vulgare

△ 313e Sorghum durra geschnitten
▽ 313f Triticum aestivum

△ 313c Lagurus ovatus
▽ 313d Phalaris canariensis geschnitten

△ 313g Zea mays
▽ 313h Zea mays (klein)

△ 314a Coccoloba pubescens
▽ 314b Coccoloba uvifera

△ 314e Banksia speciosa
▽ 314f Leucadendron platyspermum

△ 314c Banksia grandis
▽ 314d Banksia hookeriana

△ 314g Leucadendron plumosum
▽ 314h Leucadendron sabulosum

△ 315a Protea barbigera
▽ 315b Protea cynaroides

△ 315c Protea grandiceps
▽ 315d Protea neriifolia

△ 315e Protea repens
▽ 315f Consolida ajacis

△ 315g Nigella damascena
▽ 315h Nigella orientalis

△ 316a Phylica ericoides
▽ 316b Physalis alkekengi var. franchetii

△ 316e Lenzites elegans
▽ 316f Microsporus xanthopus

△ 316c Typha latifolia
▽ 316d Typha minima

△ 316g Cupressus sempervirens
▽ 316h Cedrus atlantica

△ 317a Larix decidua var. decidua
▽ 317b Larix kaempferi

△ 317e Pinus lambertiana
▽ 317f Pinus mugo subsp. mugo

△ 317c Picea abies var. abies
▽ 317d Picea pungens 'Glauca'

△ 317g Pinus nigra subsp. nigra
▽ 317h Pinus pinaster

△ 318a Pinus pinea
▽ 318b Pinus sabiniana

△ 318c Pinus strobus
▽ 318d Pinus sylvestris

△ 318e Pinus wallichiana
▽ 318f Pseudotsuga menziesii

△ 318g Tsuga canadensis
▽ 318h Sequoiadendron giganteum

Fragen und Antworten für die Praxis – Straußbinderei

Grundsätzliches zur Straußbinderei

Der Strauß ist das meistverkaufte floristische Werkstück.
Nachfolgend finden Sie Fragen und Antworten aus der Praxis zur Technik der Straußbinderei.

Grundsatz:
Die Wahl der Werkstoffe und die Art des Straußes bestimmen die Technik.
Keine Unsauberkeiten in und unterhalb der Bindestelle.

Sollen die Werkstoffe gestützt werden?
- Nur wenn nötig, aber wann ist es nötig?
- Dann, wenn ich Werkstoffe in eine bestimmte Position bringen möchte und die Natur mir keinen geeigneten Werkstoff gibt.
- Auch schwache Stiele, welche den Blütenkopf nicht tragen mögen.

Welche Drähte sind die Richtigen?
- Die Stärke richtet sich nach der Beschaffenheit und der Dicke des Sprosses des jeweiligen Werkstoffes. Drahtstärke ab 0,7–1,0 mm, grün lackiert. In spez. Fällen, wie z. B. bei Sonnenblumen, werden auch dickere Drähte verwendet (bis zu 1,8 mm Durchmesser). Für feinstielige Blumen wird „Silber-“ oder „Myrthendraht“ verwendet (0,4–0,6 mm).

Dürfen blaugeglühte Drähte verwendet werden?
- Ja, z. B. zum Stützen von kräftigen Werkstoffen mit einem großen Durchmesser des Sprosses, um die Blüten oder Blütenstände in die gewünschte Position zu bringen. Diese Drähte müssen mit einem Abdeckband, Cuttacol oder Floratape abgedeckt werden (in der Regel vor dem Stützen).
- Nicht abdecken bei **konstruierten** Gerüstaufbauten für Sträuße, wenn die Drähte farblich passen. (Drähte können auch rostig eingesetzt werden.)

Müssen grüne Drähte mit Abdeckband, Cuttacol oder Floratape abgedeckt werden?
- Grundsätzlich nein; wenn ja, nur um die Festigkeit in der Bindestelle zu optimieren.

Wie ist es mit den Drähten unterhalb der Bindestellen?
- Zurückschneiden, aber wie weit?
- Soweit als möglich, ohne dass ich die Stiele der Werkstoffe verletze.
- Nur wenn nötig; Drähte leicht nach innen biegen (Verletzungsgefahr).

Wie sollen die einzelnen Bindestellen bei konstruierten Gerüstaufbauten sein?
- Möglichst unscheinbar diskret, außer, die Bindestellen haben eine gestalterische Wichtigkeit; nur dann dürfen die Bindestellen bewusst verstärkt werden, sei dies farblich oder mit Hilfsmitteln. Tipp: Binden übers Kreuz.

Welche Bindetechnik finden wir bei der Straußbinderei?
- Eine Bindestelle bei radialer Anordnung der Werkstoffe. Die Bindestelle kann ein gestalterischer Effekt sein (Sträuße in Glasvasen oder bei Stehsträußen) oder nur Mittel zum Zweck (Sträuße in nicht durchsichtigen Vasen).
- Mehrere Bindestellen bei einer parallelen Anordnung der Werkstoffe. Den Bindestellen wird hier eine entsprechende gestalterische Bedeutung zugemessen.
- Mehrere Bindestellen bei einem Straußtyp, der eine objekthafte Aussage hat (dieser Strauß muss ohne Gefäß transportiert werden können, ohne dass sich die Außenform und die Positionen der Werkstoffe verändern).

Wie breit und fest soll die Bindestelle sein?
- Grundsatz: So schmal wie möglich, so breit als nötig.
- Je weicher die Stiele, umso breiter die Bindestellen.
- Der Strauß muss fest gebunden sein, sodass sich die Bindestelle beim Tragen nicht löst oder die Positionen der Werkstoffe verändert.
- Es dürfen keine Stiele gequetscht werden.

Dürfen Werkstoffe mit der Baumschere angeschnitten werden?
- Ja, aber nur die verholzten Stiele und diese möglichst schräg anschneiden. Blütensträucher müssen noch zusätzlich, wenn immer möglich, mit dem Messer nachgeschnitten werden; die Anschnittstelle in der Mitte aufschlitzen.

Müssen alle Werkstoffe schräg angeschnitten werden?
- Krautige feste Stiele immer.
- Weiche Stiele eher gerade anschneiden – warum? Damit das Eigengewicht der Werkstoffe oder des Straußes die Schnittstelle und somit die Leitungsbahnen nicht zusammendrückt.

Sind die Stiele der Werkstoffe unterhalb der Bindestelle immer gleich lang? Ist das nötig?
- Grundsätzlich ja.
- Ausnahmen: Werkstoffe, die mit weniger Wasser auskommen, dürfen ohne weiteres etwas kürzer sein. (Die Bedürfnisse der Werkstoffe kennen.) Für die Sträuße, die in einem durchsichtigen Gefäß stehen, können gleich lange Stiele positiv auffallen, das heißt, es gibt eine gestalterische Aufwertung.

Wie sind die Anschnittstellen? Alle auf die gleiche Richtung?
- Es kann vor allem in Glasvasen, dort, wo also die Schnittstellen sichtbar sein werden, eine ästhetische Verbesserung sein, ansonsten ist dies keine technische Wichtigkeit.

Können alle Werkstoffe, soweit sie gestalterisch und vom Straußtyp her zusammenpassen, miteinander kombiniert werden?
- Auch hier gilt der Grundsatz: Ja, aber Tulpen und Rosen, die unterschiedliche Wassermengen benötigen, oder andere Blumen, die jahreszeitlich oder von der Herkunft her nicht zueinander passen, sollte man, wenn immer möglich, meiden.
- Es kann aber gestalterisch, farblich, thematisch, sehr interessant sein. Es gilt hier, die gestalterischen Faktoren der Werkstoffe zu kennen. Die Straußart, das Thema, der Kundenwunsch oder eine entsprechende Vorgabe lassen solche Kombinationen zu.

Die häufigsten Fragen zur Gestaltung in der Straußbinderei

Grundsatz:
Die Idee, die Werkstoffauswahl, die Gestaltungsfaktoren sind Anhaltspunkte für die Gestaltungskriterien.

Welches sind die Gestaltungskriterien und die Proportionen, die bei der Straußbinderei beachtet werden müssen?

DAS ORDNUNGSPRINZIP
Wir entscheiden uns, ob wir einen Strauß in der Symmetrie oder in der Asymmetrie aufbauen möchten.

Dürfen die Ordnungsprinzipien auch gemischt werden?
- Es gibt auch hier Varianten, die durchaus eine Kombination zulassen. Wichtig ist, dass diese klar erkennbar ist und ein Ordnungsprinzip klar dominiert, z. B. ein Rundstrauß in der Symmetrie und in sich eine freie Anordnung oder ein kompakter Rundstrauß in der Symmetrie und eine asymmetrische Auflösung.

DIE GESTALTUNGSART
Formal-linear und dekorativ, dies sind die zwei Gestaltungsarten, die in der Straußbinderei vorwiegend Verwendung finden. „Vegetativ“ ist eine Gestaltungsart, die eher bei Gestecken und Bepflanzungen Anwendung findet.

„Formal-linear“ heißt:
- Formen und Linien stehen im Vordergrund und dominieren die Gestaltung.
- Gegensätzliche Werkstoffe in Bezug auf Formen, Bewegungen, Größe, finden hier Verwendung.
- Die Basis und die entsprechende Schwerpunktbildung geben diesem Strauß den optischen Halt.
- Die Außenform des Straußes richtet sich nach dem Einsatz der Werkstoffe – in flacher oder hoher Ausrichtung.
- Das gewählte Gefäß ist ein Bestandteil der Gestaltung und nimmt eine wichtige Rolle ein.

„Dekorativ“ heißt:
- Wir setzen die Werkstoffe so ein, dass sie uns in ihrer Wirkung am meisten bringen.
- Durch eine Summierung der einzelnen Werkstoffe steigern wir die dekorative Wirkung.
- Gestalten wir einen kompakten Strauß – d. h., zwischen den Werkstoffen gibt es wenig bis keine Freiräume – dann ist nochmals eine Steigerung möglich, mit der Einschränkung, dass der Strauß optisch kleiner und evtl. weniger eindrücklich wirkt, weil er an Volumen verliert.
- Der Strauß in dieser Gestaltungsart kann rund oder gestuft aufgebaut werden. Beim gestuften Strauß unbedingt auf die 3. Dimension achten!

Optischen Halt – wie können wir dies erreichen?
- Wir erreichen dies bei einem runden Strauß mit einer starken Mitte-Betonung. Nach außen können

die Abstände von Werkstoff zu Werkstoff größer sein, ohne dass der Strauß sich optisch auflöst. Beim gestuften Strauß erzielen wir den optischen Halt mit einer ausgeprägten Basis- und Schwerpunktbildung.

Muss immer eine Blume genau in der Mitte des Rundstraußes sein?

- Nein, dies ist nicht zwingend, Ausnahme: man bindet einen Strauß genau symmetrisch.
- Wählen wir eine innere freie Anordnung (asymmetrisch) dann ist es wichtig, dass keine Blume genau in der Mitte platziert ist, sondern leicht aus der Mitte verschoben.

ANORDNUNG – RADIAL, PARALLEL, GESTREUT, GRUPPIERT, GESTAFFELT

Wie werden die Werkstoffe im Strauß angeordnet?

- *Radial:*
  Werkstoffe in Spirale binden: Rundsträuße, gestufte Sträuße, Sträuße in der formal-linearen Gestaltung.
- *Parallel:*
  Stiele der Werkstoffe werden gerade angelegt: Parallelsträuße, zum Teil auch formal-lineare Sträuße.

Blumen werden gestreut angeordnet – was heißt das?

Die Verteilung der Blumen im Strauß ist locker gestreut, regelmäßig oder mit Verdichtung im Strauß. Hier muss beachtet werden, dass die Werkstoffe, insbesondere die Blumen, den entsprechenden Freiraum bekommen.

Blumen werden gruppiert angeordnet – was heißt das?

Mit mindestens drei gleichen Blumen bilden wir eine Gruppe. Hier ist es möglich, dass die Blumen einander auch berühren dürfen, um die Farben und die Aussage zu verstärken oder das Volumen zu optimieren. Die gruppierten Werkstoffe können dann gestreut oder gruppiert im Strauß angeordnet sein, je nach Straußart.

Werkstoffe mit Blütenständen wie z. B. Hortensien – werden diese als Gruppe bezeichnet?

Ja, durch die Ansammlung der einzelnen Blüten entsteht eine natürliche Gruppe.

Darf ich für einen Strauß in gestreuter Anordnung auch Blütenstände verwenden?

Ja, sobald die Anmutung von „gestreut" wahrgenommen wird, wirken die Blütenstände trotz der „natürlichen Gruppierung" in der Gesamterscheinung gestreut. Sobald die Anmutung von „gruppiert" wahrgenommen wird, wirken die Blütenstände als Gruppe, das heißt, die Blütenstände müssen nicht zwingend gruppiert sein.

Wenn ich für einen Strauß eine gruppierte Anordnung wähle, muss der eventuelle Grünabschluss auch gruppiert sein?

Hier liegt die Entscheidungsfindung beim Straußaufbau. Grundsätzlich ist dies keine zwingende Vorgabe. Es kann durchaus sein, dass der eventuelle Grünabschluss ganz locker oder stark gruppiert gestaltet ist. Die Wichtigkeit, die ich dem Abschluss zumesse und die Gesamterscheinung sollen bei der Entscheidung mithelfen – denken wir auch an Gegensätze, die durchaus eine spannende Aussage auslösen können, was wiederum aufgrund des Straußaufbaues und der Idee beachtet werden muss.

Müssen die Werkstoffe immer gestaffelt im Strauß platziert werden?

Durch eine Staffelung erreichen wir eine Tiefenwirkung, die dem Strauß eine Leichtigkeit gibt. Auch können wir dadurch die Wirkung der einzelnen Blumen steigern. Auch hier gilt die Überlegung: Verlangt mein Strauß von der Thematik her eine Staffelung oder müssen die Werkstoffe auf gleicher Höhe angeordnet werden, um die angestrebte Aussage zu erreichen. Wichtig ist, dass das Konzept durchgezogen wird. Bei gestuften Sträußen ist es wichtig, dass bis in die Basis gestaffelt wird.

PROPORTION

Welche Länge müssen die Stiele haben?

Grundsätzlich ist eine ausgewogene Proportion abhängig von den Faktoren: Farbgebung, Formen, Bewegungen, Beschaffenheit, der Idee und der Umgebung. Ausgewogene Proportionen sind z. B.:

- $^1/_3$ Stiellänge zu $^2/_3$ Strauß
- 3 Teile Stiellänge zu 5 Teilen Strauß (Goldener Schnitt)
- 1 Teil Stiellänge zu 1 Teil Strauß (Symmetrie)
- 5–8 Teile Stiellänge, 3 bis 5 Teile Strauß (z. B. beim Stehstrauß in Spirale gebunden).

Oft wird das Gefäß eine entscheidende Rolle spielen, für eine optimale Gesamtproportion. Dies kann von einer Unter- bis zu einer Überproportion gehen.
Unterproportion: Strauß-Volumen ist kleiner als das gewählte Gefäß (z. B. hohes Gefäß/Vase, der Strauß in der Ausdehnung eher kleiner).
Überproportion: Die Straußgestaltung ist wesentlich größer als das gewählte Gefäß (z. B. Gefäß/Vase 3 Teile, Strauß 8 oder mehr Teile).

BESONDERES

Wie ist es mit Über- oder Umspielungen?

Je kompakter ein Strauß gebunden ist, umso mehr macht es Sinn, an eine Über- oder Umspielung zu denken. Umspielung im unteren Drittel des Straußes, Überspielung in den oberen zwei Dritteln des Straußes, aber nie genau über der Mitte des Straußes. Es ist auch darauf zu achten, dass dieser Gestaltungsanteil optisch dazugehört.

Die häufigsten Fragen zu den Farben in der Straußbinderei

Grundsatz:
Die Farben sind sehr bewusst zu wählen und auf die gewünschte Wirkung und Aussage hin abzustimmen. Die Eigenschaften der Farben wie Farbton, Helligkeit, Reinheit entscheiden über die Farberscheinung, Wahrnehmung und Wirkung innerhalb einer Farbenkomposition.

Welche Entscheidungshilfen haben wir bei der Farbwahl?
- Denken wir an die Farbsymbolik
- Denken wir an die farbliche Wirkung, die der Strauß ausstrahlen soll
- Denken wir an die Thematik
- Denken wir an den Kundenwunsch
- Denken wir an die Farbtheorie
- Denken wir an unsere Lieblingsfarbe, Lieblingsfarbkompositionen

Welche Faktoren können die Wirkung der Farben verändern?
- Textur (Beschaffenheit der Oberfläche eines Werkstoffes)
- Die Form der Werkstoffe (Blüten, Blätter, Früchte usw.)
- Die „Bewegungen“ der einzelnen Werkstoffe
- Die Lichtverhältnisse
- Die farbliche Umgebung
- Die Größe
- Der Raum

Können aktive Farben auch passiv wirken?
Ja, die Beeinflussung durch die Form kann die Aktivität der Farbe schwächen. So kann zum Beispiel die aktive Farbe Gelb, eingesetzt in einer runden Form oder Kugelform, geschwächt werden.

Können passive Farben auch aktiv wirken?
Ja, die Beeinflussung durch die Form kann auch hier die Wirkung der Farbe verändern und sie aktiv erscheinen lassen.

Müssen helle Farben immer oben im Strauß platziert werden?
Grundsätzlich ja, wirkt weiterlaufend, vergrößernd. Aber um gewisse Effekte zu erzielen, macht es Sinn, auch helle Farben in die Tiefe zu nehmen und mit dunklen Farben auch den oberen Bereich des Straußes miteinzubeziehen.

Der Kunde wünscht einen Strauß der „viel vorstellt“ – welche Farbwahl sollte getroffen werden?
Möglichst helle Farben einsetzen. Der Strauß wirkt dadurch automatisch imposanter.

Wie verhält es sich mit den dunklen Farben im Strauß?
Großblumige dunkle Farben möglichst nicht im Außenbereich des Straußes einsetzen. Es könnte der optische Eindruck entstehen, dass diese „aus dem Strauß fallen“ würden – vor allem dann, wenn die Werkstoffe größer erscheinen als die verwendeten hellen Farben.

Wie kann ich mich mit dem Farbmengenverhältnis zurechtfinden?
Möglichst immer vor dem Aussuchen der Werkstoffe ein grobes Farbkonzept erstellen, welches die Farbrichtung und die farbliche Umsetzung des Straußes festlegt.

Das Farbkonzept könnte in etwa so aussehen:
- Wie soll am Schluss die farbliche Erscheinung sein?
- Welche Farbe soll in meinem Strauß eine führende Position einnehmen?
  (Das heißt: Von dieser Farbe wird am meisten zu sehen sein.)

Farben, welche eine untergeordnete Rolle spielen, müssen mengenmäßig ganz klar in der Minderheit eingesetzt werden. Je weiter sich die zusätzliche Farbe von der Hauptfarbe im Strauß entfernt, desto weniger wird sie verwendet.

Ist es möglich, dass alle verwendeten Farben gleich stark, d. h., in gleichen Mengen im Strauß ihren Platz finden?
So einfach ist es nicht. Es ist unerlässlich, die Leuchtkraft der Farben ins Farbkonzept miteinzubeziehen. Denken wir immer daran: Dunkle Farben haben einen geringeren Leuchtwert als helle Farben. Beispiel: Gelb = Leuchtkraft dreimal stärker als Violett.
Also, damit für das Auge alle gewählten Farben gleich stark wirken, müssen auch hier unterschiedliche Mengen verwendet werden, entsprechend der Leuchtkraft der Farben.

Ist es sinnvoll, starke Farbkontraste mit Zwischenfarbtönen zu ergänzen?
Ja, unbedingt! Mit Zwischenfarbtönen erreichen wir eine ansprechende, farblich interessante Komposition mit spannenden, harmonischen Farbübergängen.

Die Zwischenfarbtöne müssen aber mengenmäßig in der Minderheit erscheinen.

Wann macht es Sinn, mit klaren Farbkontrasten in der Straußbinderei zu arbeiten?
Bei
- gestuften, dekorativen Sträußen
- gruppierten, klaren Sträußen
- einer asymmetrischen Umsetzung
- entsprechendem Thema

Was verstehen wir unter einem Strauß mit Farben in Pastelltönen?
Alle Farben, die mit Weiß aufgehellt sind, bezeichnet man als Pastellfarben, es sind zarte, feine Farben, die in jedem Farbbereich zu finden sind.
Der Vorteil dieser Farben besteht darin, dass Pastelltöne aus jedem Farbbereich in einem Strauß eingesetzt werden können, um, wenn es gewünscht wird, eine liebliche, zarte Buntheit zu erreichen.

Schnittgrün ist eine weitere Herausforderung im Bereich der Farbgebung in der Straußbinderei. Worauf sollte man achten?
Ein besonderes Augenmerk ist auf eine harmonische Gesamterscheinung zu legen, d. h., die Übergänge von der Farbe der Blumen zum Schnittgrün sollten möglichst ohne große Kontraste sein.

Beispiele:
- Dunkelgrün bis Grau-Blau-Grün (kalte Farbgebung)
- Dunkelgrün bis Gelb-Grün (warme Farbgebung)
- Dunkelgrün bis Rot-Grün (warme Farbgebung)
- Dunkelgrün bis Weiß-Grün (neutrale Farbgebung, frische, liebliche Aussage)
- oder kombiniert, je nach Mengenverhältnis/Gesamtfarbkonzept

Klare Farbkontraste – können wir dies im Strauß auch realisieren, wenn in der Regel Grün bereits vorhanden ist?
Grundsätzlich ist es möglich, der gewählte Kontrast muss einfach dominieren; z. B. Gelb-Violett-Komplementärkontrast ca. 70–80 %, und der Grün-Anteil 20–30%. Somit ist für unser Auge eine optische Wahrnehmung des Komplementärkontrastes erkennbar.

Sachregister Deutsch – Botanisch

Schnittblumen und Blütenzweige

Schnittgrün

Früchte und Fruchtzweige

Bildquellen

Auer, Arthur, Schaffhausen (CH) †: 138a,b,d, 173b, 206b, 211a, 214a.
Gfeller, Simon, Gärtnermeister, Lützelflüh (CH): 269b.
Jakob, Fritz, Gärtner-Fachlehrer, Koppigen (CH): 33c.
Tommasini, M. D., Dipl.-Gärtnermeister, Rafz (CH): 101a, 118b, 153a, 169a,c, 265b, 283a.
Müri, Emil, Gärtner-Fachlehrer, Schinznach-Dorf (CH): 151b,c.
Wiedmer, Fritz, Samenfachmann, Bellach (CH) †: 89a, 132a, 134b,c, 136a, 139c, 142a, 151a, 152b, 176a, 182b, 193a, 195a, 200a, 210a, 220b.
Wolf Fotografie AG, Olten (CH): Umschlagfotos, 3a,b, 22d, 28b, 42a,c, 53a, 60a,b, 68a, 69b, 82a,b, 86a, 93b, 94a, 99c, 120b, 156a, 166b, 167b, 170b, 171a, 172b, 173a, 180a, 183a, 204b, 205b, 209b, 212b, 261a.

Alle hier nicht aufgeführten Photos stammen von Moritz Bürki, Dipl.-Gärtnermeister und Buchautor, Langendorf (CH) †.

Literaturnachweis

Brickell, C.: Enzyklopädie der Garten- und Zimmerpflanzen. Mosaik, München.
Bürki, M., Jakob, F., Tommasini, D.: Bildatlas Bäume und Sträucher. Eugen Ulmer, Stuttgart.
Cheers, G.: Botanica. Das ABC der Pflanzen. Könemann, Köln.
Erhardt, W., Götz, E., Bödeker, N., Seybold, S.: Zander – Handwörterbuch der Pflanzennamen. Eugen Ulmer, Stuttgart, 19. Auflage.
Exotica, Pictorial Cyclopedia of Exotic Plants. Roehrs, Farmingdale/USA.
Fleischli, P.: Technik der Straußbinderei – Fragen und Antworten. Wangen bei Olten.
Gabriel Nutt, H.: Botanik. Eine Einführung. Sauerländer, Aarau, 5. Auflage.
Grunert, C.: Das Blumenzwiebelbuch. Eugen Ulmer, Stuttgart.
Hess, D.: Die Blüte. Eugen Ulmer, Stuttgart, 2. Auflage.
Jessen, H., Schulze, H.: Botanik in Frage und Antwort. Schaper, Hannover, 15. Auflage.
Pareys Blumengärtnerei. Paul Parey, Hamburg.
Sprunger, S.: Bildatlas der Pflanzen. Reinhart, Basel.

Erfolgreich zur Florist-Prüfung

- **Prüfungsfragen- und Übungsbuch**
- **Mit neuen Aufgaben für die praktische Prüfung**
- **Mehr als 500 Übungsaufgaben mit Lösungen**

Dieses Buch hilft Ihnen, im letzten Lehrjahr flexibel im Umgang mit dem Unterrichtsstoff für die Florist-Prüfung zu werden und Ihre mündlichen, schriftlichen sowie praktischen Leistungen zu verbessern. Sie finden in diesem Buch mehr als 500 Aufgaben aus den Prüfungsbereichen Technologie, Warenwirtschaft, komplexe Prüfungsaufgabe sowie einige Übungsaufgaben zum Fachrechnen. Im Anhang finden Sie die betreffenden Lösungsvorschläge, die Ihnen helfen, Ihren Wissensstand zu überprüfen.

Schritt für Schritt zur Florist-Prüfung. 505 Fragen und Antworten. Elisabeth Birk. 2., aktualisierte Auflage 2017. 240 Seiten, 42 sw-Zeichnungen, kart. ISBN 978-3-8186-0092-1.

www.ulmer.de Ulmer

Lernen leicht gemacht

Grundwissen

Florist 1. Gestalten, Beraten, Verkaufen, Wirtschaftliches Handeln. U.Walford, R. Barlage, M. Wieler, I. Lucht. 2., überarb. Auflage 2008. 406 Seiten, 39 Tab., 260 Farbfotos und Zeichnungen, geb. ISBN 978-3-8001-1245-6.

Aufbauwissen

Florist 2. Gestalten, Beraten, Verkaufen, Wirtschaftliches Handeln. U. Walford, G. von Wissel, M.-L. Eidam-Bek, M. Strohschnieder, S. Meyer. 2007. 384 S., 35 Tab., 251 Farbf. und Zeichn., geb. ISBN 978-3-8001-1229-6.

Florist 3. Wirtschaftslehre, Rechnungswesen, Marketing. E. Birk, T. Melber. 6. Auflage 2004. 320 S., 60 Tabellen, 84 Farbfotos, 78 sw-Fotos, und Zeichnungen, geb. ISBN 978-3-8001-1222-7.

Florist 4. Fachrechnen. E. Birk. 2004. 118 Seiten, 7 Farbfotos, 42 sw-Fotos und Zeichnungen, 10 Tab., kart. ISBN 978-3-8001-1224-1.

Ulmer **Ganz nah dran.**